普通高等教育"十一五"国家级规划教材

电子线路实习指导教程

第 2 版

主　编　邵李焕　　徐　敏
参　编　赵晓梅　王永慧　李付鹏　王勇佳
主　审　陈　龙　程知群

U0256015

机 械 工 业 出 版 社

本书是一本为工科类电子、计算机、通信、机械工程及其自动化专业开设"电子线路实习"实践环节必修课程的教材,也是一本对电子制作爱好者十分有益的实践参考书。

全书分为上、下两篇。上篇主要介绍电子线路中常用元器件的外形特征、选用方法及使用注意事项等。下篇主要介绍实习内容及常用仪器的使用方法和焊接的基本技术,其中包括基本技能训练实验6个,课程实验综合技能训练5个,常用仪器部分可根据实习内容掌握4种常用仪器的使用方法。

本书编排的实验以基础的电子线路为主体,注重培养学生的实践动手能力,通过掌握实习内容而了解电子元器件的性能、电路的原理及仪器的使用,掌握电路的基本制作,为将来走向工作岗位打下良好的基础。本书将实践与实际有效地融合起来,体现了时代特色,是非常实用的一本教科书,可作为高等学校实践环节的教材,也可作为各大专院校有关专业的教学参考书,并可供无线电爱好者自学使用。

为了方便教学,本书配备电子课件等教学资源。凡选用本书作为教材的教师均可登录机械工业出版社教育服务网(www.cmpedu.com)下载。

图书在版编目(CIP)数据

电子线路实习指导教程/邵李焕,徐敏主编. —2版. — 北京:机械工业出版社,2020.6(2023.6重印)

普通高等教育"十一五"国家级规划教材

ISBN 978-7-111-65826-9

Ⅰ. ①电… Ⅱ. ①邵… ②徐… Ⅲ. ①电子线路-实习-高等学校-教材 Ⅳ. ①TN7-45

中国版本图书馆 CIP 数据核字(2020)第 099074 号

机械工业出版社(北京市百万庄大街22号 邮政编码100037)
策划编辑:贡克勤 责任编辑:王玉鑫 贡克勤
责任校对:樊钟英 封面设计:张 静
责任印制:常天培
北京机工印刷厂有限公司印刷
2023 年 6 月第 2 版第 4 次印刷
184mm×260mm · 15.75 印张 · 385 千字
标准书号:ISBN 978-7-111-65826-9
定价:39.80 元

电话服务 网络服务
客服电话:010-88361066 机 工 官 网:www.cmpbook.com
　　　　　010-88379833 机 工 官 博:weibo.com/cmp1952
　　　　　010-68326294 金 书 网:www.golden-book.com
封底无防伪标均为盗版 机工教育服务网:www.cmpedu.com

前 言

电子技术是一门实践性很强的技术科学。我们依照"开放性电子线路实习课程大纲"和教学、实践的需要，编写了这本电子线路实习指导教程。

电子线路实习是工科类专业的一门实践环节的必修课，面向的专业有电子信息、计算机、通信工程、机械工程及其自动化。

电子线路实习的一个重要特点就是培养学生的实践动手能力和创新能力，尤其是开放性电子线路实习，打破了实验室教学过程中教学空间和教学时间的限制，为学生提供了更多的动手操作和创新思考方面的条件，积极引导和鼓励学生自主研究、合作交流、动手操作和创新思考，提高了学生的综合素质。开放教育的教学模式，是培养创新人才的重要途径，也是工科类专业学校实践教学的发展方向。

通过本书的学习，可以对学生实践环节的电子线路实习系统化地辅导。本书分为上、下篇两部分，从电子元器件的认识到元器件的实用性以及电子元器件的使用及各实验项目内容的侧重点，均具有一定的特色。

1. 每个基本技能实验按结构、原理、故障检测三个层次进行概述，以适应不同专业、不同学时、不同层次对学生的实践能力培养。

2. 内容比较新，根据实验内容学生可以掌握电子线路基本制图方法和仪器的使用方法，在实验手段上与计算机应用密切结合起来。

3. 课程实验与实际紧密联系，实用性强，给出设计思路、原理框图和主要参考元器件，便于选用。

本书突出体现了电子技术实践性强的特点，比较适合开设该课程的各本科及高职高专院校学生以及社会上无线电爱好者使用。

本书由杭州电子科技大学电子信息学院组织编写，具体分工为：徐敏编写第 1～7 章，邵李焕、赵晓梅编写第 8～11 章、第 13 章、第 16 章、附录，王勇佳编写第 12 章，李付鹏编写第 14 章，王永慧编写第 15 章。邵李焕、徐敏任主编，负责全书的组织、统稿和定稿。

本书的编写凝聚了参编教师和主审的辛勤劳动，除参编教师外，在本书的编写过程中朱瑾、温兴双在图片的绘制和处理中付出了辛勤的劳动，在本书出版之际，谨向他们及帮助本书成功编写的所有教师表示感谢。

电子技术日新月异，教学改革任重道远，由于我们水平有限，书中难免存在不足和疏漏之处，恳请广大读者批评指正。

编 者

目　录

上 篇

电子线路常用元器件

（外形特征　选用方法　使用注意事项）

学
习
目
的
与
要
求

上篇为实习的基础学习内容。通过对本篇的学习，了解组成常用电子仪器、仪表、通信设备、家用电器等产品的电子线路部分的电阻、电容、电感、变压器以及二极管、晶体管、集成电路、开关、贴片元件等元器件，了解这些常用元器件的外形特征，掌握这些常用元器件的使用方法及使用注意事项。

第1章 电 阻

1.1 电阻的特性

电子在物体内作定向运动时会遇到阻力，这种阻力称为电阻。具有一定电阻值的元件称为电阻器。电阻器是电子产品中用得最多的元件之一，约占元件总数的 40% 以上。在电路中，电阻器用来限制电流、降低电压、分取电压等，并与电容器和电感器组成特殊功能的电路。

由实验可知，物体电阻的大小与其长度 L 成正比，与其横截面积 S 成反比，用公式表示为

$$R = \rho L / S$$

式中的比例系数 ρ 叫作物体的电阻率，它与物体材料的性质有关，在数值上等于单位长度、单位面积的物体在 20℃ 时所具有的电阻值。

表 1-1 列出了一些常用导体的电阻率。银、铜、铝等的电阻率比较小，因此，铜、铝被广泛用来制作导线；银的电阻率虽小，但由于价格很贵，常用来制作镀银线；而有些合金如锰白铜（亦称康铜）、镍铬合金等的电阻率较大，常用来制作电热器及电阻器的电阻丝。

表 1-1 常用导体的电阻率

材料名称	20℃ 时的电阻率 $\rho / \mu\Omega \cdot m$
银	0.016
铜	0.0172
铝	0.029
金	0.022
锌	0.059
镍	0.073
铁	0.0987

不同材料的电阻率是不同的。相同材料做成的导体，直径越大电阻越小，长度越长电阻越大。

此外，导体的电阻大小还与温度有关。对金属材料，其电阻随着温度的升高而增大；对石墨和碳等非金属材料，其电阻随着温度的升高而减小。

1.2 电阻的分类及其符号

电阻器的种类很多，从构成材料来分，有碳质电阻器、碳膜电阻器、金属膜电阻器、线绕电阻器等多种；从结构形式来分，有阻值固定不变的固定电阻器、阻值可调范围较小的微

调电阻器、阻值可调范围较大的可调电阻器（具有 3 个引出端、阻值可按某种变化规律调节的电阻元件又称为电位器）、阻值对某些物理量（如电压、亮度、温度、湿度）反应敏感的电阻器。常见的电阻器的图形符号如图1-1所示，常用电阻器的外形如图 1-2 所示。

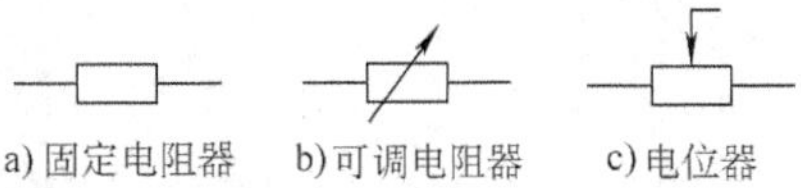

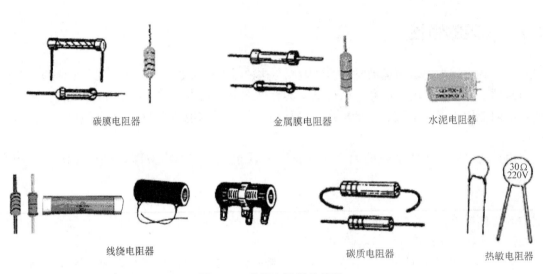

a) 固定电阻器　b) 可调电阻器　c) 电位器

图 1-1　常见电阻器的图形符号

碳膜电阻器　　　　　　金属膜电阻器　　　　　　水泥电阻器

线绕电阻器　　　　　　　　碳质电阻器　　　　　热敏电阻器

图 1-2　常用电阻器的外形

1.3　电阻器的标志方法

标志在电阻器上的阻值称为标称阻值，根据国家标准的规定，常见电阻器的标称阻值系列如表 1-2 所示。

表 1-2　常见电阻器的标称阻值系列

阻值系列	允许偏差（%）	标称阻值/$10^n\Omega$（n 为整数）
E_{24}	±5	1.0、1.1、1.2、1.3、1.5、1.6、1.8、2.0、2.2、2.4、2.7、3.0、3.3、3.6、3.9、4.3、4.7、5.1、5.6、6.2、6.8、7.5、8.2、9.1
E_{12}	±10	1.0、1.2、1.5、1.8、2.2、2.7、3.3、3.9、4.7、5.6、6.8、8.2
E_6	±20	1.0、1.5、2.2、3.3、4.7、6.8

国产电阻器的阻值和允许偏差在电阻器上有 3 种标志法：

（1）直标法　用阿拉伯数字和单位符号在电阻器表面直接标出标称阻值，如图 1-3a 所示的电阻器，其允许误差直接用百分数表示。

（2）文字符号法　用阿拉伯数字和文字符号两者有规律地组合起来标志在电阻元件表面上的一种方法。如图 1-3b 所示的电阻器为金属膜电阻器，额定功率为 0.5W，阻值为 5.1kΩ，误差为 ±5%。

a)直标法　　　　　　b)文字符号法

图1-3　电阻器的直标法与文字符号法

（3）色标法　用不同的颜色环或点在电阻器表面标出标称阻值和允许误差的方法。如图1-4所示为色标法标志电阻阻值时色环位置的含义，电阻的阻值与误差的色标读取法如图1-5所示。

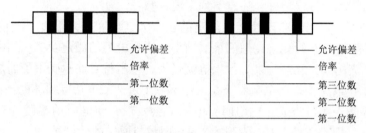

图1-4　色环位置的含义

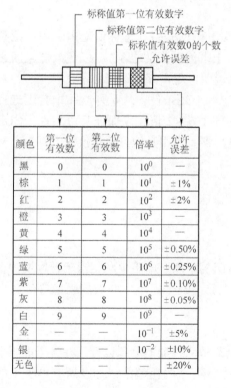

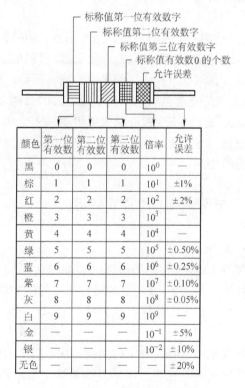

颜色	第一位有效数	第二位有效数	倍率	允许误差
黑	0	0	10^0	—
棕	1	1	10^1	±1%
红	2	2	10^2	±2%
橙	3	3	10^3	—
黄	4	4	10^4	—
绿	5	5	10^5	±0.50%
蓝	6	6	10^6	±0.25%
紫	7	7	10^7	±0.10%
灰	8	8	10^8	±0.05%
白	9	9	10^9	—
金	—	—	10^{-1}	±5%
银	—	—	10^{-2}	±10%
无色				±20%

a)表示两位有效数字的色标法

颜色	第一位有效数	第二位有效数	第三位有效数	倍率	允许误差
黑	0	0	0	10^0	—
棕	1	1	1	10^1	±1%
红	2	2	2	10^2	±2%
橙	3	3	3	10^3	
黄	4	4	4	10^4	
绿	5	5	5	10^5	±0.50%
蓝	6	6	6	10^6	±0.25%
紫	7	7	7	10^7	±0.10%
灰	8	8	8	10^8	±0.05%
白	9	9	9	10^9	—
金	—	—	—	10^{-1}	±5%
银	—	—	—	10^{-2}	±10%
无色					±20%

b)表示三位有效数字的色标法

图1-5　电阻的阻值与误差的色标读取法

（4）电阻的允许误差　实际阻值与标称阻值的差值除以标称阻值所得的百分数即为电阻的允许误差。一般电阻的误差可分为：

| 普通电阻 | ±5%（金） | ±10%（银） | ±20%（无） |
| 精密电阻 | ±0.5%（绿） | ±1%（棕） | ±2%（红） |

1.4　电阻器的主要性能参数、检测及选用

1. 电阻的主要性能参数

在选用电阻器时，必须了解电阻器的一些主要性能参数。电阻器的主要性能参数除了上面提到的标称阻值和允许误差外，还有下列主要参数：

（1）额定功率　电阻器在产品标准规定的正常大气压和额定温度下，能长期连续工作并能满足规定性能要求时所允许耗散的最大功率，叫作电阻的额定功率。当电流通过电阻时电阻会发热，电流越大，发热越多。如果电流过大，电阻就可能承受不了而烧坏。

（2）最高工作电压　是指电阻器长期工作不发生过热或电击穿损坏的最高电压。

（3）温度系数　当电流通过电阻时，电阻器会发热，使电阻的温度升高，它的阻值也会随着发生变化。温度每变化1℃阻值变化的欧姆数与原来的欧姆数之比，就叫作这个电阻的温度系数。温度系数越小，说明电阻越稳定。相对而言，碳质电阻稳定性较差，碳膜电阻比较好，线绕电阻最好。

2. 固定电阻器的检测与选用

1）检测电阻器时主要是用万用表电阻档测量其阻值是否在标称值范围之内，测量时不能用手同时接触被测电阻的两个引脚（特别是对于阻值较大的电阻），以免人体电阻影响实际阻值。在测量过程中，如果表针指示不定，则说明电阻内部引线接触不良。

2）选用电阻器时应根据实际电路的具体要求和使用条件，从系列产品中合理选择。所选电阻器额定功率一般应是该电阻实际承受功率的 1.5～2 倍，以保证其可靠性。固定电阻器的更换，尽量选用同规格型号、相同阻值的电阻器。当用其他方法代换时，其参数必须满足电路的要求。

1.5　电阻在电路中的应用

1. 电阻的串联

把两个或两个以上的电阻首尾相连，即为电阻的串联。电阻串联相当于长度增加，使总阻值增大，如图 1-6 所示就是 3 个电阻的串联电路。几个电阻串联后的阻值等于各个电阻阻值之和，以 3 个电阻串联为例（后同），即

$$R = R_1 + R_2 + R_3$$

串联电阻有降压分压的功能。在电阻串联电路中两端加上电压以后，在各个电阻上产生的电压降（或称电阻分压）其值是这个电阻占总电阻 R 的比值乘以加在所有电阻上的总电压 U，即

$$U_1（R_1 \text{ 上的分压}）= \frac{R_1}{R}U$$

$$U_2（R_2 \text{ 上的分压}）= \frac{R_2}{R}U$$

$$U_3 \ (R_3 \ \text{上的分压}) \ = \ \frac{R_3}{R}U$$

2. 电阻的并联

把两个或两个以上的电阻两端分别连在一起称为电阻的并联，如图 1－7 所示是 3 个电阻的并联电路。电流可以从各条途径同时流过各个电阻，这就是电阻的并联。电阻并联相当于电阻截面积加大，总电阻值减小。并联的总电阻值小于并联电阻中最小的一只电阻的阻值。因为并联时各电阻所承受的电压降相同，即

$$U = U_1 = U_2 = U_3$$

所以并联电路中的总电流 I 等于各电阻上流过的电流之和，即

$$I = I_1 + I_2 + I_3 = U/R_1 + U/R_2 + U/R_3 = U(1/R_1 + 1/R_2 + 1/R_3)$$
$$R = U/I = 1/(1/R_1 + 1/R_2 + 1/R_3)$$

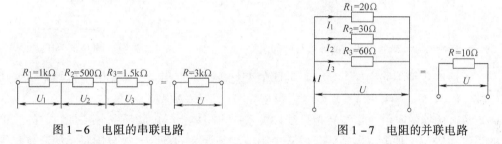

图 1－6　电阻的串联电路　　　　　　　　图 1－7　电阻的并联电路

电阻无论是串联或并联，电路中消耗的总功率是各个电阻消耗功率之和。如果不同阻值的电阻串、并联时，必须注意电路对每个电阻所要求的功率值不能超过每个电阻本身的额定功率。例如，阻值分别为 100Ω 和 200Ω 的两个电阻串联，通过的电流是 0.1A，那么总的消耗功率为

$$P = I^2(R_1 + R_2) = (0.1A)^2 \times 300\Omega = 3W$$

而每个电阻消耗的功率分别为

$$100\Omega \ \text{的电阻} \quad P_1 = (0.1A)^2 \times 100\Omega = 1W$$
$$200\Omega \ \text{的电阻} \quad P_2 = (0.1A)^2 \times 200\Omega = 2W$$

在串联电路里，因流经各个电阻的电流相同，电阻越大，其分压也越多，因而其消耗的功率也越大。在并联电路里，因各个电阻上的电压相同，电阻越小，所通过的电流就越大，阻值小的电阻所耗散的功率反而大。

1.6　电位器

1. 电位器的结构与特性

电位器是电阻器的一个分支，电路上常用符号"RP"表示。使用最多的是碳膜电位器，碳膜电位器的外形与内部结构如图 1－8 所示。

这种电位器是用炭黑和树脂的混合物涂在马蹄形胶板上制成电阻片，从两端引出焊片"1"和"3"。电阻片上装有一个可以转动的活动臂，并由焊片"2"引出。旋转电位器的旋转轴，可以改变这个活动臂在电阻片上的接触位置，从而达到调节阻值的目的。3 个引端

中，"1"和"3"两端之间的电阻值为"1"和"2"两端间阻值与"2"和"3"两端间的阻值之和。随着触点"2"在电阻片的旋动，R_{12}与R_{23}一个增大另一个减小，总电阻R_{13}不变，即

$$R_{13} = R_{12} + R_{23}$$

在实际电路中，电位器的连接通常有变阻式（2、3端短接后再与电路连接）和分压式（3个端分别与电路有关点连接）两种，图1-9所示是电位器分压式的连接方法。

图1-8　碳膜电位器的外形与内部结构　　　图1-9　电位器分压式的连接方法

为了适应各种不同用途，电位器的阻值变化规律也不相同，常见的电位器阻值变化规律有3种，即X型（直线型）、Z型（指数型）、D型（对数型）。

X型电位器的阻值变化与转角呈线性关系。电阻体上导电物质的分布是均匀的，单位长度的阻值相等。这种电位器适用于要求电阻值均匀调节的场合，如分压器、偏流调整等电路中使用。

Z型电位器的阻值变化与转角成指数关系变化。在开始转动时，阻值变化较小，而当转角接近最大值附近时，阻值变化较为显著，这种电位器适用于音量控制电路。

D型电位器的阻值变化与转角成对数关系变化。阻值变化正好与Z型相反，开始转动时，阻值变化很大，而当转角接近最大值附近时，阻值变化较缓慢，这种电位器适用于音调控制电路。

2. 电位器的种类

常见的电位器除碳膜电位器外，还有线绕电位器、多圈电位器与多圈微调电位器，外形如图1-10所示。

线绕电位器可做成精密型、多圈型、功率型和特殊函数型等，主要用于高精度或大功率电路中。由于它的电感量大，不宜用于高频电路中。线绕电位器的结构如图1-11所示。

一般的电位器都是单圈电位器，它的活动臂只能在接近360°的范围内旋转；而多圈电位器的滑动臂可以从一个极端位置到另一个极端位置。转轴每旋转一圈，滑动臂原触点在电阻丝上改变的距离很小，这种电位器主要用在需精密调节的电路中。多圈微调电位器多用于需精密微调的电路中，如彩色电视机中的频道预选电位器。多圈电位器示意图和多圈微调电位器示意图分别如图1-12和图1-13所示。

3. 电位器的检测与选用

（1）电位器的检测　在使用电位器时，通常利用万用表进行检测。首先用万用表上合适的电阻档测量电位器的阻值，看其阻值与标称值是否相符。然后再测量与电刷相连的一端和电位器的任一固定端，并缓缓调节电位器，如果指针移动平稳，没有跳动现象，表示电位

器的性能良好，动接点接触可靠。对于带开关的电位器，还要用万用表检测开关是否可靠，如果每次通断开关，万用表指针动作迅速，且开关声音清晰，则电位器开关正常。

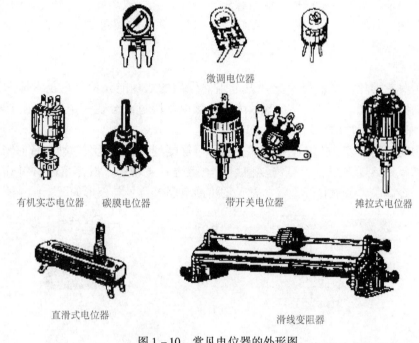

微调电位器

有机实芯电位器　碳膜电位器　　　带开关电位器　　　摊拉式电位器

直滑式电位器　　　　　　　　滑线变阻器

图 1－10　常见电位器的外形图

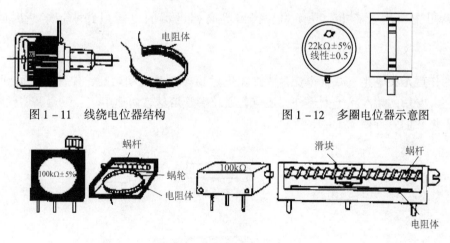

电阻体

图 1－11　线绕电位器结构

$22k\Omega\pm5\%$
线性±0.5

图 1－12　多圈电位器示意图

蜗杆
蜗轮
电阻体

滑块　　　蜗杆

$100k\Omega$

$100k\Omega\pm5\%$

电阻体

图 1－13　多圈微调电位器示意图

（2）电位器的选用　应根据实际电路要求，参照标准的规定，确定电位器的结构和调节方式、技术性能、电阻规律，同时选用的电位器在整个调节范围内还要满足功率的要求，并留有一定的余量。更换电位器时应遵循同规格、同型号、同阻值的原则。

1.7　特殊电阻

除上述电阻外，还有一些特殊用途的电阻。

1. 水泥电阻

水泥电阻器采用电阻丝绕制，一般功率大，外形尺寸也较大，从它的外形结合功率及型号很容易判别出来。水泥电阻采用工业高频电子陶瓷外壳，散热好，具有优良的绝缘性能、阻燃性和防爆性，有较好的稳定性和过载能力。它是一种陶瓷绝缘的功率型线绕电阻，广泛应用于计算机、电视机、仪器、仪表中。

2. 熔断电阻

它是一种具有熔丝（俗称保险丝）及电阻器作用的双功能元件。在正常情况下，具有普通电阻器的电气功能。一旦电路出现故障时，该电阻因过载会在一定的时间内熔断开路，从而起到保护其他元器件的作用。

熔断电阻的种类很多，按其工作方式，有不可修复型和可修复型两种。目前国内外通常都采用不可修复型熔断电阻，但可修复型熔断电阻也日益增多。按其熔断材料分，有线绕型、碳膜型、金属膜型、氧化膜型等，常见的熔断电阻器符号与外形如图 1-14 所示。

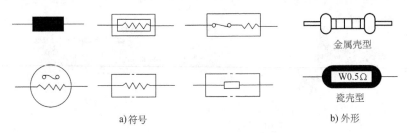

a) 符号　　　　　　　　　　　　　　　b) 外形

图 1-14　常见熔断电阻器符号与外形

熔断电阻主要用于彩电、录像机、仪器等高档电器的电源电路中，熔断时间一般为 10s。

3. 熔丝

熔丝的作用是在电路过载（电流过大或温度过高等）时自动熔断，保护相关的元器件，以防其损坏。常用的熔丝除了上述外，还有普通玻璃管熔丝、快速熔丝、延迟型熔丝和温度熔丝等，各熔丝的外形如图 1-15 所示。

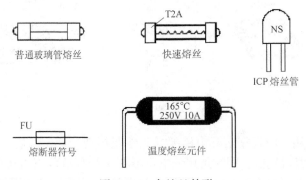

图 1-15　各熔丝外形

（1）普通玻璃管熔丝　这种熔丝应用广泛，额定电流主要有 0.5A、0.75A、1.0A、1.5A、2.0A、2.5A、3.0A、4.0A、5.0A、6.0A、8.0A 和 10A 等，长度规格主要有 18mm、20mm、22mm 等。

（2）快速熔丝　快速熔丝的主要特点就是熔断时间短，适宜要求快速切断电路的场合。多为玻璃管型，现在的电子电路中已很少使用这种快速熔丝，取而代之的是一种称为"集成电路过电流保护管"的元件，其文字符号通常用 ICP 来表示。ICP 管的外形如同普通塑料封装的小功率晶体管，但只有两个引脚，使用时一般直接焊接在电路板上，十分方便。

（3）延迟型熔丝　延迟型熔丝的特点是能承受短时间大电流（涌浪电流）的冲击，而在电流过载超过一定时限后能可靠地熔断。这种熔丝主要用在开机瞬时电流较大的电子整机（开机电流往往达到正常工作电流的 5~7 倍）中，如彩电中就广泛使用了延迟型熔丝，其规格主要有 2A、3.15A 、4A 等。延迟型熔丝常在电流规格之前加字母 T，如 T2A、T3.15A 等，可区别于普通熔丝。

（4）温度熔丝　这种元件通常安装在易发热的电子整机的变压器、功率管、电吹风、电饭锅等电路中。当机件因故障发热，温度升高超过允许值时，温度熔丝会自动熔断，以切断电源，从而保护了相关元器件。

4. 热敏电阻

它是一种电阻值对温度非常敏感的电阻器。热敏电阻在电子电路中作温度补偿用，在温度测量电路中作温度传感器用。在家用电子产品中使用的大多是负温度系数热敏电阻器，即阻值随温度上升而下降。

5. 压敏电阻

压敏电阻是一种"在一定电流电压范围内电阻值随电压发生变化的电阻器"，可随着电压发生几倍的变化，电阻值可从数兆欧变到 0.1Ω，电阻值和流过的电流对电压很敏感。压敏电阻是一种非线性电阻器，目前流行的压敏电阻器是以氧化锌为主体的半导体陶瓷元件。

6. 检测与选用

热敏电阻可用万用表电阻档粗略检测，将电阻器接入万用表，用手捏住电阻体加温，如果阻值下降 2%~5%，则可判定该电阻基本正常；熔断电阻具有电阻器和熔丝的双重功能，其检测方法与普通电阻器相似；压敏电阻当其两端电压低于压敏电压时，呈现高阻状态，因此，一般我们用万用表 $R×10$ 档测量时，其阻值为无穷大。

因为热敏电阻在电子电路中作温度补偿用，在温度测量电路中作温度传感器用，所以更换时应保证同参数；熔断电阻熔断后，应先查明原因，再用同型号、同规格的更换；使用压敏电阻时，压敏电压值必须低于被保护对象的击穿电压，更换时应按同规格、同型号更换。

第2章 电　　容

　　电容器是由两个金属极板，中间夹一层电介质构成的元件。在两个极板之间加上电压时，电极板上就储存电荷，电荷量与电压成一定的比值，这个比值称为电容量，简称电容。

　　各种无线电与电子设备电路中常有调谐、耦合、滤波、去耦、隔断直流电、通过交流电、反馈电路、旁路或与电感线圈组成振荡回路等，这些电路都需要用到电容器。常见电容器的外形如图 2 - 1 所示。

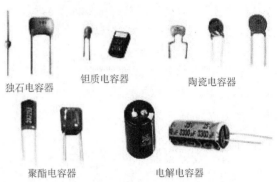

独石电容器　　钽质电容器　　陶瓷电容器

聚酯电容器　　电解电容器

图 2 - 1　常见电容器的外形

2.1　电容的特性

　　电容是一种能储存电能的元件。两块金属板相对平行地放置而不相互接触就构成一个最简单的电容。如果把金属板的两端分别接到电池的正、负极，那么在接通的瞬间，接正极的金属板上的电子就会被电池的正极吸引过去使极板带正电荷，而接负极的金属板，就会从电池负极得到电子而带负荷，这种现象就叫作电容器的"充电"。充电的时候，电路里就有电流流动。两块金属板有电荷后就产生了电压，当这个电压与电池的电压相等时，就停止充电，电路中也就不再有电流流动，相当于开路，这就是电容器能隔断直流电的道理。

　　如果将接在电容器上的电池断开，而用导线把电容器的两个金属板接通，则在刚接通的一瞬间，电路中便有电流流通，这个电流的方向与原充电时的电流方向相反，随着电流的流动，两金属板之间的电压也逐渐降低，直到两金属板上储存的正、负电荷完全消失，这种现象叫"放电"。

　　如果电容器的两块金属板接上交流电，因为交流电的大小和方向在不断地变化着，电容器两端也必然交替的进行充电和放电，因此，电路中就不停地有电流流动，这就是电容器能通过交流电的原因。

2.2　电容器的分类及其符号

　　电容器的种类很多，按结构形式分有固定电容器（包括无极性固定电容器和有极性电解电容器）、预调电容器与可变电容器。

　　根据所用电介质不同可以分为固体有机介质电容器、固体无机介质电容器、电解电容器和气体介质电容器等。各种电容器尽管结构不同，但基本上都由两组金属片制成的，中间隔有绝缘介质。电容器在电路中的图形符号如图 2 - 2 所示。

1. 固定电容器

各种固定电容器的外形如图 2-3 所示。就固定电容器而言，如果按使用的绝缘介质分，则无极性的电容器有纸介电容器、油浸纸介密封电容器、金属化纸介电容器、云母电容器、有机薄膜电容器、玻璃釉电容器、陶瓷电容器等类型，它们的外形如图 2-3a 所示；而有极性的电容器的内部构造比无极性的电容器复杂，此类电容器按正极材料，可分为铝电解电容器和钽（或铌）电解电容器，它们的外形如图 2-3b 所示。

图 2-2 电容器在电路中的图形符号

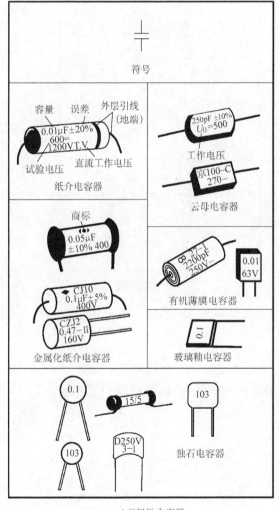

a) 无极性电容器

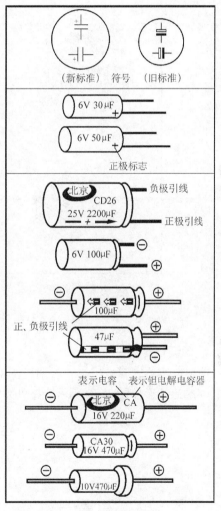

b) 有极性电容器

图 2-3 各种固定电容器的外形

由于有极性电解电容的两条引线分别引出电容器的正极和负极，因此在电路中不能接错。

2. 可变电容器

可变电容器大都是以空气或有机薄膜做绝缘介质，有单连与双连之分，可变电容器的外形如图 2 – 4 所示。单连可变电容器由一组动片、一组定片和转轴等组成，其外形如图 2 – 4a 所示；双连可变电容器由两组动片、两组定片和转轴等组成，如图 2 – 4b 所示。

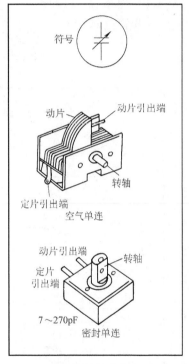
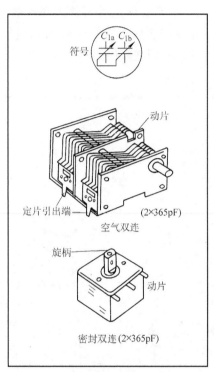

a) 单连可变电容器　　　　　　　b) 双连可变电容器

图 2 – 4　可变电容器的外形

3. 预调电容器

预调电容器的容量较小，可调范围不大。它有瓷介质、有机薄膜介质及拉线等类型，预调电容器的外形如图 2 – 5 所示。超外差式收音机的前级电路中用此类电容器较多。

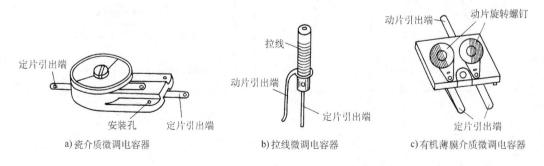

a) 瓷介质微调电容器　　　　　b) 拉线微调电容器　　　　c) 有机薄膜介质微调电容器

图 2 – 5　预调电容器的外形

2.3 电容器的性能参数

电容的主要性能参数有标称容量、允许误差、额定工作电压、绝缘电阻、电容器的损耗等。

1. 电容器的标称容量和标志方法

(1) 电容器的标称容量 标志在电容器上的电容量称为标称容量。电容器储存电荷的多少与加到电容器两端的电源电压有关，电压越高，电容器所充电荷就越多。电容器所充电荷与充电电压之比，即表示电容器的电容量，用字母 C 表示，其关系式表示如下：

$$C = Q/U$$

式中，Q 为电容器的储电量（C）；U 为充电电压（V）；C 为电容量（F）。

每伏电压使电容器的储电量越多，说明电容器的容量就越大。它的单位为法拉，简称法，用字母 F 表示。

$$1 \text{ 法（F）} = 10^6 \text{ 微法（μF）} = 10^{12} \text{ 皮法（pF）}$$

(2) 电容器的标志方法 电容器的标称容量和误差一般标在电容体上，其标志方法有以下几种：

1) 直标法。将标称容量和误差值直接标在电容体上，如 $0.02 \mu F \pm 10\%$。

2) 文字符号法。采用这种方法时容量的整数部分和小数部分分别写在容量单位标志符号的前面和后面。例如，2.2pF 写为 2p2，6800pF 写为 6n8，0.01μF 写为 10n 等。

3) 色标法。电容器色标法原则上与电阻色标法相同，标志的颜色符号与电阻器采用的相同。电容器色标法表示的单位为皮法（pF）。有时，小型电解电容的工作电压也采用色标法，如 6.3V 用棕色、10V 用红色、16V 用灰色。色标应标在正极引线的根部。

4) 电容量的数码表示法。通常为 3 位数，从左算起，第一、第二位数字为有效数字，第三位数字为倍率，表示有效数字后面零的个数。数码表示法的电容量单位为 pF，如图 2-6a所示。103 表示 $10 \times 10^3 pF = 0.01 \mu F$，224 表示 $22 \times 10^4 pF = 0.22 \mu F$，152 表示 $15 \times 10^2 pF = 1500 pF$。

有一种特例，第三位数字为 9 表示容量有效数字乘以 10^{-1}。如图 2-6b 中 229 表示为 $22 \times 10^{-1} pF = 2.2 pF$。这种表示法的容量范围仅限于 $1.0 \sim 9.9 pF$。

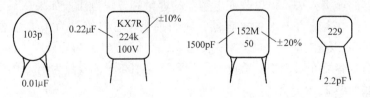

a)电容量的数码表示法　　　　　　　　　　b)表示法特例

图 2-6 电容器的数码表示法

2. 电容器的允许误差

固定电容器上的标称值，并不是该电容器的标准值，而是有误差的。这种误差用相对误差表示，即用实际值与标准值之差除以标称值所得的百分数。电容的误差，通常分为 3 个等级，这就是Ⅰ级（±5%）、Ⅱ级（±10%）、Ⅲ级（±20%）。

3. 电容器的额定直流工作电压

电容器的额定直流工作电压是指在线路中能够长期可靠地工作而不被击穿，所能承受的最大直流电压（又称耐压）。

当电容器的两极板间的电压达到一定值时，极板间的绝缘介质就会被击穿，这个电压值称为击穿电压。电容器的介质被击穿后，两极板短路，电容器就损坏了（空气介质电容器击穿后仍能恢复）。因此，每只电容器都有一定的耐压值，在使用时，要注意实际工作电压不要超过这个数值，电容器的耐压一般分为工作电压和试验电压两种。

4. 绝缘电阻

电容器两极板之间存在着漏电流，电容器的绝缘电阻在数值上等于加在电容器两端的电压与通过电容器的漏电流的比值。绝缘电阻取决于所用介质的质量和电容器的几何尺寸。绝缘电阻降低就会使漏电流增加，破坏电路的工作状态，严重时会由于发热，温度升高而导致热击穿。

5. 电容器的损耗

一个理想电容器不应该消耗电路中的能量，但是实际使用的电容器，总要消耗一定的能量。通常用损耗角的正切 $\tan\delta$ 表示电容器损耗的大小，$\tan\delta$ 越小表示电容器的损耗越小。

2.4　电容器的串、并联及其作用

1. 电容器的并联

电容器的并联相当于极片的面积加大，因此并联后的电容量是各个电容器容量的总和，以3个电容并联为例，如图2-7所示，并联后的总电容 C 为

$$C = C_1 + C_2 + C_3$$

并联后的各个电容器，如果它们的额定工作电压不相同，就必须把其中最低的作为并联后允许的额定工作电压。

2. 电容器的串联

电容器串联相当于增加电介质的厚度，也就是加大了电容器两极之间的距离，因而电容量减小，以3个电容串联为例，如图2-8所示，串联后的总电容 C 为

$$C = 1/\ (1/C_1 + 1/C_2 + 1/C_3)$$

改变电容器的连接方法，可以改变电容器的容量和工作电压。如果在某电路里需要用一只耐压为1000V，电容量为4μF的电容器，我们手上现有电容量为4μF电容器，但耐压只有500V。这时就可以先把两只电容器串联起来，它们的耐压为1000V，而电容量为2μF；然后再把这两组电容器并联起来，就可以得到耐压为1000V、容量为4μF的电容器了，电容器的串联与并联如图2-9所示。

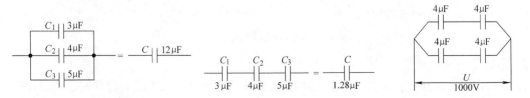

图2-7　电容器的并联　　　图2-8　电容器的串联　　　图2-9　电容器的串联与并联

2.5 电容器的检测、选用与更换

1. 固定电容器

（1）判断电容器的好坏 先将电容器短路放电，万用表置 $R \times 100$ 或 $R \times 1k$ 档，然后用红、黑表笔同时接在电容器两端。

1）对于 $1\mu F$ 以上的电容器，若表针迅速摆动，然后逐渐退回原处，对调表笔再次测量，表针摆动幅度更大然后复原，说明电容器是好的。

2）若表针起动后不再回转，说明电容器已经击穿。

3）如果测量电容时表针不动，说明该电容器已经开路。

4）若电容器的耐压值比较大，甚至可以用 $R \times 10k$ 档来检测。

（2）判断电容器容量的大小 根据表针的摆动幅度还可根据经验判断电容器容量的大小。

（3）判断电容漏电流的大小 根据表针复原时停的位置可以判断电容漏电流的大小。阻值越大，漏电流越小。对于电解电容器，在判断电容漏电流的大小时允许少量漏电。

（4）更换电容器时需注意的问题 应保证容量一致，额定工作电压要满足电路电压要求。高频电容器可用于低频场合，但低频电容器不能用于高频场合。电解电容更换时要注意极性，极性不明时可用万用表合适的电阻档测电容器的阻值来判断。

2. 可变电容器

对于可变电容器，用万用表的电阻档只能检查电容器动片和定片是否短路。方法是将万用表置 $R \times 100$ 或 $R \times 1k$ 档，表笔分别接触动片和静片的引出端，缓缓转动转轴，表针必须始终指在电阻无穷大处，否则，该可变电容器就有可能碰片或漏电。

选用可变电容器必须根据电路的最大和最小容量要求以及容量变化特性。更换可变电容器需采用相同的规格、型号及容量变化区间的电容器来替换。

3. 用万用表检测电容器的漏电电阻

一个质量良好的电容器，漏电电阻很大，一般为 $10 \sim 100M\Omega$，对于容量较大的纸介质等电容器，可用一副耳机和一个 $1.5V$ 的电池进行检测。检测时，可按图 2-10 连线。当耳机与电容器和电池相碰时，如果耳机中发出"咯"一声，多碰几下就没有声音了，则说明电容器已经充满了电，且无漏电电阻放电，不需再充，表明电容器良好；如果每碰一次声音都很响，则说明电容器有漏电；如果第一次碰的时候就没有声音，那说明被测电容器很可能断路。

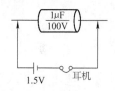

图 2-10 检测电容器的漏电电阻

4. 用万用表测量电解电容的极性

按照检测电容器漏电电阻的方法，测出其漏电电阻，然后交换万用表的两表笔，再进行一次测量，根据两次测量中的漏电电阻，便可判断其极性。两次中阻值较大的那一次黑表笔接的那个极即为电容器的正极。

5. 电容器的使用常识

1）电容器的选用 除应注意电容量和额定工作电压外，还应根据电路要求、所处的工作环境，选择具有合适电气性能的电容器。

例如，对于容量要求不严格的电源滤波、低频旁路、低频耦合等电路可选用铝电解电容器；用于高频的电解电容器，为消除其分布电感对电路的影响，常与瓷片或云母电容器并联使用；对于要求较高的电路，可选用损耗小、稳定性高的电容器。

2）注意电容器的漏电电阻与损耗（tanδ 表示电容器损耗）。电容器用于谐振电路（振荡、选频、滤波）时必须选用 tanδ 小的电容器，因为 tanδ 与谐振电路的 Q 值（品质因数）密切相关，直接影响谐振电路的谐振特性。

3）注意电容器的温度稳定性。一般用于耦合、旁路等电路的电容器，对准确度的要求不高，不必考虑工作温度对电容量的影响，但用于振荡器、滤波器等电路时，则要求较宽的温度变化范围，以保证电容量恒定或变动很小，因此必须选择电容温度系数小的电容器或采用两个具有相反温度系数的电容器以实现温度补偿。

4）电容器串联在直流电路中时，应同时串联一个电阻器，以防止电容器在充、放电的瞬间产生过大的电流而损坏。当几个电容器串联使用时，最好在几个电容器上分别并联适当的电阻，以均衡电压、防止击穿。各并联电阻的阻值之比应等于各相应电容器耐压之比。阻值的大小为相应电容器漏电电阻的 1/5 ~ 1/3。

5）使用中应注意的问题。电解电容器如果长期储存未使用，则在使用时应逐步增大电压至额定值，以免造成电容器被击穿或因漏电电流过大而损坏。

第3章 电 感

电感线圈是应用电磁感应原理制成的元件。通常分为两类：一类是应用自感作用的电感线圈；另一类是应用互感作用的变压器。

电感线圈是利用自感原理做成的元件，它具有阻碍交流电通过的特性，其表现出的阻碍作用可用感抗来表示，即

$$X_L = 2\pi fL$$

式中，X_L 为感抗（Ω）；f 为频率（Hz）；L 为电感量（H）。

3.1 电感线圈

电感线圈是用导线在绝缘骨架上单层或多层绕制而成的一种电子元件（也有少数不用骨架的线圈）。单层绕组有间绕与密绕两种形式，多层绕组有分层平绕、乱绕、蜂房式绕等多种形式。为了增加电感量和品质因数并缩小体积，线圈中常放置软磁性材料制作的磁心或硅钢片制作的铁心，故有空心、磁心、铁心线圈之分。

电感在电路中常用字母 L 表示，单位是亨利，简称亨，用字母 H 表示。

$$1H = 10^3 mH（毫亨）= 10^6 \mu H（微亨）$$

1. 电感线圈的分类及符号

电感线圈的种类很多，有固定电感、微调电感、色码电感。根据它们结构的特点，可分为单层线圈、多层线圈、蜂房线圈、带磁心线圈及可变电感线圈等。各种电感线圈的外形与符号如图 3 – 1 所示。

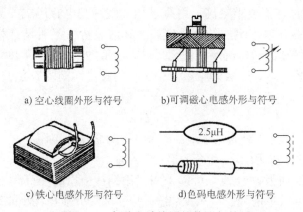

a) 空心线圈外形与符号　　　b) 可调磁心电感外形与符号

c) 铁心电感外形与符号　　　d) 色码电感外形与符号

图 3 – 1　各种电感线圈的外形与符号

（1）固定电感　这种电感线圈有高频扼流圈、低频扼流圈等。高频扼流圈有蜂房式结构，电感量在 2.5 ~ 10mH 之间，如收音机中的中波段高频扼流圈；也有较粗铜线或镀银铜线采用平绕或间绕方式制成的；还有圈数少，电感量小的，如收音机中的短波段高频扼流圈。低频扼流圈是在绕好的空心线圈中插入铁心（硅钢片）而成的大电感量的电感器，其

电感量一般为数亨，常用在音频或电源滤波电路中。

（2）微调电感　这种电感线圈一般都有插入磁心，通过改变磁心在线圈中的位置调节电感量的大小，如电视机中的行振荡线圈、带螺纹磁心的高频扼流圈等。

（3）色码电感　这是一种小型的固定电感器。它是一种磁心线圈，是将线圈绕制在软磁铁氧体的基体（磁心）上，再用环氧树脂或塑料封装，并在其外壳上标以色环或直接用数字标明电感量的数值。若标以色环，其电感量的识别与色环电阻一样，要注意的是第三条色环表示有效数字乘以 10 的幂（$10^0 \sim 10^9$，单位是 μH）。这种电感线圈的工作频率为 10kHz ～ 200MHz，电感量一般为 0.1 ～ 33000μH。高频采用镍锌铁氧体材料，低频多用锰锌铁氧体材料。国产的色码电感通常都标有数字及母字，如图 3 - 2 所示。

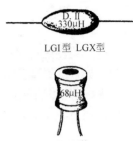

LGI型 LGX型

LG400型

图 3 - 2　色码电感线圈

2. 电感线圈的主要参数

（1）电感量及精度　线圈电感量的大小主要决定于线圈的直径、匝数及有无铁心等。电感线圈的用途不同，所需的电感量也不同。例如在高频电路中，线圈的电感量一般为 0.1μH ～ 100H。

对电感量的精度（实际电感量与要求电感量间的误差）要求视用途而定。对振荡线圈要求较高，为 0.2% ～ 0.5%；对耦合线圈和高频扼流圈要求较低，允许 10% ～ 15%；对于某些要求电感量精度很高的场合，一般只能在绕制后用仪器测试，通过调节靠近边沿的线匝间距离或线圈中的磁心位置来实现。

（2）线圈的品质因数　品质因数是表示线圈质量的一个量，用字母 Q 表示。它在数值上等于线圈在某一频率的交流电压下工作时，线圈所呈现出的感抗与线圈的直流电阻的比值。Q 值越高，电感线圈的损耗越小，即 Q 用来表示线圈损耗的大小，高频线圈通常为 50 ～ 300。

对调谐回路线圈的 Q 值要求较高，用高 Q 值的线圈与电容组成的谐振电路有更好的谐振特性，用低 Q 值线圈与电容组成的谐振电路，其谐振特性不明显；对耦合线圈，要求可低一些；对高频扼流圈和低频扼流圈，则无要求。Q 值的大小，影响回路的选择性、效率、滤波特性以及频率的稳定性。一般都希望 Q 值大，但提高线圈的 Q 值并不是一件容易的事。线圈的品质因数为

$$Q = \omega L / R$$

式中，ω 为工作角频；L 为线圈的电感量；R 为线圈的总损耗电阻，它由直流电阻、高频电阻（由趋肤效应和邻近效应引起）和介质损耗等组成。

为了提高线圈的品质因数 Q 值，可以采用镀银铜线，以减小高频电阻；用多股的绝缘线代替具有同样总截面的单股线，以减少趋肤效应；采用介质损耗小的高频瓷为骨架，以减小介质损耗。另外采用磁心虽增加了磁心损耗，但可以大大减小线圈匝数，从而减小导线直流电阻，对提高线圈 Q 值有利。

（3）固有电容　线圈绕组的匝与匝之间具有电容，线圈与地之间和线圈与屏蔽盒之间也具有电容，这些电容称为分布电容。分布电容的存在，降低了线圈的稳定性。如这些分布电容可以等效成一个与线圈并联的电容 C_0，等效电路如图 3 - 3 所示。

这个电容的存在使线圈的工作频率受到限制，Q 值也下降，其谐振频率为：

$$f_0 = \frac{1}{2\pi \sqrt{LC_0}}$$

称为线圈的固有频率。为了保证线圈有效电感量的稳定，使用电感线圈时，应使其工作频率远低于线圈的固有频率。

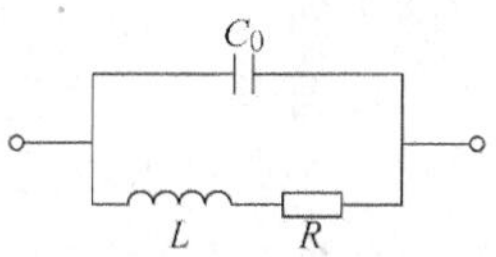

图 3 - 3　电感线圈的等效电路

（4）线圈的稳定性　电感量相对于温度的稳定性，温度对电感量的影响，主要是导线受热膨胀，使线圈产生几何变形而引起的。在温度、湿度等环境因素变化时，线圈的电感量以及品质因数等参数便随之改变，稳定性则表示线圈参数随外界条件变化而改变的程度。

（5）额定电流　这主要是对高频扼流圈和大功率的谐振线圈而言的，即电感线圈正常工作时允许通过的最大电流称为额定电流。对于在电源滤波电路中常用的低频阻流圈，额定电流也是一个重要的参数。若实际工作中的电流大于额定电流，电感线圈会改变参数或烧毁。

3. 电感线圈的检测、选用与更换

（1）检测电感线圈的好坏　用万用表合适的电阻档通过检测线圈的直流电阻并与正常值比较，可以对电感线圈作一般性检测。

如果实测阻值较大甚至无穷大，可知线圈断路；若实测阻值远小于应有值，则线圈内部严重短路，但多数情况下线圈局部短路靠万用表是测不出来的。对于匝数较少的线圈，其直流阻值近似为零，可以用万用表 $R \times 1$ 档测其阻值并与两表笔直接短路时的情况仔细比较区别来判断线圈是否短路。

（2）电感线圈的选用　电感线圈的用途极为广泛，例如 LC 滤波、调谐放大或振荡器中的谐振回路、均衡电路、去耦电路等都会用到电感线圈。使用电感线圈应注意其性能是否符合电路要求，并应正确使用，防止接线错误和损坏。更换电感器时，应注意规格、型号、电感量是否一致。

3.2　变压器

变压器是变换电压、电流和阻抗的元件，它是利用互感原理制成的。

变压器是将两组或两组以上的线圈绕在同一线圈的骨架上或绕在同一铁心上制成的，变压器的外形与符号如图 3 - 4 所示。若线圈是空心的，称为空心变压器，如图 3 - 4a 所示；若在绕好的线圈中插入了铁氧体磁心，则称为铁氧体磁心变压器，如图 3 - 4b 所示；如果在

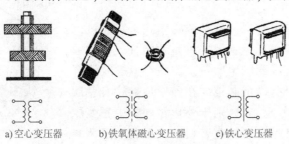

a)空心变压器　　　　b)铁氧体磁心变压器　　　　c)铁心变压器

图 3 - 4　变压器的外形与符号

线圈中插入了铁心，则称为铁心变压器，如图 3 - 4c 所示。

1. 变压器的分类、作用及符号

变压器种类很多，可以按照不同方式进行分类。从使用的角度，一般按照用途可分为电源变压器、低频变压器、中频变压器、高频变压器、脉冲变压器等。根据工作频率不同，变压器可分为高频变压器、中频变压器和低频变压器。

（1）电源变压器　主要作用是变换电源电压。在市电作为电子设备的电源时，通常必须用变压器先将市电变换为高低不同的电压，再经进一步处理以供电子设备使用。电源变压器有降压变压器和升压变压器。在电子设备中使用的变压器通常是小功率变压器，额定功率一般在几伏安到几百伏安。

（2）低频变压器　低频变压器可分音频变压器与电源变压器两种，在电路中又可分为输入变压器、输出变压器、级间耦合变压器、推动变压器及线间变压器等。低频变压器是铁心变压器，其结构形式多采用芯式或壳式结构。大功率变压器以芯式结构为多，小功率变压器以壳式结构为多。一般芯式铁心有两个线包，壳式磁心仅有一个线包，如图 3 - 5 所示。

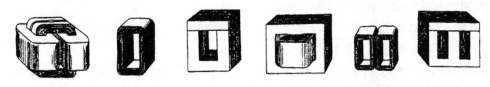

芯式变压器　　芯式磁心(卷绕)　　芯式磁心(插片)　　壳式变压器　　壳式磁心(卷绕)　　壳式磁心(插片)

图 3 - 5　低频变压器及其铁心

低频变压器在使用时首先要考虑在工作频率范围内保证阻抗匹配，其次在阻抗匹配的情况下能获得最小的失真。

（3）中频变压器　又称中周，适用范围从几千赫到几十兆赫。一般变压器仅仅利用电磁感应原理，而中频变压器除此之外还应用了并联谐振原理。因此，中频变压器不仅具有普通变压器变换电压、电流及阻抗的特性，还具有谐振于某一固定频率的特性。应用于超外差接收机中频放大电路中，与电容器配合，谐振在电路所特定的中频频率上，起到选频和耦合作用。对接收机的灵敏度、通频带和选择性起着决定性的作用。其谐振频率在调幅式收音机中为 465kHz，调频半导体收音机中频变压器的中心频率为 10.7MHz ± 100kHz。

常用中频变压器有两种，一种是调磁帽式，它通过调节磁帽位置来改变线圈电感量；另一种是调螺杆式，它通过调节螺杆磁心来改变线圈的电感量。磁帽形或螺纹调杆形结构一般都用金属外壳做屏蔽罩，在磁帽顶端涂有色漆（用不同的色漆代表序号），以区别于外形相同的中频变压器和谐振线圈。前者常用于调幅收音机中，后者用于调频收音机和电视机中。中频变压器内部结构与符号如图 3 - 6

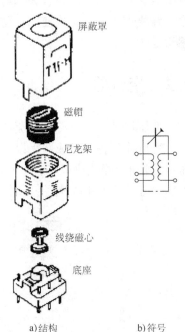

屏蔽罩

磁帽

尼龙架

线绕磁心

底座

a)结构　　　　b)符号

图3 - 6　中频变压器内部结构与符号

所示。

（4）高频变压器　高频变压器又称耦合线圈和调谐线圈。例如电视接收机中的阻抗变换器、收音机中的磁性天线和振荡线圈都是高频变压器。虽然它们的工作特点各不相同，但它们的工作频率均较高，因此在设计、制作时需在结构和电路中采用特殊措施来达到其高频特性。

（5）脉冲变压器　脉冲变压器是在雷达设备、电视信号发送和接收设备以及其他电子仪器脉冲电路中广泛应用的一种元件。主要应用于电路阻抗匹配、变换脉冲电压、改变脉冲的极性、平衡电路与非平衡电路的转换等场合。

2. 变压器常用铁心

变压器的铁心通常是由硅钢片、坡膜合金或铁氧体材料制成，其形状有"EI""口""F""C"形等，常用铁心形状如图3-7所示。

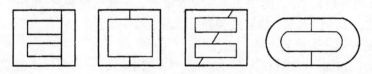

图3-7　常用铁心形状

3. 变压器的特性

（1）变压器的电压比　如果忽略铁心、线圈的损耗，则图3-8所示变压器电路中有以下关系：

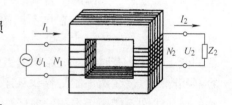

图3-8　变压器的变压特性

$$U_1/U_2 = N_1/N_2 = k$$

式中，k 为电压比。

（2）变压器电流与电压的关系　若不考虑变压器的损耗，则有

$$U_1 I_1 = U_2 I_2 \quad 或 \quad U_1/U_2 = I_2/I_1$$

（3）变压器的阻抗变换关系　设变压器一次侧输入阻抗为 Z_1，二次侧负载阻抗为 Z_2，根据欧姆定律可导出

$$Z_1/Z_2 = (U_1/U_2)^2$$

如果把阻抗之比写成电压比的关系，则有

$$Z_1/Z_2 = k^2 \quad 或 \quad Z_1 = k^2 Z_2 \quad Z_2 = Z_1/k^2$$

可见，负载阻抗 Z_2 从一次线圈的两端来看是 $k^2 Z_2$，即变压器有变换阻抗的作用。当 $k < 1$ 时，从一次侧来看，负载阻抗比 Z_2 小 k^2 倍；当 $k > 1$ 时，从一次侧来看，负载阻抗比 Z_2 大 k^2 倍。因此，可将负载阻抗变换为所需大小的阻抗，以满足电路阻抗匹配。所以，这种变压器实际上是阻抗变换器。

（4）变压器的效率　以上分析中都假设变压器本身是没有损耗的，实际上损耗总是存在的。变压器的损耗主要有以下3个方面：

1）铜损。变压器线圈大部分是用铜线绕制成的。由于导线存在着电阻，通过电流时就要发热，消耗能量，使变压器效率减低。

2）铁损。主要来自磁滞损耗和涡流损耗。磁滞和涡流损耗的影响都是随着频率的增高而增加的。因此，在高频和中频变压器中，铁心都用铁粉芯制成。铁粉芯是用互相绝缘的小颗粒铸成，可以更有效地减小涡流，所用材料也比普通硅钢片有更高的磁导率和更小的磁滞损耗。

3）漏磁损。指一次线圈感应出的磁力线，不是全部都同二次线圈交连，而是有一部分漏掉了。这样二次线圈的感应电压就相应降低了，产生这部分漏掉的磁通所需的功率就白白消耗掉了，所以就称它为漏磁损耗。

变压器功率越大，损耗与输出功率相比就越小，变压器的效率也就越高，反之，变压器功率越小，效率也就越低。

4. 变压器的主要技术参数

对于不同用途的变压器都有不同的技术要求，可用相应的技术参数表示。

例如，电源变压器的主要技术参数有额定功率、额定电压和电压比、额定频率、工作温度等级、温升、电压调整率、绝缘性能和防潮性能等；一般低频变压器的主要技术参数有电压比、频率特性、非线性失真、磁屏蔽和静电屏蔽、效率等。

5. 变压器的检测、选用与更换

（1）变压器的检测　在维修时，一般用万用表的电阻档检测变压器的线圈是否短路或断路，应该绝缘的线圈与线圈之间、线圈与铁心或外壳之间是否绝缘良好。变压器同名端的判定与具有互感的线圈的同名端的判定方法是一样的。

（2）变压器的选用　根据不同的应用场合选择不同用途的变压器，选用时应注意变压器的性能参数和结构形式。更换变压器时，由于所用变压器的参数不尽相同，所以应用同规格的变压器，且有时需对电路作适当调整。更换振荡线圈时还需要注意，与等容双连可变电容器相配的振荡线圈不能与容差双连可变电容器相配的振荡线圈互换。用于本振基极注入电路的振荡线圈不能用于本振发射极注入电路。中、短波本振线圈不能互换。

第4章 常用半导体器件

半导体是一种导电能力介于导体和绝缘体之间，或者说电阻率介于导体和绝缘体之间的物质，如锗、硅、硒及大多数金属的氧化物都是半导体。半导体的电阻率因温度、掺杂和光照会产生显著变化。利用半导体的特性可制成二极管、晶体管等多种半导体器件。

4.1 二极管

4.1.1 二极管型号的命名方法

我国的晶体管的型号由五部分组成。第一部分用阿拉伯数字表示器件的电极数目，第二部分用汉语拼音字母表示器件的材料和极性，第三部分用汉语拼音字母表示器件的类别，第四部分用阿拉伯数字表示登记顺序号，第五部分用汉语拼音字母表示规格号。由第一~第三部分组成的器件型号符号及其意义如表4-1所示。

表4-1 第一~第三部分组成的器件型号的符号及其意义

第一部分		第二部分		第三部分	
用阿拉伯数字表示器件的电极数目		用汉语拼音字母表示器件的材料和极性		用汉语拼音字母表示器件的类别	
符号	意义	符号	意义	符号	意义
2	二极管	A	N 型，锗材料	P	小信号管
		B	P 型，锗材料	H	混频管
		C	N 型，硅材料	V	检波管
		D	P 型，硅材料	W	电压调整管和电压基准管
		E	化合物或合金材料	C	变容管
3	三极管	A	PNP 型，锗材料	Z	整流管
		B	NPN 型，锗材料	L	整流堆
		C	PNP 型，硅材料	S	隧道管
		D	NPN 型，硅材料	K	开关管
		E	化合物或合金材料	N	噪声管
				F	限幅管
				X	低频小功率晶体管 ($f_a < 3\mathrm{MHz}$, $P_C < 1\mathrm{W}$)
				G	高频小功率晶体管 ($f_a \geq 3\mathrm{MHz}$, $P_C < 1\mathrm{W}$)
				D	低频大功率晶体管 ($f_a < 3\mathrm{MHz}$, $P_C \geq 1\mathrm{W}$)
				A	高频大功率晶体管 ($f_a \geq 3\mathrm{MHz}$, $P_C \geq 1\mathrm{W}$)
				T	闸流管
				Y	体效应管
				B	雪崩管
				J	阶跃恢复管

1）型号组成原则。半导体分立器件的型号五个组成部分的基本意义如下：

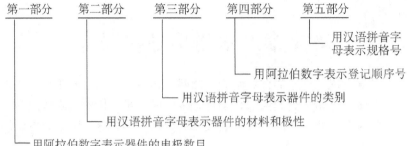

一些半导体分立器件的型号由第一~第五部分组成，另一些半导体分立器件的型号仅由第三~第五部分组成。

2）型号组成部分。晶体管识别示例，硅 NPN 型高频小功率晶体管型号组成如图 4 -1 所示。

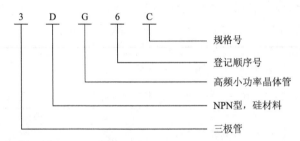

图 4 -1　硅 NPN 型高频小功率晶体管型号组成

4.1.2　二极管的结构与分类

1. 二极管的结构

二极管是由一个 PN 结组成的器件，具有单向导电的性能，因此，常用它作为整流或检波器件。二极管有两个电极，接 P 型半导体的引线叫正极，接 N 型半导体的引线叫负极，如图 4 -2 所示。

2. 二极管的分类及符号

二极管按材料不同可分为锗二极管、硅二极管和砷化镓二极管等，前两种二极管应用最广泛。其中锗管正向压降为 0.2 ~ 0.4V，硅管正向压降为 0.6 ~ 0.8V。锗管的反向饱和漏电流比硅管大，锗管一般为数十至数百微安，而硅管为 1μA 或更小。锗管耐高温性能比硅管差，锗管的最高工作温度一般不超过 100℃，而硅管工作温度可达 200℃。常用二极管符号如图 4 -3 所示。

图 4 -2　二极管结构

二极管的一般符号　　稳压二极管　　光电二极管　　发光二极管　　变容二极管

图 4 -3　常用二极管的符号

1）按结构不同可分为点接触型二极管与面接触型二极管，如图 4－4 所示。

2）按用途不同又可分为整流二极管、检波二极管、开关二极管、稳压二极管、变容二极管、发光二极管、光电二极管等，常见二极管的外形如图 4－5 所示。

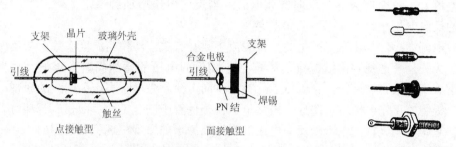

图 4－4　点接触型与面接触型二极管　　　　图 4－5　常见二极管外形

4.1.3　二极管的特性和主要参数

1. 二极管的伏安特性与等效电路

（1）二极管的伏安特性　纯净半导体的导电能力很差，但是如果我们在纯净的半导体中有选择地掺入微量杂质，会使半导体的导电能力大大改善。例如掺入微量的五价磷元素，就可得到电子型半导体，又叫 N 型半导体；掺入微量的三价硼元素，就可得到空穴型半导体，又叫 P 型半导体。一块 P 型或 N 型半导体，虽具有较强的导电能力，将它接入电路中，只能起电阻作用。但在一整块半导体晶片上，采取一定的措施，使其两边掺入不同的杂质，一边形成 P 型区，一边形成 N 型区，在 P 型区和 N 型区交界处就会形成一个特殊的薄层，叫 PN 结。PN 结最重要的特性是单向导电性，即正偏时导通，反偏时截止。将 PN 结装上电极引线及管壳，就制成二极管。因此二极管具有单向导电的特性，其静态伏安特性曲线如图 4－6所示。

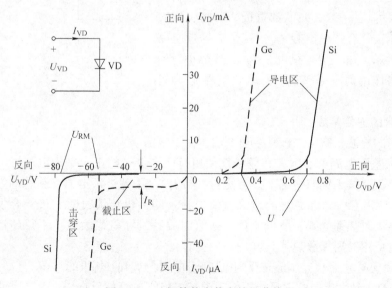

图 4－6　二极管静态伏安特性曲线

其中，实线是描述硅管的曲线，虚线是描述锗管的曲线。二极管端电压 $U_{VD} = 0$ 时，$I_{VD} = 0$；当 $U_{VD} > 0$ 后，$I_{VD} > 0$，但起始值很小；当 U_{VD} 超过门限电压（锗管为 $0.2 \sim 0.4V$，硅管为 $0.6 \sim 0.8V$）时，二极管导通，I_{VD} 便显著增加；当 $U_{VD} < 0$ 时，二极管截止，但仍有微弱的反向电流 I_R，这个电流称为反向饱和电流。当反向电压增加到一定值时，管内就会有急剧增大的反向电流，此现象称为反向击穿。

由于反向电流大小仅与热激发产生的少数载流子数量有关，即仅与温度有关，与反向电压的大小几乎无关，考虑到表面漏电流的影响，I_R 随反向电压的增加而略有增加。而当反向电压继续增大到二极管的反向击穿电压 U_{RM} 时，反向电流就激增，表现为曲线的急剧向下弯曲。普通二极管的工作电压应远离这个击穿电压，确保管子安全工作；而稳压管却可以工作在击穿区，它是利用其反向电流随反向电压的增加而激增的原理实现稳压作用的。

（2）二极管的交流等效电路　二极管是一个非线性元件，当外加电压的极性不同时，它表现的电阻不同；当电压的极性不变，电压的大小不同时，电阻也不一样。但是当二极管上同时加有直流电压和一个很小的交流电压时，二极管对这个小的交流电压所表现的电阻可认为是一个常数，称为二极管的小信号电阻或交流电阻。交流电阻等于特性曲线上某点切线斜率的倒数，这一点由所加的直流电压（或直流电流）来决定，称为二极管的工作点。在正常情况下，二极管的交流电阻为

$$\gamma_{VD} = du/di = 0.062V/I$$

此式成立的条件是：在室温下，正向电压远大于 $26mV$。可以看出，二极管的交流电阻 γ_{VD} 与直流工作电流 I 成反比。例如，I 为 $1mA$ 时，γ_{VD} 为 26Ω；I 为 $2mA$ 时，γ_{VD} 降为 13Ω。

考虑到二极管的电容效应和串联电阻，可得到二极管正向工作时的交流等效电路，如图 $4-7a$ 所示，图中 C_B 包括势垒电容和扩散电容，也是一个非线性元件。串联电阻 r_s 包括引线电阻和半导体的体电阻，是一个常量。

二极管工作在反向电压时，反向电流基本上不随反向电压变化，斜率接近于零，所以反向电阻很大（用 R_{VD} 表示），一般在兆欧数量极。反向工作时没有扩散电容，只有势垒电容 C_B，其交流等效电路如图 $4-7b$ 所示。由于 R_{VD} 很大，C_B 虽然很小，但它的交流旁路作用仍不可忽视，而串联电阻 r_s 则可被略去不计。

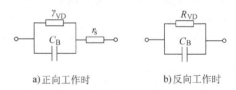

a)正向工作时　　　　b)反向工作时

图 $4-7$　二极管的交流等效电路

2. 二极管的主要参数

一般常用的检波、整流二极管主要有以下 4 个参数：

（1）最大整流电流 I_{VDM}（二极管长期使用时允许流过的正向平均电流）　　最大整流电流是指半波整流连续工作的情况下，为使 PN 结的温度不超过额定值（锗管约为 $80℃$，硅管约为 $150℃$）二极管中允许通过的最大直流电流。因为电流流过时二极管会发热，电流过大，二极管会因过热而烧毁，所以应用二极管时要特别注意最大电流不得超过 I_{VDM}，大电流整流二极管应用时要加散热片。

（2）最大反向电压 U_{RM}（最高反向电压允许承受的反向电压的峰值）　　一般是击穿电压的 $1/2$ 或 $2/3$。最大反向电压是指不至于引起二极管击穿的反向电压。工作电压的峰值不能超过 U_{RM}，否则反向电流增大，整流特性将变坏，甚至会烧毁二极管。

二极管的反向工作电压一般为击穿电压的 1/2，而有些小容量二极管，其最高反向工作电压则定为反向击穿电压的 2/3。二极管的损坏，一般说来对电压比对电流更为敏感，也就是说，过电压更容易引起管子的损坏，故应用中工作电压的峰值一定要保证不超过最大反向工作电压。

（3）最大反向电流 I_{RM}　理想情况下，二极管是单向导电的，但实际上反向电压下总有一点微弱的电流。这一电流在反向击穿之前大致不变，故又称反向饱和电流。实际情况下，反向电流往往随反向电压的增大而缓慢增大，在最大反向电压 U_{RM} 时，二极管中的反向电流就是最大反向电流 I_{RM}。

通常硅管的 I_{RM} 为 1μA 或更小，锗管为几百微安。反向电流的大小，反映了二极管的单向导电性能的好坏，I_{RM} 的数值越小越好，即这个电流值越小，二极管的单向导电性能越好。

（4）最高工作频率 f_M　二极管按照材料、制造工艺和结构，其使用频率也不相同，即二极管保持原来良好工作特性的最高频率称为最高工作频率。

4.1.4　整流、检波二极管

1. 整流二极管

通过的正向电流较大，对结电容无特殊要求，所以其 PN 结多为面接触型，多采用硅材料构成。由于 PN 结的面积较大，能承受较大的正向电流和反向电压，性能比较稳定，但因结电容较大，不适宜在高频电路中应用，故不能用于检波。整流二极管有金属封装和塑料封装两种。常用的整流二极管型号是 2CP10 ~ 2CP20、2CP31 ~ 2CP33、2CZ11 ~ 2CZ14。

2. 检波二极管

检波二极管通过的反向电流较小，工作频率较高，要求结电容小，故其 PN 结多为点接触型。检波的作用是把调制在高频电磁波上的低频信号检取出来，常用的检波二极管型号有 2AP1 ~ 2AP7、2AP9 ~ 2AP17 等型号。除一般二极管参数外，检波二极管还有一个特殊参数即检波效率，检波二极管的检波效率会随工作频率的增高而下降。

检波二极管多采用玻璃或陶瓷外壳封装，以保证良好的高频特性，检波二极管也可用于小电流整流。

4.1.5　开关二极管

二极管具有单向导电的特性，在正偏压下，即导通状态下其电阻很小，几十至几百欧；在反偏压下二极管呈截止状态，其电阻很大，硅管在 10MΩ 以上，锗管也有几十千欧至几百千欧。利用二极管这一特性，在电路中对电流进行控制，可起到"接通"或"关断"的开关作用。开关二极管就是为在电路上进行"开""关"而设计制造的一类二极管。开关二极管从截止（高阻）到导通（低阻）的时间叫"开通时间"，从导通到截止的时间叫"反向恢复时间"，两个时间加在一起统称"开关时间"。通常，一般开关二极管的开关速度是很快的，反向恢复时间远大于开通时间，故手册上常只给出反向恢复时间。硅开关二极管反向恢复时间只有几纳秒，锗开关二极管反向恢复时间要长一些，也只有几百纳秒。开关二极管有开关速度快、体积小、寿命长、可靠性高等优点，广泛用于自动控制电路中。开关二极管多以玻璃及陶瓷外壳封装，以减少管壳电容。

4.1.6　1N 系列玻封/塑封整流二极管

1. 玻封整流二极管

玻封管的工作电流较小，如 1N3074 ~ 1N3081 型玻封整流二极管，额定电流为 200mA，最高反向工作电压 U_{RM} 为 150 ~ 600V。

2. 塑封整流二极管

塑封硅整流二极管，典型产品有 1N4001 ~ 1N4007（1A）、1N5391 ~ 1N5399（1.5A）、1N5400 ~ 1N5408（3A），外形如图 4 -8所示，靠近色环（通常为银白颜色）的引线为负极。

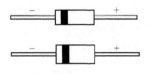

图 4 - 8　1N 系列硅二极管的外形

3. 二极管的检测、选用与更换

（1）硅整流二极管的检测　硅整流二极管与硅检波二极管既有共同之处即单向导电性，又有区别即工作电流大小不同。因此在用万用表检测硅整流管时，应首先使用 $R \times 1k$ 档检查单向导电性，然后用 $R \times 1$ 档复测一次。$R \times 1k$ 档的测试电流很小，测出的正向电阻为几千欧至十几千欧，反向电阻则为无穷大；$R \times 1$ 档测试电流较大，正向电阻应为几至几十欧，反向电阻仍为无穷大。在 $R \times 1$ 档利用读取电压法，还可以测出管子的正向压降。

使用 500 型万用表分别检测 1N4001（1A/50V）、1N4007（1A/1000V）、1N5401（3A/100V）3 种整流管的数据如表 4 - 2 所示。

表 4 - 2　实测几种硅整流二极管的数据

型　　号	电阻档	正向电阻/Ω	反相电阻/Ω	n'/div	U_F/V
1N4001	$R \times 1k$	4.4	∞		
	$R \times 1$	10	∞	25	0.75
1N4007	$R \times 1k$	4.0	∞		
	$R \times 1$	9.5	∞	24.5	0.735
1N5401	$R \times 1k$	4.0	∞		
	$R \times 1$	8.5	∞	23	0.69

（2）判别二极管的正、负极　将万用表置于 $R \times 100$ 或 $R \times 1k$ 档，用红、黑表笔分别测二极管两引脚，然后交换表笔再测一次，两次所测阻值较小的一次，这时黑表笔所接的是二极管引脚端为正极。通常二极管正、反向电阻值相差越悬殊，说明它的单向导电性能越好。

（3）判别二极管是硅管还是锗管　借助于干电池，在干电池 1.5V 的一端，串一个电阻（约 1kΩ），同时按极性与二极管相接，使二极管正向导通，再用万用表测量二极管两端的管压降，如为 0.6 ~ 0.8V 即为硅管，如为 0.2 ~ 0.4V 即为锗管。

（4）二极管的正、反向电阻的测试

1）测量正向电阻时，对检波二极管或小功率的整流管，应使用 $R \times 100$ 档，其值几百欧（硅管为几千欧）。对整流二极管，特别是大功率的整流管，应使用 $R \times 1k$ 档测量，其值约十几欧或几十欧。

2）测反向电阻时，除大功率的硅整流管以外，一般应使用 $R \times 1k$ 档，其值应为几百千欧以上。

3）在测量时，若二极管正、反向电阻值都很大，说明其内部断路；若其正、反向电阻值都很小，说明其内部短路；若两次的阻值差别不大则说明管子失效。

4）选择整流二极管主要考虑管子的最高反向电压和最大整流电流，要满足电路要求并留有较大余量。更换整流二极管时，最好选用同规格、同参数的管子代换。

5）选用检波二极管要注意其上限频率、结电容和噪声系数等参数。

（5）半桥和全桥　检测半桥时，用 $R \times 1$ 档测试半桥内两个二极管的正向电阻几十欧，用 $R \times 10k$ 档测其反向电阻约为无穷大，则半桥性能良好。测全桥时，用万用表 $R \times 1k$ 档测量各臂正向电阻约为几千欧，若电阻很小或为零，则其中一管短路；若阻值大于几十千欧或无穷大，则管子开路。用 $R \times 10k$ 档测量管子各反向电阻应为无穷大，若仅有几千欧，则内部有管子漏电；若等于或小于几千欧，则内部有管子击穿。

选用半桥或全桥时应根据电路的需要，主要考虑最大整流电流和最高反向电压等参数。更换时，要用相同规格、型号的半桥或全桥代换。

4.1.7　稳压、变容二极管

1. 稳压二极管

稳压二极管是指在电路中专门用来起稳定电压作用的二极管。它是一种齐纳二极管，是利用反向击穿时，其两端电压固定在某一数值上，基本不随流过二极管的电流大小变化的特性而设计的。它的伏安特性与外形如图 4-9 所示。

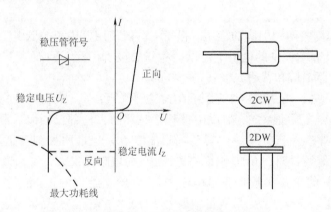

图 4-9　稳压二极管的伏安特性与外形

稳压二极管的正向特性曲线与普通二极管相似。当反向电压小于击穿电压时，反向电流很小，反向电压临近击穿电压时反向电流急剧增大，PN 结被击穿。这时即使通过的电流有相当大的变化，但管子两端的电压几乎保持不变，这就是 PN 结反向击穿后的稳压作用，利用这个性质反向并接在电路中。但必须注意的是，稳压二极管在电路中应用时一定要串联一限流电阻，不能让二极管击穿后电流无限增大，否则将立即被烧毁。稳压二极管的最大工作电流受稳压管最大耗散功率限制。最大耗散功率指电流增大到最大工作电流时，管中散发出的热量使管子损坏的功率。所以最大工作电流就是稳压管工作时允许通过的最大电流。

2. 稳压二极管的主要参数

1）稳定电压值 U_Z 即反向击穿电压。稳压管在正常工作时，管子两端保持基本不变的电压值。不同型号的稳压管，具有不同的稳压值。对同一型号的稳压管，由于工艺的离散性，其稳压值也不完全相同，如 2CW72 稳压管的稳定电压是 7 ~ 8.8V。稳定电压的数值只会随温度变化而有微小的改变。

2）稳定电流 I_Z 及最大稳定电流 I_{ZM}。稳压二极管在稳压范围内的正常工作电流称为稳定电流 I_Z。稳压管允许长期通过的最大电流称为最大稳定电流 I_{ZM}。稳压管实际工作电流应小于 I_{ZM} 值，否则稳压管会因电流过大而过热损坏。

3）最大允许耗散功率 P_m。指反向电流通过稳压管时，稳压管本身消耗功率的最大允许值。它等于稳定电压与稳定电流的乘积。

4）动态电阻 R_Z。指在稳定电压范围内，稳压管两端电压变量与稳定电流变量的比值，即

$$R_Z = \Delta U_Z / \Delta I_Z$$

动态电阻是表征稳压管性能好坏的重要参数之一。R_Z 越小，稳压管的稳压特性越好。R_Z 一般为几欧至几百欧。

5）电压温度系数 C_{TV} 如果稳压管的温度变化，它的稳定电压也会发生微小的变化。一般稳定电压在 6V 以上的管子 C_{TV} 为正（正温度系数），低于 6V 的管子则为负，5 ~ 6V 管子接近于零，即其稳压数值受温度影响非常小。

3. 用万用表检测稳压二极管

稳压管是一个经常工作在反向击穿状态的二极管。如果在稳压管两端加的反向电压较低，稳压管不能反向击穿，此时它和普通二极管是一样的，只有在产生反向击穿以后，稳压管才起到稳压作用。

（1）用万用表测量两个引脚的稳压二极管   一般使用万用表的低电阻档 $R \times 1k$ 以下时，表内电池为 1.5V，表内提供的电压不足以使稳压二极管击穿，因而使用低电阻档测量稳压二极管正、反向电阻值应和普通二极管是一样的。

1）测正向电阻时，万用表红表笔接稳压二极管的负极，黑表笔接稳压二极管的正极。如果表头指针不动（电阻很大），则说明被测管是坏的，内部已断路。测反向电阻时，红、黑两表笔互换，如果表头指针向零位摆动（阻值极小）也说明被测管是坏的。即对稳压二极管进行正反向电阻测试时，正向电阻应很小，反向电阻应很大，否则说明管子已损坏。

2）稳压二极管的主要参数是稳定电压 U_Z。手册上给定的 U_Z 值是一个范围值，例如 2CW72 给定的值是 7 ~ 8.8V，如果测量结果是 7V 或 8.5V，该产品都属合格。

3）测量稳压值。必须使管子进入反向击穿状态，所以电源电压要大于被测管的稳定电压 U_Z。这时就必须使用万用表的高阻档，如 $R \times 10k$ 档，这时表内电池是 10V 以上的高压电池。例如测 500 型是 10.5V，测 MF – 19 型是 15V。

（2）用万用表测量三个引脚的稳压二极管   稳压二极管一般是两个引脚，但也有三个引脚的，如 2DW232 是一种具有温度补偿特性的电压稳定性很高的稳压二极管。它是由一个正向硅稳压二极管（负温度系数）和一个反向硅稳压二极管（正温度系数）串接在一起，并封装在一个管壳内，其电压温度系数仅 0.005%/℃，因此常用在高精度的仪器或稳压电源中，如图 4 – 10 所示。

用万用表测量三个引脚的稳压二极管的好坏时，可用 $R \times 100$ 电阻档，黑表笔接引脚 3，红表笔先接引脚 1，后接引脚 2，测得两个 PN 结的正向电阻有几千欧（万用表型号和档位不同时，此值也不一样），然后把红、黑表笔互换一下，再测反向电阻，应接近无穷大，这

样就可以判定这个稳压管是好的。如果测正、反向电阻时，阻值几乎等于零，则说明该被测管内部已短路；反之，如果正、反向电阻均无穷大，则说明该被测管内部已断路。稳压二极管一般应根据稳定电压、稳定电流、耗散功率等参数来选用或更换。

4. 变容二极管

（1）变容二极管　它是利用 PN 结的空间电荷层具有电容特性的原理制成的特殊二极管。它的特点是结电容随加到管子上的反向电压大小而变化，变容二极管的符号与 $C—U$ 曲线如图 4–11 所示。

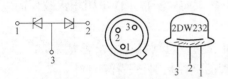
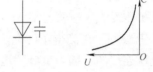

图 4–10　三个引脚的稳压二极管　　　　图 4–11　变容二极管的符号与 $C—U$ 曲线

在一定范围内，反向偏压越小，结电容越大；反之，反向偏压越大，结电容越小。即变容二极管所加反向电压变化时，其电容值也随之变化，反向电压越高，电容值越小。人们就是利用变容二极管这一特性取代可变电容器的功能。

（2）变容二极管的几个参数

1）品质因数（Q 值）。它影响谐振回路的 Q 值，越高越好。

2）结电容变化范围或电容比。它是指反向电压从 0V 变化到某一数值时，结电容变化的多少，它影响调谐频率的覆盖面。

3）结电容。是指一特定反向偏压下结电容的大小。

4）串联电阻。

5）反向击穿电压。击穿电压决定了器件的最大反向工作电压和最小电容值。

6）反向工作电压。是指正常工作时的最高反向电压。

4.1.8　发光、电压型发光二极管

1. 发光二极管（LED）

半导体发光二极管是用 PN 结把电能转换成光能的一种器件，它可用作光电传感器、测试装置、遥测遥控设备等。按其发光波长，可分为激光二极管、红外发光二极管与可见光发光二极管。可见光发光二极管简称发光二极管。

普通发光二极管给二极管加 2～3V 正向电压，只要有正向电流通过（发光二极管工作于正偏状态），它就会发出可见光，通常有红光、黄光、绿光几种。有的还能根据所加电压的高低发出不同的颜色，这种是变色发光二极管。发光二极管的工作电压低、电流小、发光稳定、体积小，广泛用于收录机、音响设备及仪器仪表等工业产品中。常见发光二极管的外形如图 4–12 所示。

2. 发光二极管的主要参数

（1）电学参数　主要有工作电流、最大工作电流、正向压降、反向耐压。小电流发光二极管的工作电流不宜过大，最大工作电流为 50mA。正向起辉电流为 1mA，测试电流为 10～30mA。工作电流大，发光亮度高，但长期使用，容易使发光亮度衰退、降低使用寿命。

（2）光学参数　包括发光波长、发光亮度等。可见光发光二极管的波长在 500 ~ 700nm 之间。发光管的光通亮是个重要指标，一般用 mlm 表示，该数值越大说明亮度越强。

3. 用万用表检测发光二极管

（1）测量好坏　一般的 BT 型系列发光二极管是用磷砷化镓、磷化镓等材料制成的，内部结构是一个 PN 结，故具有单向导电的性能。可用万用表测量其正、反向电阻来判断其极性和好坏。

（2）判别好坏　测量时，将万用表置于 $R \times 10$ 或 $R \times 10k$ 档，测量其正、反向电阻值。一般正向电阻小于 50kΩ、反向电阻大于 200kΩ 为正常。如果测得正向电阻很大或反向电阻很小，则说明被测发光二极管已损坏。

（3）判断其极性　当测得正向电阻小于等于 50kΩ 时，可判定其黑表笔所连接的一端为正极，红表笔所连接的一端为负极。这和普通二极管的极性判别是一样的。

（4）发光电压　发光二极管无论是单只的、组合的，或用发光管组成的数字或符号的 LED 数码管，其发光原理都是相同的。当正向电压为 1.5 ~ 3V 时，只要有正向电流通过，发光二极管就会发光。

（5）测量发光二极管的工作电流　发光二极管的工作电流是很重要的一个参数，工作电流太小，发光二极管不亮，太大则易损坏发光二极管。要了解发光二极管的工作电流，可按图 4 - 13 所示接线进行测量。电流表可用万用表电流档替代，图中 RP 是限流电阻，可用下式估算：

$$R_{RP} = E - U_f / I_f$$

式中，E 为电源电压；U_f 是发光二极管的正向压降；I_f 为正向电流。此时电流表的指示值即为发光二极管的工作电流，这时的 R_{RP} 就是限流电阻的阻值。

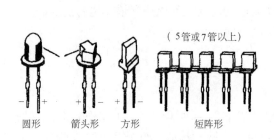

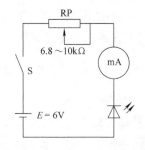

图 4 - 12　常见发光二极管的外形　　　　图 4 - 13　发光二极管的检测

4. 变色发光二极管

变色发光二极管在不同的电压下，可以发出红光或绿光，在一定条件下，可同时发出红光和绿光，形成混合光（橙光），因此在各种仪器仪表、自动控制设备、计算机及家电设备中应用极为广泛。

5. 光电二极管

光电二极管是一种对光敏感的二极管，当没有光照时，流过二极管的电流很小；有光照射时，流过二极管的电流较大。光电二极管工作于反偏状态。

6. 电压型发光二极管（BTV）

普通发光二极管和变色发光二极管属于电流型控制器件，使用时必须加限流电阻才能正常发光，这给设计与安装带来不便，现已研制出的电压型发光二极管，成功地解决了上述问题。BTV 的外形与普通 LED 相同，但在其管壳内采用集成工艺制成一个限流电阻，与发光二极管串联，引出两个极，BTV 的外形与内部结构如图 4 – 14 所示。使用时只要加上额定电压，即可正常发光。该系列产品的电压标称值有 5V、9V、12V、15V、18V、24V 共 6 种。

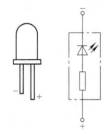

图 4 – 14　BTV 的外形与内部结构

1）电压型发光二极管的应用。BTV 可代替普通发光二极管作为电源指示灯、电平显示器、闸门指示灯或越限报警指示灯。电压型发光二极管几种典型的应用电路如图 4 – 15 所示。图 4 – 15a 采用直流电源驱动，图 4 – 15b 采用交流驱动，在交流电的正负半周，两只 BTV 可以轮流发光。图 4 – 15c、图 4 – 15d 分别由 TTL 和 CMOS 电路来驱动。

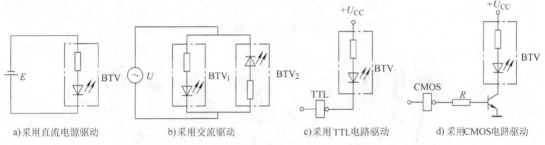

a）采用直流电源驱动　　b）采用交流驱动　　c）采用 TTL 电路驱动　　d）采用 CMOS 电路驱动

图 4 – 15　BTV 的几种典型应用电路

2）使用 BTV 时需注意的问题。

① 正、负极不得接反。

② 必须在额定电压下使用，低于额定值，亮度会降低；超过额定值，则可能损坏管子。

③ 在电路中应尽量远离发热元器件（如功放管、变压器）。

4.2　晶体管

4.2.1　晶体管的结构与分类

晶体管俗称三极管。它是由两个做在一起的 PN 结连接相应电极再封装而成的。晶体管的功能是放大作用。

目前我国生产的硅三极管多为 NPN 型，而锗三极管多为 PNP 型，其结构如图 4 – 16 所示。

如果两边是 N 区中间夹着 P 区，就称为 NPN 型晶体管；如果是两个 P 区中间夹着 N 区，就称为 PNP 型晶体管。夹在中间的那个区称为基区。由此引出的电极称为基极 b，另外两个区分别是发射区和集电区，分别引出发射极 e 和集电极 c。基区与发射区之间的 PN 结称为发射结，基区与集电区之间的 PN 结称为集电结。

晶体管根据材料不同，可分为硅管和锗管；根据 PN 结导电特性可分为 NPN 型管和 PNP 型管；根据工作频率不同，可分为高频管和低频管；根据功率不同，可分为小功率、中功率和大功率晶体管；根据开关速度，可分为中速管和高速管；根据结构不同，可分为点接触型管和面接触型管。目前国内外各种类型的晶体管有成千上万种。常见的晶体管外形如图4－17所示。

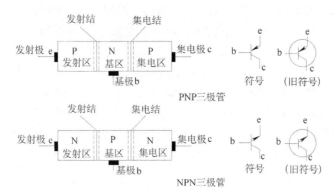

图4－16　晶体管的结构示意图

图4－17　常见的晶体管外形

4.2.2　晶体管的伏安特性

由于晶体管有三个电极，要用两组特性曲线才能全面反映其性能。特性曲线如图4－18所示。图4－18a为晶体管输入特性曲线，图4－18b为晶体管输出特性曲线。

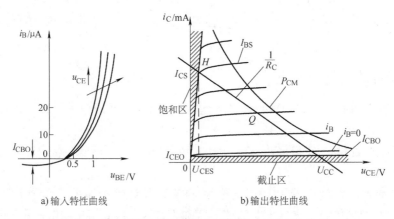

图4－18　晶体管共射极的特性曲线（有输入信号时）

1. 输入特性的特点

1）$u_{CE} = 0$ 时的特性类似于 PN 结的正向特性。

2）$u_{CE} \neq 0$ 时的输入特性曲线右移，且 $u_{CE} > 1V$ 以后的输入特性曲线簇基本重合，所以手册上通常只给出 $u_{CE} \geq 1V$ 的一条输入特性曲线。

2. 输出特性的特点

1）输出特性分为饱和区、放大区、截止区。晶体管用作放大器件时，工作在放大区；晶体管用作开关器件时，工作在饱和区和截止区。

2）每条曲线均有上升和水平两部分，上升部分 i_C 主要决定于 u_{CE}，而与 i_B 的关系不大；水平部 i_C 主要决定于 i_B 而与 u_{CE} 关系不大（接近于恒流）。

3）当 u_{CE} 超过一定数值时，管子会击穿（P_{CM} 曲线右方）。

3. 晶体管的常用偏置电路

晶体管的常用偏置电路如表4-3所示。

表4-3　晶体管的常用偏置电路

电路名称	电路形式	电路特点	静态工作点表达式
固定偏置电路		电路结构简单，调试方便，但静态工作点会随管子参数和环境温度的变化而变化，只适用于要求不高和环境温度变化不大的场合	$I_B \approx \dfrac{U_{CC}}{R_b}$ $I_C = \beta I_B$ $U_{CE} = U_{CC} - I_C R_c$
分压器式电流负反馈偏置电路		利用 R_{b1}、R_{b2} 组成的分压器以固定基极电位。利用 R_e 使发射极电流 I_E 基本不变 静态工作点基本不受更换管子和环境温度改变的影响，属于工作点稳定的偏置电路	$I_B \approx \left(\dfrac{R_{b2} U_{CC}}{R_{b1} + R_{b2}} - U_{BE} \right) \dfrac{1}{(1+\beta) R_e}$ $I_C = \beta I_B$ $U_{CE} = U_{CC} - I_C (R_c + R_e)$ $U_{BE} \approx 0.7V$
电压负反馈偏置电路		利用 I_B、U_{CE} 达到稳定静态工作点的目的	$I_C \approx \left(\dfrac{U_{CC}}{R_c + \dfrac{R_b + R_c}{\beta}} \right)$ $I_B = \dfrac{I_C}{\beta}$ $U_{CE} = U_{CC} - (I_C + I_B) R_c$
自举偏置电路		属于射极输出器的偏置形式，故输入电阻很高，且由于 C_3、R_{b3} 的作用，使输入电阻更为增高	$I_C = \dfrac{\beta (U_B - U_{BC})}{R_{b1} + R_{b3} + (1+\beta) R_e}$ $I_B = \dfrac{I_C}{\beta}$ $U_{CE} \approx U_{CC} - \dfrac{R_{b2}}{R_{b1} + R_{b2}} I_B$ $R_b = U_{b1} \parallel R_{b2}$

4. 晶体管的 3 种工作状态

当晶体管发射极处于正向偏置，集电极处于反向偏置时，晶体管工作在放大状态，即在此时若基极电流有一个微小的变化，就能引起集电极电流较大的变化，利用晶体管的这个特点，可组成各种放大电路。当晶体管发射极反向偏置时，处于截止状态；当晶体管发射极和集电极都处于正向偏置时，处于饱和状态。晶体管的开关作用就是利用了截止和饱和这两种状态。晶体管的 3 种工作状态如表 4 – 4 所示。

表 4 – 4　晶体管的 3 种工作状态

工作状态	截止态	放大态	饱和态
PNP 型锗管	$U_{CE} \approx U_{CC}$　$-0.1 \sim +0.3V$	U_{CE}　$-0.1 \sim -0.2V$	$U_{CE} \approx 0$　小于 $-0.3V$
NPN 型硅管	$U_{CE} \approx U_{CC}$　$-0.3 \sim +0.5V$	U_{CE}　$+0.5 \sim +0.7V$	$U_{CE} \approx 0$　大于 $+0.7V$
状态特点	$I_C \leqslant I_{CEO}$	$I_C = \beta I_B + I_{CEO}$	$I_C \approx \dfrac{U_{CC}}{R_C}$
	$U_{CE} \approx U_{CC}$	$U_{CE} = U_{CC} - I_C R_C$	$U_{CE} \approx 0.2 \sim 0.3V$（饱和压降）
	$I_B \leqslant 0$、$I_C \leqslant I_{CEO}$ 晶体管截止，电源电压 U_{CC} 几乎全降在管子上	当 I_B 从 0 逐渐增大，I_C 亦按一定比例增加，晶体管处于放大态，微小的 I_B 变化能引起 I_C 较大的变化	当 $I_B > \dfrac{U_{CC}}{\beta R_C}$ 时，晶体管呈饱和态，I_C 不再随 I_B 的增大而增大，管压降很小，电源电压 U_{CC} 全加在负载 R_C 上

4.2.3　晶体管的主要参数

1. 电流放大系数

电流放大系数用来表示晶体管的电流放大能力，有直流电流放大系数和交流电流放大系数之分。前者是指在直流状态下，晶体管的集电极电流 I_C 与基极电流 I_B 之比，常用 β 表示，即

$$\beta = I_C / I_B$$

后者是指在交流状态下，集电极电流的变化值 ΔI_C 与基极电流变化值 ΔI_B 之比，用 β' 表示，即

$$\beta' = \Delta I_C / \Delta I_B$$

低频时，β 和 β' 很接近。一般晶体管的 β 值在 $20 \sim 200$ 之间。

2. 极间反向电流

晶体管的极间反向电流有两个，一个是集电极反向饱和电流 I_{CBO}，是指发射极开路时，基极与集电极之间的反向饱和电流；另一个是穿透电流 I_{CEO}，是指基极开路时，集电极和发射极之间的反向电流。

4.2.4 晶体管的检测及选用

用万用表对晶体管进行各种判断和检测，常用方法如下：

1. 判别晶体管的引脚

将万用表置于电阻 $R \times 1k$ 或 $R \times 100$ 档，用黑表笔接晶体管的某一引脚（假设是基极）再用红表笔分别接另外两个引脚。

1）如果两次表针指示的阻值都很大，表明该管是 PNP 管，其中黑表笔所接的那一引脚是基极。

2）如果两次表针指示的阻值均很小，则说明这是一只 NPN 管，黑表笔所接的那一引脚是基极。

3）如果表针指示的两个阻值一次很大，一次很小，那么黑表笔所接的引脚就不是晶体管的基极，应换另外的引脚进行类似的测试，判定基极后就可以进一步判断集电极和发射极。仍然用万用表 $R \times 1k$ 或 $R \times 100$ 档，将两表笔分别接除基极之外的两电极。

4）如果是 PNP 管，用一个 $100k\Omega$ 电阻接于基极和红表笔之间可测得一电阻值，然后将两表笔交换，同样在基极和红表笔之间接一个 $100k\Omega$ 的电阻，又测得一电阻值，两次测量中阻值小的一次的红表笔对应的是 PNP 管集电极，黑表笔对应的是 PNP 管发射极。

5）如果是 NPN 管，电阻 $100k\Omega$ 就要接在基极和黑表笔之间，同样电阻小的一次黑表笔对应的是 NPN 管的集电极，红表笔对应的是 NPN 管发射极。

6）在测试中也可以用潮湿的手指代替 $100k\Omega$ 电阻，捏住集电极与基极，注意测量时不要让集电极与基极碰在一起，以免损坏晶体管。

2. 估测穿透电流 I_{CEO}

穿透电流 I_{CEO} 大的晶体管，耗散功率增大，热稳定性差，调整 i_C 很困难，噪声也大，电子电路应选用 I_{CEO} 小的管子。一般情况下，可用万用表 $R \times 1k$ 档测量。

1）如果是 PNP 型管，黑表笔（表内电池正极）接发射极，红表笔（表内电池负极）接集电极。对小功率锗管，测出的阻值在几十千欧以上；对小功率硅管，测出的阻值在几百千欧以上，这表明 I_{CEO} 不太大。如果测出的阻值小，且表针缓慢地向低阻值方向移动，表明 I_{CEO} 大且管子稳定性差。如果阻值接近于零，表明晶体管已穿通损坏；如果阻值为无穷大，表明晶体管内部已经开路。

有些小功率硅管，如塑封管 9013（NPN）、9012（PNP）等，由于 I_{CEO} 很小，测量时阻值很大，表针移动不明显，不要误认为是断路，对于大功率晶体管 I_{CEO} 比较大，测得的阻值

大约只有几十欧，不要误认为管子已经击穿。

2）如果测量的是 NPN 管，红表笔应接发射极，黑表笔应接集电极。

3）采用电流档测量。测量时万用表置于直流 1mA 档，直流电源用 4.5V（3 节 1.5V 电池）接在被测管上，万用表的读数即为穿透电流 I_{CEO} 的值，此数值越小，说明该管子的工作稳定性越好，噪声越小，若此读数大，或用手捏紧管壳，电流表读数明显升高，则说明被测管稳定性太差。

3. 判断硅管和锗管

因为硅管的正向压降一般为 0.6 ~ 0.8V，而锗管的正向压降一般为 0.2 ~ 0.4V。所以只要按图 4 - 19 所示测量 U_{BE} 的数值就可以了。

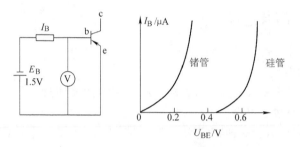

图 4 - 19　判断硅管和锗管

测量后，若 U_{BE} 的数值为 0.6 ~ 0.8V，即为硅管，若 U_{BE} 的数值为 0.2 ~ 0.4V，即为锗管。若对 NPN 管进行测量，只要把 E_B 和电压表的极性反接一下，视其压降数值范围来判别是锗材料还是硅材料。除以上用万用表测试的方法外，还可以用晶体管图示仪等专门测试仪器。

4.3　场效应晶体管

4.3.1　场效应晶体管的结构与分类

场效应晶体管俗称场效应管，是一种利用电场效应来控制多数载流子运动的半导体器件，缩写为 FET。其外形与普通晶体管非常相似，但两者的控制特性却截然不同。普通晶体管是利用输入电流控制输出电流，是电流控制器件，而场效应晶体管是利用输入电压产生的电场效应来控制输出电流，是电压控制器件。因此，场效应晶体管是另一类具有放大作用的晶体管，它的主要特点是输入阻抗高，用于放大时很容易满足极间耦合；具有对称性，漏极 D 和源极 S 可以互换；噪声小，热稳定性好。

场效应晶体管按其结构的不同可以分为结型场效应晶体管和绝缘栅型场效应晶体管（MOS 管）。结型场效应晶体管又可分为 N 沟道型和 P 沟道型两种。绝缘栅型场效应晶体管又可分为增强型和耗尽型两种，每一种也有 N 沟道型和 P 沟道型两种。场效应晶体管的分类、符号、特性及应用如表 4 - 5 所示。

场效应晶体管的 3 个电极分别是源极 S、漏极 D 和栅极 G，分别相当于普通晶体管的发射极、集电极和基极。

表 4 – 5　场效应晶体管的分类、符号、特性及应用

分类	JFET		MOSFET			
			耗尽型		增强型	
	N沟道	P沟道	N沟道	P沟道	N沟道	P沟道
符号						
漏极特性						
转移特性						
应用	分立放大器模拟集成电路	分立放大器模拟集成电路	分立高频放大器数字集成电路	分立高频放大器数字集成电路	分立功率放大器数字集成电路	分立功率放大器数字集成电路

4.3.2　场效应晶体管的主要参数

场效应晶体管的主要参数有：夹断电压（适用于结型和耗尽型绝缘栅场效应晶体管）、开启电压（适用于增强型绝缘栅场效应晶体管）、饱和漏电流（适合于耗尽绝缘栅场效应晶体管）、直流输出电阻、漏—源极击穿电压、栅—源极击穿电压、低频跨导、输出电阻等。

4.3.3　场效应晶体管的检测及选用

由于绝缘栅型场效应晶体管极易因产生感应电压而击穿损坏，所以都有比较严格的包装，型号标志失掉的很少。如果不标明型号、包装不好或没有包装的绝缘栅型场效应晶体管，一般都已损坏，没有必要再进行电极判别。

1）对于结型场效应晶体管的电极判定。一般选万用表的 $R \times 1k$ 档，用黑表笔接触一个电极，红表笔分别接触另两个电极，测其电阻，若电阻基本相等，交换红黑表笔再测一次；若阻值又基本相等且两次测得的阻值一次很小，一次很大，则可说明：该结型场效应晶体管质量较好，如果第一次测得的阻值较小，则此时黑表笔接的是 N 沟道型场效应晶体管的栅极 G；如果第一次测得的阻值较大，则黑表笔接的是 P 沟道型场效应晶体管的栅极 G。结型场效应晶体管漏极 D 和源极 S 可互换，没有必要判定。

2）结型场效应晶体管的放大倍数的判定。一般选万用表的 $R \times 100$ 或 $R \times 1k$ 档，用红、黑表笔分别接触源极 S 和漏极 D，用手捏栅极 S，观察表针偏转幅度，幅度越大说明放大能

力越强。

3）场效应晶体管应用于各种场效应晶体管放大电路，选用时应了解管子的特性针对电路来选择，更换时应同参数同类型。焊接时，电路及所使用的工具都必须良好接地，焊接顺序为源极 S、漏极 D 和栅极 G，绝缘栅型管子不用时引脚要短路在一起。

4.4 单向晶闸管

晶闸管有单向晶闸管、双向晶闸管、逆导晶闸管、门极关断晶闸管、快速晶闸管、光控晶闸管等多种类型。应用最多的是单向晶闸管和双向晶闸管。

4.4.1 单向晶闸管的结构及等效电路

单向晶闸管广泛应用于可控整流、交流调压、逆变器和开关电源电路中，其外形结构、等效电路如图 4-20 所示。

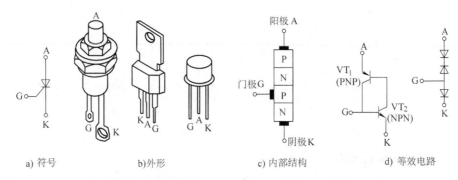

a) 符号　　　　b)外形　　　　c) 内部结构　　　　d) 等效电路

图 4-20　单向晶闸管的符号、外形与等效电路

它有 3 个电极，分别是阳极（A）、阴极（K）和门极又称控制极（G）。由图 4-20 可见，它是一种 PNPN 四层半导体器件，其中门极是从 P 型硅层上引出，供触发晶闸管用。晶闸管一旦导通，即使撤掉正向触发信号，仍能维护通态。要使晶闸管关断，必须使正向电流低于维持电流 I_H 或施以反向电压强迫其关断。

晶闸管等效电路有两种画法：一种是用两只晶体管等效，另一种是用 3 只二极管等效。如图 4-20d 所示。普通晶闸管的工作频率一般在 400Hz 以下，随着频率的升高，功耗将增大，器件会发热，快速晶闸管一般可工作在 5kHz 以上，最高可达 40kHz。

4.4.2 单向晶闸管的伏安特性

单向晶闸管的伏安特性曲线如图 4-21 所示。

1. 正向阻断特性

曲线 I 描绘了单向晶闸管的正向阻断特性。阳极加上正向电压，无控制极信号时，晶闸管的正向导通电压为正向转折电压 U_{BO}。当有门极信号时，

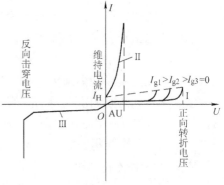

图 4-21　单向晶闸管的伏安特性曲线

正向转折电压会下降（即可在较低正向电压下导通），转折电压随门极电流的增大而减小。当门极电流大到一定程度时，就不再出现正向阻断状态了。

2. 导通工作特性

曲线Ⅱ说明单向晶闸管的导通工作特性。晶闸管导通后内阻很小，管压降很低，此时，外加电压几乎全部降在外电路负载上，而且负载电流较大，特性曲线与半导体二极管导通特性相似。若阳极电压减小（或负载电阻增加），致使阳极电流减小，当阳极电流小于维持电流 I_H 时，晶闸管从导通状态立即转为正向阻断态，回到曲线Ⅰ状态。

3. 反向阻断特性

曲线Ⅲ即为单向晶闸管的反向阻断特性。当晶闸管阳极加入反向电压时，被反向阻断（但有很小的漏电流）。当反向电压增大，在很大一个范围内维持阻断仍仅有很小的漏电流。当反向电压增大到击穿电压时，电流会突然增大，若不加以限制，管子有可能烧坏。正常工作时，外加电压要小于反向击穿电压，才能保证管子安全可靠的工作。可见单向晶闸管的反向阻断特性类似于二极管的反向特性。

4.4.3 单向晶闸管的主要参数

1. 额定正向平均电流

在规定环境温度及标准散热条件下，晶闸管允许通过的工频正弦半波电流的平均值。

2. 反向击穿电压

在额定结温下，晶闸管阳极与阴极之间加以正弦波反向电压，当其反向漏电流急剧上升时所对应的电压峰值。

3. 控制极触发电压和触发电流

在规定环境温度和阳极与阴极间为一定值的正向电压条件下，使晶闸管从阻断状态转变为导通状态所需要的最小控制极直流电压和最小控制极直流电流。

另外，晶闸管的参数还有正向转折电压、正向阻断电压、正向平均压降、维持电流和控制极反向电压等。

4.4.4 单向晶闸管的检测及选用

1. 判定单向晶闸管的电极

在门极与阴极之间有一个 PN 结，而阳极与门极之间有两个反极串联的 PN 结。因此用万用表 $R \times 100k$ 档可首先判定门极 G。将黑表笔接某一电极，红表笔依次碰触另外两个电极，假如一次阻值很小，有几百欧，而另一次阻值很大有几千欧，就说明黑表笔接的是门极 G，在阻值小的那次测量中，红表笔接的是阴极 K，而在阻值大的那一次，红表笔接的是阳极 A，若两次测出的阻值都很大，说明黑表笔接的不是门极，应改测其他电极。

2. 检查单向晶闸管的好坏

一只好的单向晶闸管，应该是：3 个 PN 结良好，反向电压能阻断，阳极加正向电压情况下，当门极开路时也能阻断，而当门极加了正向电流时晶闸管导通，且在撤去门极电流后仍维持导通。

（1）测极间电阻　先通过测极间电阻检查 PN 结的好坏。由于单向晶闸管是由 PNPN 四层 3 个 PN 结组成，故 A-G、A-K 间正反向电阻都很大。用万用表的最高电阻档测试，若阻值很小，再换低阻档测试，若阻值也较小，表示被测管 PN 结已击穿，是只坏的晶闸管。

（2）晶闸管的正向阻断特性　可凭阳极与阴极间的正向阻值大小来判定。当阳极接黑表笔，阴极接红表笔，测得阻值越大，表明正向漏电流越小，管子的正向阻断特性也越好。

（3）晶闸管的反向阻断特性　可用阳极与阴极间的反向阻值来判定。当阳极接红表笔，阴极接黑表笔，测得阻值越大，表明漏电流越小，管子的反向阻断特性也越好。

（4）测 G – K 极间电阻　即是测一个 PN 结的正、反向阻值，宜用 $R \times 10k$ 或 $R \times 100$ 档进行。G – K 极间反向阻值应较大，一般单向晶闸管的反向阻值为 $80k\Omega$ 左右，而正向阻值为 $2k\Omega$ 左右。若测得正向电阻（G 极接黑笔，K 极接红笔）极大，甚至接近 ∞，表示被测管的 G – K 极间已被烧坏。

3. 导通试验

电子电路中应用的单向晶闸管大都是小功率的，由于所需的触发电流较小，故可以用万用表进行导通试验。万用表选 $R \times 1k$ 档，黑表笔接 A 极，红表笔接 K 极，这时万用表指针有一定的偏转。将黑表笔在保持与 A 极相接触的情况下跟 G 极接触，这相当于给 G 极加上一触发电压，此时应看到万用表指针明显的向小阻值偏转，说明单向晶闸管已触发导通而处于导通态，此后，仍保持黑表笔和 A 极相接，断开黑表笔与 G 极的接触，若晶闸管仍处于导通态，说明管子的导通性能良好，否则，管子可能是坏的。

4. 晶闸管的选择

应根据电路对晶闸管的要求进行合理的选择，使晶闸管的性能参数能够满足电路的需要。更换晶闸管时要保证型号、参数满足电路要求，在强电场场合下使用的晶闸管，应先检查保护电路是否正常，以免造成不必要的损失。

4.5　双向晶闸管

4.5.1　双向晶闸管的结构及伏安特性

1. 双向晶闸管的结构及等效电路

双向晶闸管相当于两个单向晶闸管反向并联而成。双向晶闸管的结构特点及等效电路如图 4 – 22 所示。从图 4 – 22a 所示可以看出，它属于 NPNPN 五层半导体器件，有 3 个电极，分别称为第一电极 T_1、第二电极 T_2、门极 G，T_1、T_2 又称为主电极。双向晶闸管的符号如图 4 – 22d 所示，其外形有平板形、螺栓形、塑封形，图 4 – 22e 所示为小功率塑封晶闸管的外形。

我们把图 4 – 22a 所示看成是由左右两部分组合而成，如图 4 – 22b 所示。这样一来，原来的双向晶闸管就被分解成两个 PNPN 型结构的普通的单向晶闸管了。如果把左边从下往上看的 P_1 – N_1 – P_2 – N_2 部分叫作正向的话，那么右边从下往上看的 N_3 – P_1 – N_1 – P_2 部分就成为反向，它们之间正好是一正一反地并联在一起，这种连接叫反向并联。从电路功能上可以把它等效成图 4 – 22c 所示，也就是说，一个双向晶闸管在电路中的作用和两只普通的单向晶闸管反向并联起来是等效的，这也是双向晶闸管为什么会有双向控制导通特性的根本原因。

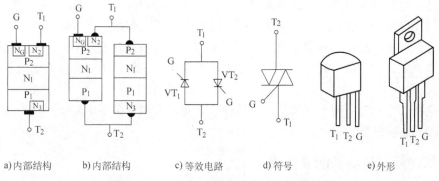

a) 内部结构　　b) 内部结构　　c) 等效电路　　d) 符号　　e) 外形

图 4-22　双向晶闸管的结构、符号及外形

2. 双向晶闸管的特点

对于两只反向并联的单向晶闸管来说，因为它们各自都有自己的门极，所以必须通过两个门极协调工作，才能达到控制电路的目的。而双向晶闸管却不同，它只有一个门极，通过这唯一的门极就能控制双向晶闸管的正常工作。显然，它的触发电路比起两只反向并联的单向晶闸管电路要简单得多。这不仅给设计和制造带来很多方便，而且也使电路的可靠性得到提高，使设备的体积缩小，重量减轻，这是双向晶闸管的一个突出优点。

3. 双向晶闸管伏安特性曲线

双向晶闸管在结构上相当于两个单向晶闸管反极性并联，于是它具有两个方向都导通、关断的特性，即具有两个方向对称的伏安特性曲线。其特性曲线如图 4-23 所示。

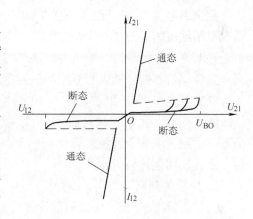

图 4-23　双向晶闸管的伏安特性曲线

由图可见，双向晶闸管的特性曲线是由一、三两个象限内的曲线组合而成。第一象限的曲线说明当加到主电极上的电压使 T_2 对 T_1 的极性为正时，我们称为正向电压，用符号 U_{21} 表示。当这个电压逐渐增加到等于转折电压 U_{BO} 时，左边的晶闸管导通如图 4-22b 所示，这时的通态电流为 I_{21}，方向是从 T_2 流向 T_1。从图 4-23 中可以看出，触发电流越大，转折电压就越低，这与单向晶闸管的触发导通是一致的。当加到主电极上的电压使 T_1 对 T_2 的极性为正时，称为反向电压，用符号 U_{12} 表示。当这个电压到达转折电压时，右边的晶闸管如图 4-22b 所示便触发导通，这时的电流为 I_{12}，方向是从 T_1 流向 T_2。特性曲线如图 4-23 中的第三象限所示。

上述两种情况，除了加到主电极上的电压和导通电流的方向相反外，它们的触发导通规律是相同的。如果这两个并联的管子特性完全相同，那么一、三象限的特性曲线就应该是对称的。它的任何一个主电极对一个管子是阳极，对另一个管子就是阴极，反过来也一样。因此，双向晶闸管无论主电极加上的是正向电压或反向电压，它都能被触发导通。不仅如此，双向晶闸管还有一个重要的特点，即不管触发信号的极性如何，即不管所加触发信号的电压 U_G 对 T_1 是正向还是反向，都能触发导通。因此，可以用交流信号来做触发信号，使它能作为一个交流双向开关使用。

双向晶闸管的触发电路，通常有两类，一类是双向晶闸管用于调节电压、电流的场合，此时要求触发电路能改变双向晶闸管的导通角的大小，可采用单结晶体管（双基二极管）或双向二极管触发电路；另一类是双向晶闸管用作交流无触点开关的场合，此时双向晶闸管仅需开通和关闭，无须改变其导通角，故触发电路简单，一般只用一只限流电阻直接用交流信号触发。

双向晶闸管广泛地应用于交流调压、调速、调光及交流开关等电路中，此外还被用于固态继电器和固态接触器中。

4.5.2 双向晶闸管的检测及选用

1. 判定 T_2 极

G 极与 T_1 极靠近，距 T_2 极较远，$G - T_1$ 间的正、反向电阻都很小。因此，可用万用表的 $R \times 1k$ 档检测 G、T_1、T_2 中任意两个电极间的正、反向电阻，其中若测得两个电极间的正、反向电阻都呈现低阻（约为 100Ω），则这两个电极为 G 极、T_1 极，另一个是 T_2 极。

2. 区分 G 极和 T_1

找出 T_2 极之后，先假设剩下两极中某一极为 T_1 极，另一极为 G 极。将万用表拨至 $R \times 1k$ 档，按以下步骤测试。

把黑表笔接 T_1 极，红表笔接 T_2 极，电阻为无穷大。接着在保持红表笔与 T_2 极相接的情况下用红表笔尖把 T_2 极与 G 短路（给 G 极加上负触发信号），这时，电阻值应为 10Ω 左右，证明管子已经导通，导通方向从 T_1 到 T_2。再将红表笔尖与 G 极脱开（但仍接 T_2），如果电阻值保持不变，就表明管子在触发后能维持导通状态。

红表笔接 T_1 极，黑表笔接 T_2 极，然后在保持黑表笔与 T_2 极继续接触情况下，使 T_2 与 G 短路（给 G 极加上正触发信号），电阻值仍为 10Ω 左右。与 G 极脱开后（仍接 T_2），若阻值不变，则说明管子经触发后，在 T_2 到 T_1 方向上也能维持导通状态，因此具有双向触发特性。由此证明上述假设正确。

3. 质量的判别

无论怎样对 T_1 极、G 极的假设进行检测，都不能使双向晶闸管触发导通，则证明被测管可能已损坏。

4.6 双向二极管

双向二极管（DIAC）是与双向晶闸管同时问世的，常用来触发双向晶闸管。

双向二极管的结构、符号、等效符号及伏安特性如图 4 – 24 所示。

它属于 3 层、对称性质的两端半导体器件，等效于基极开路、发射极与集电极对称的 NPN 晶体管。其正、反向伏安特性完全对称。当器件两端的电压 $U <$ 正向转折电压 U_{BO} 时，呈高阻态；当 $U > U_{BO}$ 时进入负阻区。同样，当 $|U|$ 超过反向转折电压 $|U_{BR}|$ 时，管子也能进入负阻区。转折电压的对称性用 ΔU_B 表示为

$$\Delta U_B = U_{BO} - |U_{BR}|$$

一般要求 $\Delta U_B < U$。双向二极管的耐压值 U 大致分为 3 个等级：$20 \sim 60V$、$100 \sim 150V$、

$200 \sim 250V$。在实际应用中，除根据电路的要求选取适当的转折电压 U_{BO} 外，还应选择转折电流 I_{BO} 小、转折电压小的双向二极管。双向二极管除用来触发双向晶闸管外，还常用在过电压保护、定时、移相等电路。图 4-25 所示是由双向二极管和双向晶闸管组成的过电压保护电路，当瞬态电压超过 DIAC 的 U_{BO} 时，DIAC 迅速导通并触发双向晶闸管也导通，使后面的负载受到保护。

双向二极管用万用表检测好坏，将万用表拨至 $R \times 1k$ 或 $R \times 10k$ 档，由于双向二极管的 U_{BO} 值都在 20V 以上，而万用表内电池电压远小于此值，所以测得 DIAC 的正、反向电阻都应为无穷大，否则 PN 结击穿。

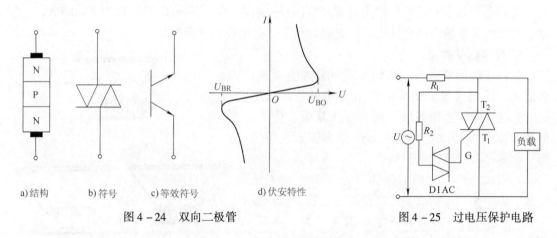

a)结构 b)符号 c)等效符号 d)伏安特性

图 4-24 双向二极管   图 4-25 过电压保护电路

第5章　电声、开关器件

5.1　电声器件

电声器件是指能把声能转换成音频电信号，或者能把音频电信号转化为声能的器件，常见的有传声器、扬声器和耳机等。这里我们主要介绍的是扬声器。

1. 扬声器的种类

扬声器俗称喇叭。按换能方式可分为电动式、电磁式、压电式等；按磁场供给方式可分为永磁式、励磁式；按适用频段不同可分为高音、中音、低音及宽频带扬声器；按外形可分为圆形、椭圆形、超薄形和号筒式等多种。

动圈式扬声器主要由磁体（路）和振动系统组成，如图 5-1a 所示。其中音膜（又称音盆或振动板）、定心片、音圈和防尘罩组成了振动系统。当音频电流通过扬声器音圈时，由于音频电流产生的磁场与扬声器磁路磁场的相互作用，使音圈在磁路中产生振动，从而带动音盆发出声音。

扬声器的磁路结构有外磁式、内磁式、屏蔽式和双磁路式等多种，如图 5-1 所示，后 3 种扬声器的漏磁场很小，适用于电视机、组合音响等要求杂散磁场较小的整机。其中双磁路扬声器的灵敏度较高。

扬声器的文字符号过去用 Y，新国标规定用字母 B 表示。常用扬声器的图形符号如图 5-2 所示。

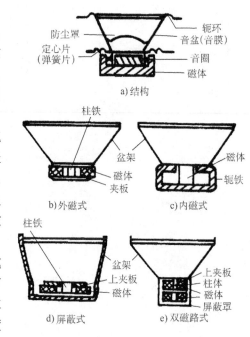

图 5-1　动圈式扬声器的结构

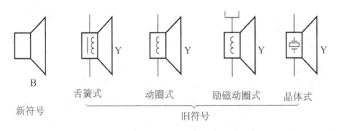

图 5-2　常用扬声器的图形符号

扬声器的振动系统对重放音质的优劣影响很大。现代音响系统中已广泛地采用了性能优良的复合盆扬声器。这种扬声器的音膜不再由传统的纸盆组成，而是由不同材料的轭环和纸盆

（或更好的材料）组成。发烧友选用的扬声器往往要求很高，因而很多更高级的聚丙烯、碳化聚合物或钛混合物音盆扬声器便应运而生，在不少音响设备及家庭影院装置中都能见到它们。

2. 扬声器主要参数

主要参数有标称功率、标称阻抗、频率响应、特性灵敏度、谐振频率等。

（1）标称功率（又称额定功率）　指扬声器能长时间正常工作的允许输入功率。扬声器在额定功率下工作是安全的，失真度也不会超出额定值。当然，实际上扬声器能承受的最大功率要比额定功率大（通常前者为后者的 1.5～2 倍），所以不必担心因音频信号幅度变化过大，瞬时或短时间内音频功率超出额定功率值时而导致扬声器损坏。

额定功率的概念比较模糊，故国际上通常采用最大噪声功率、长期最大功率、短期最大功率等参数，对民用扬声器来说，厂家大都给出推荐额定功率或建议功率，用以表示功率使用范围。例如美国 GBLGTC9610 型椭圆扬声器的建议功率为 5～100W（有效值），应用时只要将音频功率定在 5～100W 内，扬声器就能正常安全地工作，同时获得良好的重放效果。

（2）标称阻抗（又称额定阻抗）　是制造厂所规定的扬声器（交流）阻抗值。通常，口径小于 90mm 的扬声器的标称阻抗是用 1000Hz 的测试信号测出的，大于 90mm 的扬声器的标称阻抗则是用 400Hz 的测试信号测出的。选用扬声器时，其标称阻抗一般应与音频功放电路的输出阻抗匹配。

（3）频率响应（又称有效频率范围）　指扬声器重放音频的有效工作频率范围。扬声器的频率响应范围显然越宽越好，但受结构及工艺等因素的限制，一般总是不可能很宽。国产普通纸盆 130mm（5in）扬声器的频率响应大多为 120Hz～10kHz。相同尺寸的优质发烧级同轴橡皮边或泡沫边扬声器则可达 55Hz～21kHz。

（4）特性灵敏度（简称灵敏度）　指在规定的频率范围内，在自由场条件下，反馈给扬声器 1W 粉红噪声信号，在其参考轴上距参考点 1m 处能产生的声压（Pa，帕）。扬声器灵敏度越高，其电声转换效率越高。同等大小的两个扬声器，普通纸盆的灵敏度≥93dB，橡皮边灵敏度≥88dB，显然后者的灵敏度较低。

（5）谐振频率　指扬声器在有效频率范围的下限值。通常谐振频率越低，扬声器的低音重放效果性能就越好，优秀的重低音扬声器的谐振频率多为 20～30Hz。扬声器的主要性能参数如表 5-1 所示。

表 5-1　扬声器的主要性能参数

性能	扬声器						
	纸盆	布边	尼龙边	橡皮边	泡沫边	聚丙烯	钛混合
灵敏度	高	中	中	低	低	适中	适中
功率承受力	小	中	中	大	大	中～大	中～大
工作频带	全频带	低频全频	全频带	低频	低频全频	低频	高频
电-声转换效率	高	中	中	低	低	中	低
时效	不易老化	不易老化	不易老化	易老化	适中	不易老化	不易老化
主要用途	收录机 电视机	收录机 电视机 音响	收录机 电视机 音响	音响 高档电视机	收录机 电视机 音响	音响 家庭影院	音响 家庭影院

3. 扬声器简易测试

如果能将音频信号（可从 MP3 中取出）施加于扬声器，则可直观地检查出扬声器的好坏、音质及灵敏度高低。不具备这条件，也可用万用表 $R \times 1k$ 档做简易测试。

（1）判断扬声器的好坏　将两表笔断续触碰扬声器两接线端，应可听到"喀、喀"声。声音清晰响亮，表明扬声器质量较好；反之干涉沙哑，说明质量不行。然后测量扬声器的直流电阻，通常实测值约为其标称阻抗的 80% ~ 90%。

例如一个 8Ω 标称阻抗的扬声器，实测直流电阻约为 $6.4 \sim 7.2\Omega$。如果实测阻值太小，除特殊品种外，则很可能说明扬声器有问题。如果测量时听不到扬声器发出声音，同时表针不动，说明扬声器音圈或引线断路；若扬声器不发声而表针偏转且阻值基本正常，表明扬声器振动系统有问题，大多是因为音圈变形或磁钢偏离正常位置，使音圈及音盆不能振动发声。

（2）用万用表 $R \times 1$ 档测量扬声器音圈的直流电阻　把测得的阻值乘 1.25，即近似为该扬声器的标称阻值。若测得的阻值为无穷大，则音圈中有断路现象。

（3）用万用表 $R \times 1$ 档判断扬声器的正负极　将两个表笔分别接触扬声器的接线端，观察纸盆运动方向，若纸盆向前运动，则黑表笔接的是扬声器的正极，反之，红表笔接的是正极。

5.2　开关、继电器

1. 开关器件

开关的作用是断开、接通或转换电路。它们的种类及规格非常多，应用十分广泛，常用的开关可按极位、结构特点及用途分类，如图 5 – 3 所示。

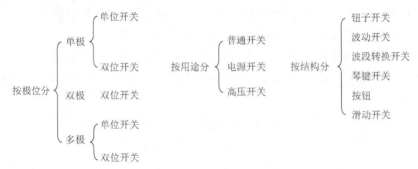

图 5 – 3　开关分类

开关在电路中的符号（电路符号和文字符号）如图 5 – 4 所示。

其中，文字符号过去用"K"（按钮也有用"AN"）表示，新规定要用"S"或"Q"表示。开关的"极"对应过去所称的"刀"。"位"则对应过去所称的"掷"，如双极双位开关就是双刀双掷开关。开关的"极"实际相当于开关的活动触点（触头、触刀），位相当于开关的静止触点。当按动或拨动开关时，活动触点就与静止触点接通（或断开）从而起到接通或断开电路的作用。由于单极单位开关只有一个活动触点和一个静止触点，所以只能接通或断开一条电路，单极双位开关则可选择接通（或断开）两条电路中的一条，双极双位开关可同时接通（或断开）两条独立电路。其他极位开关的作用可依此类推，常用的开关其外形如图 5-5 所示。

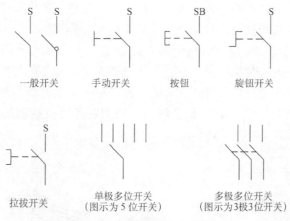

图 5-4　开关在电路中的符号

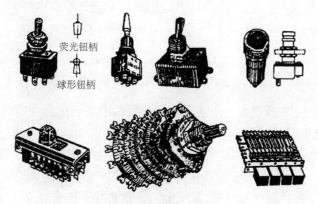

图 5-5　各种常用开关的外形

（1）钮子开关　钮子开关通常为单极双位和双极双位开关，主要用作电源开关和状态转换开关，小家电及仪器仪表上经常可见到这种开关。

（2）波动开关　波动开关与钮子开关相似，多为单极双位和双极双位开关，主要用于电源电路及工作状态的切换。波动开关在小家电产品，如真空吸尘器、搅拌机、烘衣机中应用较多。此外，在台灯和电热毯等电器上经常采用的船形开关与波动开关相似。这种开关因经常被人触摸，故安全性特别重要。

（3）波段转换开关　简称波段开关，主要用在收音机、收录机、电视机及各种仪器仪表中。一般都是多极多位开关，有些波段开关的位数多达十几位，可变换十几个档位。通常应用较多的是旋转式波段开关。

（4）按钮　它是通过按动键帽，使开关触点接通或断开，从而达到电路切换的目的。常用于电信设备、电话机、自控设备、计算机及各种家电中。

（5）滑动开关　开关的内部置有滑块，操作时，通过不同的方式驱动，带动滑块使滑块动作，从而使开关触点接通或断开，起到开关作用。滑动开关有拨动式、杠杆式、旋转式、推动式及软带式5种。

2. 电磁继电器

继电器是自动控制电路中的一种器件。实际上它是用较小的电流来控制较大电流的一种断路器。在电路中起着自动操作、自动调节、安全保护等作用。

（1）电磁继电器的结构　电磁继电器有电磁继电式、干簧式等多种，特别是电磁继电器是应用最早、最广泛的一种继电器。它是利用电磁感应原理工作的器件。通常由一个带铁心的线圈、一组或几组带触点的簧片组成。在电路图中，一般线圈与触点组分开画，继电器的线圈用一框表示，注有字母"K"，而各触点分别画在各自所控制的电路中，电磁继电器的外形、符号、内部结构如图5-6所示。

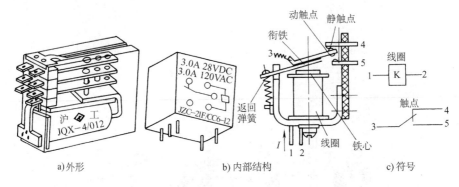

图5-6　电磁继电器的外形、符号、内部结构

只要在它的线圈1、2两端加上一定的电压，线圈中就会流过一定的电流。由于电流的磁效应，铁心被磁化而具有磁性。衔铁就会在电磁力吸引的作用下克服返回弹簧的拉力吸向铁心，从而带动在衔铁上的动触点3与静触点5闭合。当线圈断电后，电磁吸力消失，衔铁就会在返回弹簧的作用下返回原来的位置，使动触点3与静触点4闭合。上述衔铁吸合，叫继电器"动合"或"吸合"；相反，衔接复位，叫继电器"释放"或复位。

继电器线圈未通电时处于断开状态的静触点，称为"常开触点"；处于接通状态的静触点，称为"常闭触点"。

电磁式继电器又分直流与交流两种，凡是交流电磁继电器的铁心上，都嵌有一个铜制的短路环，由此可区分是交流或直流继电器，如图5-7所示。

（2）电磁式继电器的测试

1）测触点电阻。用万用表的 $R \times 1k$ 档，先测试常闭静触点与动点间的电阻，阻值应为零，而常开静触点与动点间的阻值应为无穷大。按下衔铁，这时常开触点闭合，动点与常开静触点间阻值应为零；而常闭触点断开，动触点与常闭静触点间阻值应为无穷大。如果动、静触点切换不正常，可以轻轻拨动相应的簧片，使其充分闭合或打开。如果触点闭合后接触电阻极大，看上去触点已熔化，那么这个继电器就不能再用了。如果触点闭合后接触电阻较大，而且不稳定，看上去触点完整，只是表面发黑，可在触点空载时，使继电器吸合、释放几次。如果上述方法不能奏效，那么可用细砂纸擦静接点表面，使触点接触良好。

2）测线圈电阻。将万用表拨至 $R \times 1k$ 档，检测继电器线圈电阻，应无开路现象。

3）测定吸合电压和吸合电流。按图 5-8 所示，连接好待测的继电器。调稳压电源的电压从低逐渐升高，当刚听到衔铁"嗒"一声吸合时，记下吸合电压和电流值。然而，吸合电压和电流值不是很固定的，多做几次就会发现，每次得到的吸合电压和电流值是略有不同，但大体上是在某一数值附近，如 JZC-21F/006-1H 的继电器吸合电压在 4.5V 左右。一般额定工作电压为吸合电压的 1.3~1.5 倍。

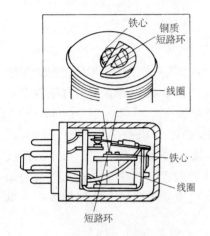

图 5-7 交流电磁式继电器

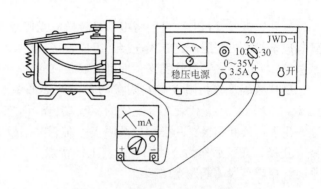

图 5-8 电磁式继电器的测试

4）测定释放电压和释放电流。紧接上述测试，继电器产生吸合动作以后，再渐渐降低线圈两端的电压，这时电流表上的读数是慢慢减小的。减到一定程度，原来吸合的衔铁现在释放了，记下释放电压和电流值。一般继电器的释放电压大概是吸合电压的 10%~50%。如果一只继电器的释放电压小于 1/10 吸合电压，这只继电器就不能使用了。因为这种继电器工作不可靠，可能在断电之后，衔铁仍吸住不放，这种情况在所有使用继电器的场合都是不允许的。

（3）继电器的附加电路

1）串联 R、C 电路。在继电器线圈电路中串入 R、C，当电路闭合的瞬时，电流可从电容 C 通过，使继电器的线圈两端加上比稳态值高的电压而迅速吸合，能缩短吸合时间。电流稳定后，电容 C 不起作用。

2）并联 R、C 电路。在继电器线圈两端并上 R、C，当断开电源时，线圈中由于自感而产生的电流经 R、C 放电，使电流衰减缓慢，从而延长了衔铁释放时间。

3）并联二极管电路。在含有继电器的电路中，往往可看到在继电器线圈的两端并联了一只二极管。当流经继电器线圈的电流突然减少的瞬间，在它的两端会感应出一个电动势。它与原电源电压叠加后加在输出晶体管的 c、e 间，使 c、e 之间有可能被击穿。为消除这个感应电动势的有害影响，在继电器旁并联一只二极管（二极管的极性不能接错），以吸收该电动势，对继电器起到保护作用。

第6章 数 码 管

6.1 LED 数码管

发光二极管（LED）是能将电信号转换成光信号的结型电路发光器件。如果把发光二极管制成条状，再按照一定方式连接，组成数字"8"，就构成 LED 数码管。使用时按规定使某些笔段上的发光二极管发光，即可组成 0~9 的一系列数字。

LED 数码管分共阳极与共阴极两种，外形如图 6-1a 所示，内部结构如图 6-1b 或图 6-1c所示。a~g 代表 7 个笔段的驱动端，亦称笔段电极，DP 是小数点。3 与 8 内部连通，⊕表示公共阳极，⊖表示公共阴极。对于共阳极 LED 数码管，将 8 只发光二极管的阳极（正极）短接后作为公共阳极。其工作特点是，当笔段电极接低电平，公共阳极接高电平时，相应笔段才能发光。

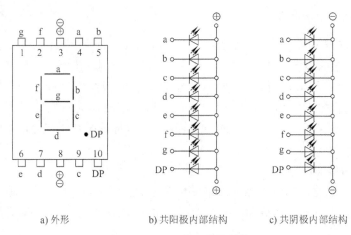

a) 外形   b) 共阳极内部结构   c) 共阴极内部结构

图 6-1 LED 数码管的结构

共阴极 LED 数码管则与之相反，它是将发光二极管的阴极（负极）短接后作为公共阴极，当驱动信号为高电平、⊖端接低电平时才能发光。LED 数码管的产品中，以发红光、绿光、黄光的居多。如前所述，LED 数码管等效于多只具有发光性能的 PN 结。当 PN 结导通时，依靠少数载流子的注入及随后的复合辐射发光，其伏安特性与普通二极管相似。

在正向导通之前，正向电流近似于零，笔段不发光。当电压超过开启电压时，电流就急剧上升，笔段发光。因此，LED 数码管属于电流控制型器件，其发光亮度 L（单位是 cd/m^2）与正向电流 I_F 有关，用公式表示

$$L = KI_F$$

即亮度与正向电流成正比，LED 的正向电压 U_F 则与正向电流以及管芯材料有关。使用 LED 数码管时，每段工作电流一般选 10mA 左右，既保证亮度适中，又不会损坏器件。

1. LED 数码管及显示器的分类

1）按外形尺寸分类。有小型、大型之分，小型 LED 数码管显示器一般采用双列直插式，大型 LED 数码管显示器采用印制板插入式。

2）根据显示位数划分。根据器件含显示位数的多少，可划分为一位、双位、多位 LED 显示器，一位 LED 显示器就是普通说的 LED 数码管，两位以上的一般称作显示器。

双位 LED 显示器是将两只数码管封装成一体，其特点是结构紧凑、成本较低。国外典型产品有 LC5012 – 11S（共阳、共阴）引脚排列如图 6 – 2 所示。

多位 LED 显示器一般采用动态扫描方式，其特点是将各位同一笔段的电极短接后作为一个引出端，并且各位数码管按一定顺序轮流发光显示，只要位扫描频率足够高，就观察不到闪烁现象。

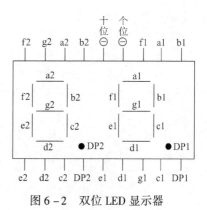

图 6 – 2　双位 LED 显示器

图 6 – 3a、b 所示是 LTC – 612S 型 4 位共阳极 LED 显示器的内部结构和外形。

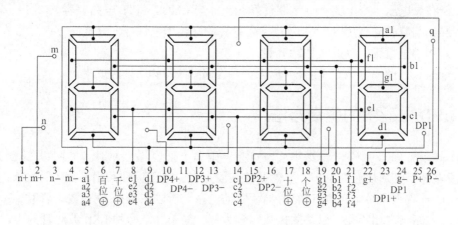

a) LTC –612S 型 4 位共阳极 LED 显示器的内部结构

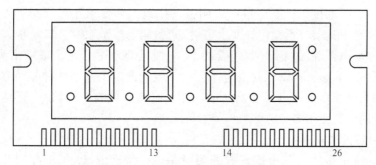

b) LTC –612S 型 4 位共阳极 LED 显示器的外形

图 6 – 3　4 位 LED 显示器的结构与外形

3）根据显示亮度划分有普通亮度和高亮度之分。普通 LED 数码管的发光强度 $I_v \geqslant$ 0.3mcd，而高亮度 LED 数码管的发光强度 $I_v \geqslant$ 5mcd，提高了一个数量级，并且后者在大约

1mA 的工作电流下即可发光。高亮度 LED 数码管典型产品有 2CD102 等。

4）按字形结构划分有数码管、符号管两种。LED 常见符号管如图 6 - 4 所示。其中"＋"符号管可显示正（＋）、负（－），"±"符号管能显示 +1 或 -1。"米"字管的功能最全，除显示运算符号 +、-、×、÷ 之外，还可显示 A ~ Z 共 26 个字母，常用作单位符号显示。

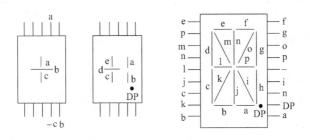

图 6 - 4　LED 常见符号管

2. LED 数码管的性能特点

1）能在低电压、小电流条件下驱动发光，能与 CMOS、TTL 电路兼容。

2）发光响应时间极短（＜0.1μs），高频特性好，单色性好，亮度高。

3）体积小重量轻，抗冲击性能好。

4）寿命长，使用寿命在 10 万 h 以上，甚至可达 100 万 h，且成本低。

6.2　LED 数码管的驱动方法

对于共阳极 LED 数码管，要使某段点亮，则加上低电平，而对于共阴极 LED 数码管，要使某段点亮，必须加上高电平。显然要使某段点亮，共阳极和共阴极数码管加上的电平相反，与这两种数码管对应，也有两种译码/驱动电路，所以在选择 LED 数码管时，一定要使译码/驱动电路与之相匹配，以共阴极数码管为例，简单介绍两种 LED 数码管的驱动方法。

1. 静态驱动方法

按如图 6 - 5 所示接线，两个数码管阴极均接地，如要求在第（1）数码管显示"1"，即要求 b、c 段亮，其余段不亮；如要求第（2）数码管显示"2"，即要求其 a、b、d、e、g 段亮。译码/驱动电路在第（1）数码管的 b、c 段送高电平，其余段输出为低电平；在第（2）数码管的 a、b、d、e、g 段送高电平，c、f 段送低电平。用这种驱动方法显示亮度高，使用方便，缺点是要多个输出驱动线（输出驱动线的数量为 7 位数），特别是位数较多时，数码管驱动线的个数会很多。

2. 动态扫描驱动方法

按图 6 - 6 所示接线。图中数码管的阴极是否接地，由 A_1、A_2 控制开关晶体管 VT_1、VT_2 导通或截止来决定。如要在第（1）数码管显示"1"，第（2）数码管显示"2"，必须首先使 A_1 为高电平，A_2 为低电平。这样就选择了第（1）数码管，而关闭了第（2）数码管。驱动电路在 b、c 段送高电平，其余段送低电平。这样，第（1）数码管就显示了"1"，由于 VT_2 截止，第（2）数码管不可能亮。等待一定的时间后，使 $A_1 A_2 = 01$，选择了第

（2）数码管，驱动电路在 a、b、d、e、g 段送高电平，其余段送低电平。这样，第（2）数码管就显示了"2"，同样由于 VT_1 截止，不可能在第（1）数码管上显示。等待一定时间后，又重新选择了第（1）数码管显示"1"，第（2）数码管显示"2"。用这种驱动方法占用的输出驱动线少，仅为 7 段数码管个数，缺点是显示亮度低、位数少。

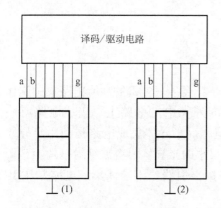

图 6 - 5　LED 静态驱动方法

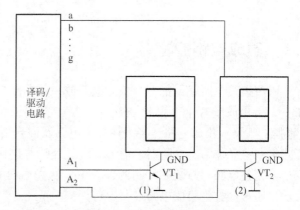

图 6 - 6　LED 动态驱动方法

第7章 集 成 电 路

7.1 集成电路的特点

所谓集成电路就是把一个单元电路或一些功能电路，甚至某一整机的功能电路集中制作在一个晶片或瓷片上，再封装在一个便于安装、焊接的外壳中的电路上。集成电路有膜（薄膜、厚膜）集成电路、半导体集成电路及混合集成电路。半导体集成电路是利用半导体工艺将一些晶体管、电阻器、电容器以及连线等制作在很小的半导体材料或绝缘基片上，形成一个完整电路，封装在特制的外壳中，从壳内向壳外接出引线。半导体集成电路常用 IC表示，通常简称为集成电路。

任何一种封装形式的集成电路，如果将其外壳小心地剖开，就可以看到管壳底座内部有一个个被隔离槽分割的小小的 N 形"孤岛"，这就是 IC 半导体硅芯片。集成电路中的晶体管及电阻、电容等元件都制作在这芯片上。一般简单的 IC，一个芯片至少有几十至数百个元器件；复杂的 IC，一个芯片上有成千上万乃至亿万个元器件。在芯片的表面是金属铝引线，通过这些引线将彼此绝缘的元器件连接构成具备一定功能的电路，并通过一些细丝从有关的铝引线引出，将芯片与管壳电极连接起来，从而制成使用便于插接、焊接的集成电路，如图7-1所示。

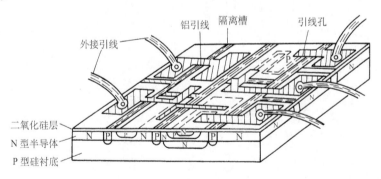

图 7-1 集成电路芯片结构示意图

集成电路所包含的元器件都集成在几何尺寸十分小的晶片（芯片）上。一般情况下，电路工作时，元器件间的温差极小。组成电路的所有元器件都是在相同工艺条件下，同时经历同一工艺流程。通常结构与几何尺寸相同的元器件间的特性和参数十分相近。在集成电路中，集成芯片上的扩散电阻器（$30\Omega \sim 30k\Omega$）和 PN 结电容（$2 \sim 30pF$）、大功率电阻及较大容量的电容器采用膜（薄膜或厚膜）工艺制作而成，集成电路中的电感器采用外接而不在芯片上制作。集成电路中二极管采用 NPN 晶体管的几种不同连接方式制作而成，如表 7-1所示。

表 7 - 1　IC 中二极管的几种不同连接方法

连接形式	特　　点	二极管反向击穿电压/V	在一定电流下二极管正向压降	寄生效应（PNP寄生晶体管）	串行电阻
	集电极悬空	≈7	最大	无	小
	集电极 – 基极短接	≈7	最小	无	最小
	发射极悬空	>10	大	有	大
	基极 – 发射极短接	>10	较大	有	大
	集电极 – 发射极短接	>7	较大	有	大

7.2　集成电路引脚排列的识别

半导体集成电路种类繁多，引脚的排列也有多种形式，这里主要介绍一下国标、部标或进口产品中常见的 IC 引脚的识别方法。

IC 封装形式大多采用双列直插、单列直插、金属圆壳（或菱形壳）和三端塑封等 4 类。

1. 多引脚的金属圆壳封装 IC

多引脚的金属圆壳封装 IC 面向引脚正视，由定位标记（常为锁口或小圆孔）所对应的引脚按顺时针方向数。如果 IC 是国标、部标或进口产品，对小金属圆壳封装器件而言，1号引脚应是定位标记所对应脚后的那个引脚。如图 7 - 2a 多引脚的 IC 封装所示。

2. 金属圆壳封装 IC

金属圆壳封装 IC 类似于大功率晶体管形式，识别方法如图 7 - 2b 所示，这种外形为 TO - 3 封装。还有些 3 脚、4 脚的小金属圆壳封装 IC，如图 7 - 2c 3 脚的小金属圆壳封装 IC 所示，这种外形为 TO - 92 封装。

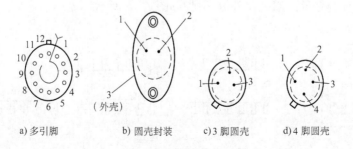

a) 多引脚　　　b) 圆壳封装　　　c) 3 脚圆壳　　　d) 4 脚圆壳

图 7 - 2　金属圆壳封装 IC 引脚的排列

3. 三端塑封 IC

三端稳压集成电路如图 7 – 3 所示，其中图 7 – 3b 为塑封型 IC，这种外形为 TO – 202 封装，1、2、3 排列视具体 IC 而定。

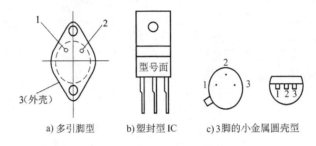

a) 多引脚型　　　b) 塑封型 IC　　　c) 3 脚的小金属圆壳型

图 7 – 3　三端稳压 IC 引脚的排列

4. 扁平单列直插 IC

这种集成电路一般在端面左侧有一定位标记。IC 引脚向下，识别者面对定位标记，从标记对应一侧的第一个引脚数，逆时针方向依次为 1、2、3、4、5、…脚。这些标记有的是缺角，有的是凹坑色点，有的是缺口或短垂线，如图 7 – 4 所示。

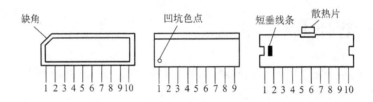

图 7 – 4　扁平单列直插 IC 引脚的排列

5. 扁平双列直插 IC

这种 IC，一般在端面左侧有一个类似引脚的小金属片，或者在封装表面上有一个小圆点（或小圆圈、色点）作为标记，然后逆时针数，引脚为 1、2、…，如图 7 – 5 所示。这种外形有 SO 及 DIP 两种封装。

6. 非普通排列 IC

进口 IC 尽管同型号（或同型号不同后缀字母），存在引脚排序相反的两个品种，这主要是为了便于灵活安装，以适应各种不同形式的整机（如立体声机）的需要，这类 IC 尤以单列直插封装外形为多见。双列器件 IC 引脚如图 7 – 6 所示。

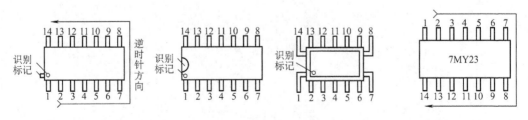

图 7 – 5　扁平双列直插 IC 引脚的排列　　　　图 7 – 6　双列器件 IC 引脚

7.3 三端集成稳压电源

1. 三端集成稳压电源简介

集成稳压电源又称三端集成稳压器，它是指将功率调整管，取样电阻，基准电压，误差放大、起动及保护电路等全部集成在一块芯片上，具有特定输出电压的稳压集成电路。三端是指电压输入端、电压输出端和公共接地端。三端 IC 稳压器按性能与用途可分为固定输出正稳压器、固定输出负稳压器、可调输出正稳压器、可调输出负稳压器 4 类。

（1）三端固定输出正稳压器　这类稳压器的输出电压为固定电压。国内外厂家均将此系列稳压器命名为 78××系列，如 7805、7812 等。其中"78"后面的数字代表该稳压器输出的正电压数值，以伏特为单位。例如 7805 即表示稳压输出为 5V，7812 表示稳压输出为 12V 等。有时我们会发现型号 78××前面和后面还有一个或几个英文字母，如 W78××、AN78××、L78××CV 等。前面的字母称"前缀"，一般是各生产厂（公司）的代号；后面的字母称"后缀"用以表示输出电压容差和封装外壳的类型。

78××系列稳压器按输出电压共分为 9 种，分别为 7805、7806、7808、7809、7810、7812、7815、7818、7824。按其最大输出电流又可分为 78L××、78M××和 78××三个分系列。78L××系列最大输出电流为 100mA，78M××系列最大输出电流为 500mA，78××系列最大输出电流为 1.5A。三端集成稳压器的外形及引脚排列如图 7-7 所示。

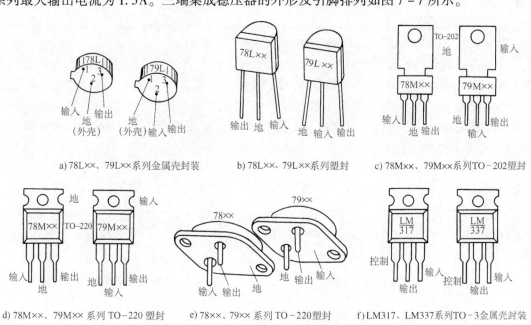

a) 78L××、79L××系列金属壳封装　　b) 78L××、79L××系列塑封　　c) 78M××、79M××系列TO-202塑封

d) 78M××、79M××系列 TO-220 塑封　　e) 78××、79××系列 TO-220塑封　　f) LM317、LM337系列TO-3金属壳封装

图 7-7　三端集成稳压器的外形及引脚排列

其中，78L××有两种封装形式：一种是金属壳 TO-39 封装，如图 7-7a 所示；一种是塑料 TO-92 封装如图 7-7b 所示。前者温度特性比后者好，最大功耗为 700mW，加散热片时最大耗功可达 1.4W；后者功耗为 700mW，使用时无需加散热片。78L××系列中，一般的以塑封的使用较多。

78M××系列有两种封装形式：一种是 TO – 202 塑封，如图 7 – 7c 所示；另一种是 TO – 220塑封，如图 7 – 7d 所示。不加散热片时最大功耗可达 1W，加 200mm × 200mm × 4mm 散热片时最大耗功可达 7.5W。

78××系列也有两种封装形式：一种是 TO – 220 塑封，如图 7 – 7e 所示；另一种是 TO – 3金属壳封装，如图 7 – 7f 所示。不加散热片时，前者最大功耗可达 2.5W，后者最大可达 2W；加 200mm ×200mm ×4 mm 散热片时，最大功耗均可达 15W。

（2）三端固定输出负稳压器　这类稳压器输出固定的负电压。国内各厂家将该系列稳压器命名为 79×× 系列，其引脚排列、命名方法及外形均与 78×× 系列相同。输出电压有 – 5V、– 5.2V、– 8V、– 9V、– 12V、– 15V、– 18V、– 24V 等。输出电流 79L 系列为 100mA，79M 系列为 500mA，79×× 系列为 1.5A 。

（3）三端可调输出正稳压器　此类稳压器输出为在一定范围内可调的正电压。其三端是指电压输入端、电压输出端和电压调整端。在电压调整端外接电位器后，可对输出电压进行调节。LM117、LM217、LM317 就是输出电压能在 1.2 ~ 37V 范围内可调的三端可调稳压器，最大输出电流 1.5A。外形与 78×× 系列的 TO – 3、TO – 39、TO – 202 等相同，只是管脚排列不同。

（4）三端可调输出负稳压器　这类稳压器输出为可在一定范围内调整的负电压。有 LM137、LM237、LM337 几种类型。最大输入电压为 – 40V，其输出电压在 – 1.2 ~ 37V（可调）之间，最大输出电流 1.5A，如图 7 – 7f 所示。

2. 三端稳压器的应用

78×× 系列（如 7805）的典型应用电路如图 7 – 8 所示。

当所需要的负载电流超过 78 系列、79 系列的负载能力时，可采用图 7 – 9 所示的电路来扩展。当 i_1 较小时，R_s 上的压降不足以使 VT 导通，随着 i_o 的增大，i_1 也增大，R_s 上的压降也随之增大。当增大到 VT 导通状态时，VT 将提供负载所需的一部分电流，当 i_o 再增大时，i_1 增加较慢，i_o 的增加部分基本上由 i_2 提供。R_s 的取值是在 7805 的半功率点使得 VT 处于临界导通状态。

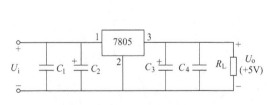

图 7 – 8　7805 典型应用电路

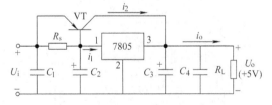

图 7 – 9　扩展 7805 负载能力的方法

第8章　贴片元件的使用

8.1　片状元件的特点

随着电子元件由大、重、厚向小、轻、薄的发展，出现了片状元件和表面组装技术。

片状元件（SMC 和 SMD）又称为贴片元件，是无引线或短引线的新型微小型元件。它适合在没有通孔的印制电路版上贴焊安装，是表面组装技术（SMT）的专用元件，其特点是将电子元件直接安置在印制电路版表面。目前片状元件已在计算机、移动通信设备、医疗设备和摄录一体化录像机、彩电高频头、DVD 电子产品中得到广泛应用。

与传统的通孔元件相比，片状元件尺寸小，安装密度高，减少了引线分布的影响，降低了寄生电容和电感，高频特性好，并增强了抗电磁干扰和射频干扰能力。

8.2　片状元件的种类

片状元件按其形状可分为矩形、圆柱形和异形（翼形、钩形等）3 类，如图 8-1 所示。按功能可分为无源元件、有源元件和机电元件三类，如表 8-1 所示。片状机电元件包括片状开关、连接器、继电器和薄膜微机等，多数片状机电元件属翼形结构。下面介绍几种常用的片状元件。

a) 矩形片状电阻器　　b) 圆柱形固定电阻器　　c) 片状可调电位器

图 8-1　片状电阻器外形

1. 片状电阻器

片状电阻器外形如图 8-1 所示。它有两种类型：厚膜片状电阻器和薄膜片状电阻器，其分类如表 8-1 所示。

表 8-1　片状元件的分类

种　类		矩　形	圆柱形
片状无源元件	片状电阻器	厚膜/薄膜电阻器、热敏电阻器	碳膜/金属膜电阻器
	片状电容器	陶瓷独石电容器、薄膜电容器、云母电容器	陶瓷电容器
		微调电容器、铝电解电容器、钽电解电容器	固体钽电解电容器
	片状电位器	电位器、微调电位器	
	片状电感器	绕线电感器、叠层电感器、可变电感器	绕线电感器
	片状敏感元件	压敏电阻器、热敏电阻器	
	片状复合元件	电阻网络、滤波器、谐振器、陶瓷电容网络	
片状有源元件	小型封装二极管	塑封稳压、整流、开关、齐纳、变容二极管	玻封稳压、整流、开关、齐纳、变容二极管
	小型封装晶体管	塑封 PNP、NPN 晶体管，塑封场效应晶体管	
	小型集成电路	扁平封装、芯片载体	
	裸芯片	带形载体、倒装芯片	

（1）片状电阻的命名法　与所有片状元件一样，片状电阻的命名并没有统一的规定，以下介绍两种常见的方法：

国内 RI11 型片状电阻系列　　　　美国电子工业协会（EIA）系列

RI11　　0.125　　10Ω　　5%　　　EC3216　　K　　103　　F

代号　　功率　　阻值　　允许误差　　代号　　　功率　　阻值　　允许误差

在 EIA 系列命名法中代号中的字母表示矩形片状电阻，4 位数字给出电阻的长度和宽度，如 3216 表示 3.2mm×1.6mm。矩形片状电阻厚度较薄，一般为 0.5～0.6mm。

（2）片状电阻的阻值表示方式　阻值一般直接标在电阻的表面，黑底白字如图 8-1a 所示。阻值的表示方式类似于瓷介电容器的表示方式，通常用 3 位数表示，前两位数字表示阻值的有效数，第 3 位表示有效数后零的个数，如 100 表示 10Ω，102 表示 1kΩ。当电阻小于 10Ω 时，以 *R* 表示，将 R 看作小数点，如 8R1 表示 8.1Ω。阻值为 0Ω 的电阻器为跨接片，其额定电流容量为 2A，最大电流为 10A。

（3）允许误差部分字母的含义完全与普通电阻器相同　D 为 ±0.5%、F 为 ±1%、G 为 ±2%、J 为 ±5%、K 为 ±10%。

（4）圆柱形固定电阻器　外形如图 8-1b 所示，它是由通孔电阻去掉引线演变而来，可分为碳膜和金属膜两大类。额定功耗有 1/10W、1/8W 和 1/4W 三种，它们的体积大小分别为 ϕ1.0mm×2.0mm、ϕ1.5mm×3.5mm、ϕ2.2mm×5.9mm，体积大的功耗也大。其标志采用常见的色环标志法，与带引脚的圆柱形电阻一样。

与矩形片状电阻器相比，圆柱形固定电阻器的高频特性差，但噪声和三次谐波失真较小，因此多用在音响设备中。矩形片状电阻一般用于电子调谐器和移动通信等频率较高的产品中，可提高安装密度和可靠性，制造薄型整机。

（5）片状可调电位器　如图 8-1c 所示，它主要采用玻璃轴作为电阻体材料，其特点有高频特性好，使用频率可超过 100MHz；阻值范围宽为 10Ω～2MΩ，最大电刷电流为 100mA。

（6）贴片电阻（RESISTOR）封装类型　目前市场上的贴片电阻的封装类型主要有 1210、1206、0805、0603、0402 等，现以 1206 这个封装形式来分析，前面的 "12" 是表示该封装形式的电子元件在 PCB 设计板子上的焊盘长度，"06" 表示宽度。如图 8-2 所示，分别是 "1206" "0603" "0402" 的贴片电阻的封装类型与大小。

（7）读数与精度要求　贴片电阻的精度一般有 1% 和 5% 两种，1% 比 5% 的精度要高，同样该电子元件的市场价格也比后者要高。如图 8-3 所示为 4 个封装类型都为 1206 的片阻，阻值分别为 1kΩ 和 4.7kΩ，但它们的精度分别为 1% 和 5%。它们的两端褐色的部分分别是它们的焊盘部分。

1206　　　　0603　　　　0402

图 8-2　贴片电阻的封装类型

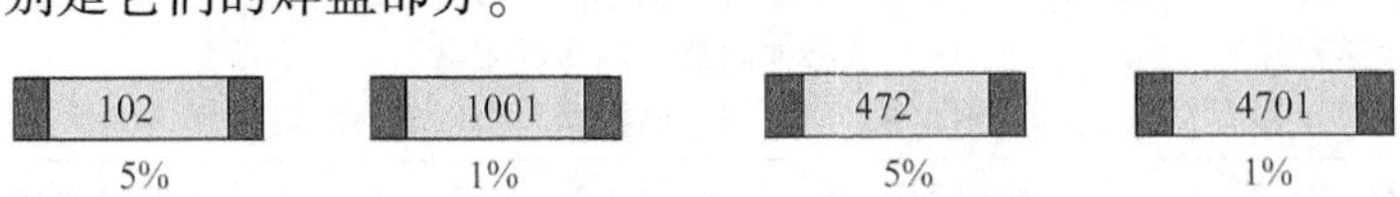

102		1001		472		4701
5%		1%		5%		1%

102 贴片电阻的读数为 $10×10^2$ Ω = 1000Ω　　472 贴片电阻的读数为 $47×10^2$ Ω = 4700Ω

1001 贴片电阻的读数为 $100×10^1$ Ω = 1000Ω　　4701 贴片电阻的读数为 $470×10^1$ Ω = 4700Ω

图 8-3　读数与精度

2. 片状陶瓷电容器

片状陶瓷电容器有矩形和圆柱形两种，其中矩形片状陶瓷电容器如图 8 - 4a 所示。这种电容器应用最多，占各种贴片电容的 80% 以上，它采用多层叠加结构，故又称为片状独石电容，与普通陶瓷电容器相比它有许多优点：比容大；内部电感小，损耗小；高频特性好；内电极与介质材料共烧结，耐潮性好，可靠性高。

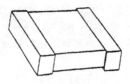

a) 矩形片状陶瓷电容器 b) 钽电解电容端帽形树脂封装

图 8 - 4 片状陶瓷电容器

（1）矩形电容命名方法 矩形电容命名方法有多种，常见的有：

国内矩形片状电容	美国 Predsidio 公司系列

CC3216 CH 151 K 101 WT CC1206 NPO 151 J ZT

代号 温度特性 容量 误差 耐压 包装 代号 温度特性 容量 误差 耐压

与片状电阻相同，代号中的字母表示矩形片状陶瓷电容器，4 位数字表示其长、宽度，厚度略厚一点，一般为 1~2mm。

（2）容量的表示法 与片状电阻相似，前两位表示有效数，第 3 位表示有效数后零的个数，单位为 pF，如 151 表示 150pF，1p5 表示 1.5pF。

（3）允许误差 部分字母含义是 C 为 ±0.25pF，D 为 ±0.5pF，F 为 ±1pF，J 为 ±5pF，K 为 ±10pF，M 为 ±20pF，I 为 -20%~80%。

（4）电容耐压 电容耐压有低压和中高压两种，低压为 200V 以下，一般为 50V、100V 两档；中高压一般有 200V、300V、500V、1000V。另外片状矩形电容没印标志，贴装时无朝向性。

3. 片状电解电容器

片状电解电容分铝电解电容和钽电解电容。铝电解电容体积大，价格便宜，适宜消费类电子产品中应用。钽电解电容体积小，价格贵，响应速度快，适合在需要高速运算的电路中使用。钽电解电容有多种封装，使用最广泛的是端帽形树脂封装如图 8 - 4b 所示。额定电压为 4~50V，最高容量为 330μF。

（1）贴片电容（CAPACITOR）封装类型 贴片电容的封装形式与贴片电阻的封装形式属于同一类型，如图 8 - 5 所示。主要封装有 1210、1206、0805、0603、0402 等，对应的焊盘大小和上面介绍的贴片电阻是一个样的。

（2）读数与精度要求 贴片电容的精度一般也有 1% 和 5% 两种。但贴片电容的表面不标有读数，厂家在贴片电容出厂的时候就会告知它们的容值是多少。

4. 矩形电感器

片状矩形电感器包括片状叠层电感器和线绕电感器。片状叠层电感器外观与片状独石电容很相似，尺寸小，Q 值低，电感量也小，范围为 0~0.01μH，额定电流最高为 100mA，具有磁路闭合、磁通量泄漏少、不干扰周围元件、不宜受干扰和可靠性高的优点。线绕电感器如图 8 - 6 所示。采用高导磁性铁氧体磁心，可垂直和水平缠绕，其电感量范围为 0.1~1000μH，额定电流最高 300mA。

图 8 – 5　贴片电容的封装形式

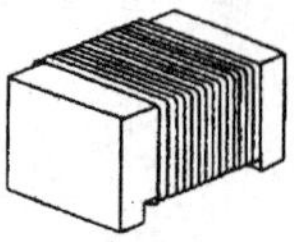

图 8 – 6　线绕电感器

5. 片状二极管和三极管

常见的片状二极管分为矩形和圆柱形两种。圆柱形片状二极管没有引线，将二极管芯片装在具有内部电极的细玻璃中，两端装上金属帽作正、负极。外形尺寸有 $\phi1.5mm \times 3.5mm$ 与 $\phi2.7mm \times 5.2mm$ 等。图 8 – 7 所示为国外生产的 AR25 系列，是一种圆形片状整流二极管，体积稍大些，其外形尺寸是 $\phi7.5mm \times 5mm$。

（1）矩形片状二极管　矩形片状二极管有 3 条 0.65mm 短引线。根据管内所含二极管数量及连接方式，有单管、对管之分，对管中又分共阳（共正极）、共阴（共负极）、串接等方式，如图 8 – 8 所示，分别表示的是单管、共阳对管、共阴对管、串接管，其中 NC 表示空脚。

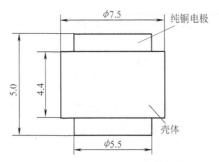

图 8 – 7　AR25 系列片状整流二极管

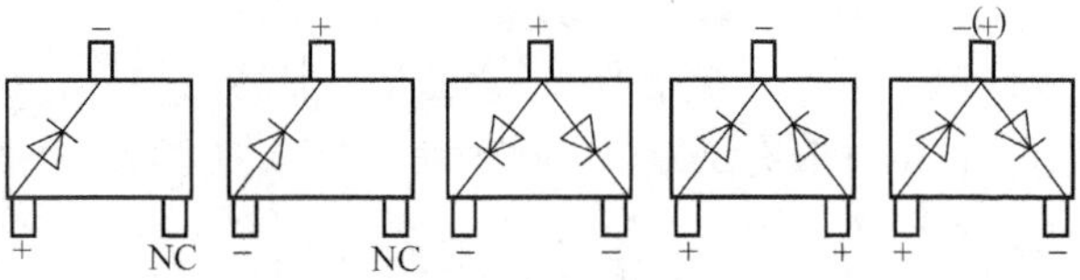

图 8 – 8　矩形片状二极管的内部结构

（2）片状二极管的检测　片状二极管的检测与普通二极管相同，使用万用表检测时，测正、反向电阻宜选择 $R \times 1k$ 档。

（3）片状晶体管　有人称之为芝麻晶体管，它体积微小，种类很多，分 NPN 管和 PNP 管，有普通管、超高频管、高反压管、达林顿管等。常见的矩形片状晶体管如图 8 – 9 所示。

片状二极管和片状晶体管与对应的通孔器件比较，体积小，耗散功率也较小，其他参数变化不大。电路设计时，应考虑散热条件，可通过器件提供热焊盘将器件与热通路连接，或用在封装顶部加散热片的方法加快散热。

6. 片状小型集成电路 SOP

（1）双列直插式 SOP　SOP 是双列直插式的变形，片状集成电路如图 8 – 10 所示。引线一般有翼形和沟形两种，也称 L 形和 J 形。引脚间距有 1.27mm、1.0mm 和 0.76mm。SOP 应用十分普遍，大多数逻辑电路和线性电路均可采用它，但其额定功率小，一般在 1W 以内。厚度一般为 2~3mm，与双列直插式相比，安装时占用印制电路板面积小，重量也减轻了 1/5 左右。

（2）贴片芯片　芯片的封装形式有双列直插型（DIPXX）、双列表贴型（SOPXX、SOXX 等）、4 面表贴型（LCCXX、PLCCXX、TQFPXX 等）。芯片的封装类型如图 8 – 11 所示，分别是"DIP14""SOP14""PLCC84"的芯片的封装类型与引脚数量。"14"就是表示有 14 个引脚，"84"就是表示有 84 个引脚。不难看出，对于同一型号的 14 个引脚的芯片，DIP 封装的芯片要比 SOP 封装的芯片的体积要大得多，也就是说 DIP 封装的芯片它所耗用的生产材料也就多，相对的价格也就高。

如图 8 - 12 所示是两款型号为 HD74LSOOP 的芯片，它们的封装形式分别为 DIP14 和 SOP14。

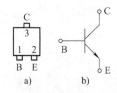

图 8 - 9　常见的矩形片状晶体管

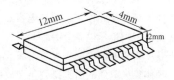

图 8 - 10　片状集成电路

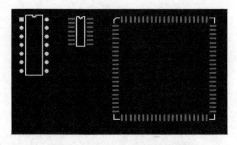

图 8 - 11　芯片的封装类型

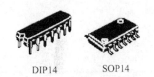

图 8 - 12　HD74LSOOP 芯片

习　题

1. 在使用电阻器与电容器时，要注意哪些主要质量参数？

2. 几只电阻串联总阻值会增大，而并联后总阻值会减少，为什么？

3. 电阻器串、并联对电路电压与电流各起什么作用？

4. 几只电容器串联容量会减少，而并联容量会增加，为什么？

5. 有些小功率的电源电路中，常采用电容器并联一个电阻器作降压电路，试说明电容器与电阻器各有什么作用？

6. 常见电位器的阻值变化规律有哪几种？在运用中该如何选用？

7. 常用的特殊电阻器有哪些？各有什么特性？

8. 常用的电感线圈有哪些？应注意哪些使用知识？

9. 变压器怎样变换电压、电流、阻抗？

10. 为什么二极管的反向电流与外加的反向电压大小几乎无关，而与温度却有密切关系？

11. 用万用表 $R \times 100$ 档和 $R \times 1\mathrm{k}$ 档测量同一个二极管的正向电阻时，发现用 $R \times 1\mathrm{k}$ 档测得阻值比用 $R \times 100$ 档测得的阻值大，为什么？

12. 有两个稳压管，一个稳压值为 8V，另一个稳压值为 7.5V，试把这两只管子串联，总稳压值是多少？若把这两只管子并联时，稳压值又该是多少？

13. 在晶体管放大电路中，选择晶体管要注意哪些技术参数？

14. 单向晶闸管与双向晶闸管的伏安特性曲线有什么不同特点？如何用万用表判断它们的电极及质量

的好坏？

15. 双向触发二极管和单结晶体管各有什么作用？在电路中是怎样连接的？

16. 动圈式扬声器由哪几部分组成？在应用中要注意哪些参数？

17. 怎样用万用表检测扬声器的质量？

18. 在电子电路中，有哪些常用开关？何谓开关的极和位？

19. 如何测定电磁继电器的吸和电压、吸和电流、释放电压、释放电流？

20. 电磁继电器使用中常用哪些附加电路？其作用如何？

21. LED 数码管是怎样组成的？"共阳极""共阴极"管工作特点有何不同？

22. 如何识别片状元件电阻器、电容器、电感器、晶体管？

23. 常见的三端稳压电路有哪些？

24. 半导体集成电路中的二极管有哪几种连接方式？

25. 半导体集成电路的引脚排列主要有哪些形式？如何识别？

26. 半导体集成电路应用中应注意些什么？

下 篇

实习内容及常用仪器的使用

学习目的与要求

　　通过本篇的学习，了解和掌握常用仪器设备的正确使用方法以及焊接的基本技术。

第9章 电子节能灯的制作

随着科学技术的发展，大规模、超大规模集成电路的应用使印制电路板日趋精密和复杂，传统的手工设计和制作电路板的方法已经越来越难以适应生产的需求。

通过对电子节能灯印制电路板的设计，同学们能够对电路设计软件（Protel）有一个初步的认识，熟悉电路设计软件 Altium Desiger 6.6（以下简称 AD6）的使用，从而掌握印制电路板的设计要求和设计方法等。

9.1 电路原理图的设计

印制电路板的设计大致可分为两个步骤：

1）原理图的设计。利用 AD6 的原理图系统（Advanced Schematic）绘制一张电路图，该系统具有原理图绘图工具、测试工具、模拟仿真工具与各种编辑功能。

2）印制电路板（PCB）的设计。AD6 是一个强大的设计系统。要设计出一块满足设计要求、功能完善、布局合理且可靠、实用、美观的印制电路板，就要掌握 AD6 的使用。

9.1.1 电子节能灯电路原理图设计

电路原理图的设计主要包括元器件的调用、元器件的创建、元器件参数的设置以及电气节点连接。

1. 创建一个新的工程

启动 AD6 后，进入如图 9-1 所示 AD6 主界面，主要包括【File】、【View】、【Project】、【Window】、【Help】5 个下拉菜单。

图 9-1　AD6 主界面

选择【File】/【New】/【Project】/【PCB Project】命令，并在弹出的"选择 project 类型"对话框中选择"Protel Pcb"，如图 9 - 2 所示。

这样就先建立了一个用于画电路原理图和 PCB 的工程，下面所有的操作都会在这个工程中进行。新建工程的名字默认是"PCB_Project1. PrjPCB"，这个新的工程里面是没有任何内容的，首先给这个工程重新命名并保存到相应的路径，方便以后查找。鼠标放在 PCB_Project1. PrjPCB 文件名上单击右键，在弹出的快捷菜单中选择"Save Project As"命令，弹出保存路径对话框，在此给工程命名为 jienengdeng. PrjPCB，如图 9 - 3 所示。

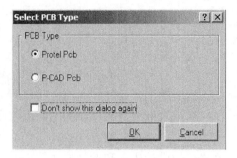

图 9 - 2 "选择 project 类型"对话框

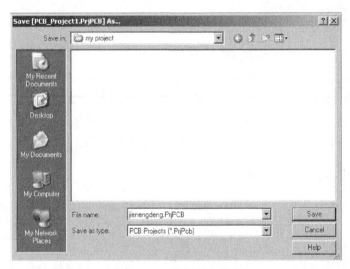

图 9 - 3 保存工程

2. 启动原理图编辑器

在创建完工程以后，就可以在此工程中进行电路原理图和 PCB 的绘制了。

新建原理图文件：右键单击项目名称 jienengdeng. PrjPCB，选择【Add New to Project】/【Schematic】命令，新建的原理图文件默认名字为 Sheet1. SchDoc，同样把它命名为"jienengdeng. SchDoc"，并保存到与工程相同的路径下，如图 9 - 4 所示。此时在 AD6 主界面右侧的工作区就可以看到我们建的原理图编辑窗口了。在原理图编辑区按住鼠标右键便可以随意拖动图纸的位置，按住"Ctrl"键的同时滚动鼠标滚轮，便可放大或缩小图纸。

3. 元器件库的加载

在 AD6 的 Library 库中包含了世界各大元器件厂家的大部分常用的元器件和专用元器件，只要将这些元器件库调用过来，就可以直接使用了，至于那些在元器件库中无法找到或不知道在哪个库中的元器件，可以自己创建。元器件的创建将在后面章节中作详细的介绍，下面就元器件库的加载做一简单的说明。

1）单击 AD6 界面右下角的【System】/【Libraries】命令，弹出"Libraries"窗口。

2）单击窗口上方的 Libraries... 按钮，弹出"Available Libraries"窗口。单击 install 并在

AD6 的安装路径如 C：\ Program Files \ Altium Designer 6 \ Libtaty 中找到画节能灯需要的两个元器件库 Miscellaneous Connectors. IntLib 和 Miscellaneous Devices. IntLib，双击库的名字即可添加。这两个库也是电路原理图中最基本的库。当添加完成，在"Libraries"窗口便可以看到所添加的元器件库，如图 9 - 5 所示。

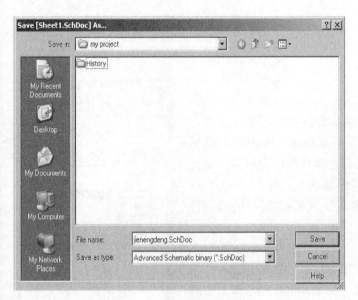

图 9 - 4　保存原理图文件

图 9 - 5　添加库文件

4. 调入元器件

在加载完毕所需要的元器件库后，就可以开始把元器件从元器件库中调入原理图编辑窗口中。电子节能灯的元器件清单如表 9 - 1 所示。

表 9 - 1　电子节能灯元器件清单

元器件类型	型　号	元器件标号	数量	所在库	封装形式
电阻	RT14 - 1/4W - 1MΩ ± 5%	1	1	Miscellanenous Devices. ddb	AXIAL0. 3
	RT14 - 1/4W - 680kΩ ± 5%	Rp \ - 2	1	Miscellanenous Devices. ddb	AXIAL0. 3
	RT14 - 1/4W - 330Ω ± 5%	Rp \ - 3、Rp \ - 5	2	Miscellanenous Devices. ddb	AXIAL0. 3
	RT14 - 1/4W - 1Ω ± 5%	Rp \ - 4、Rp \ - 6	2	Miscellanenous Devices. ddb	AXIAL0. 3
二极管	1N4007	VD \ - 1 ~ VD \ - 4	4	Miscellanenous Devices. ddb	DIODE0. 4
	1N4007	VD \ - 5	1	Miscellanenous Devices. ddb	DIODE0. 4
	RF107	VD \ - 6、VD \ - 7	2	Miscellanenous Devices. ddb	DIODE0. 4
触发管	DB/ - 3	DB3 \ - 3	1	Miscellanenous Devices. ddb	RAD0. 3
电解电容	CD11 - 4. 7μF - 400V ± 10%	CAP \ - 1	1	Miscellanenous Devices. ddb	RB. 2 \ . 4
电容	CL21 - 47nF - 400V ± 5%	CAP \ - 4	1	Miscellanenous Devices. ddb	RAD0. 3
	CL21 - 22nF - 100V ± 5%	CAP \ - 5	1	Miscellanenous Devices. ddb	RAD0. 3
	CL21 - 3. 3nF - 630V ± 5%	CAP \ - 7	1	Miscellanenous Devices. ddb	RAD0. 3
	CL21 - 3. 3nF - 630V ± 5%	CAPP \ - 9	1	Miscellanenous Devices. ddb	RAD0. 3

（续）

元器件类型	型　　号	元器件标号	数量	所在库	封装形式
振荡线圈	Φ10×6×5	B\‐1～B\‐3	1	Miscellanenous Devices. ddb	RAD0. 3
谐振电感	E16‐4. 4‐4. 6mH	L	1	Miscellanenous Devices. ddb	TO‐72
晶体管	13002	V\‐1、V\‐2	2	Miscellanenous Devices. ddb	TO‐220
熔丝	0. 8A	F\‐1	1	Miscellanenous Devices. ddb	FUSE

5. 进行整理

首先在元器件库 Miscellaneous Devices. IntLib 中找到
1N4007，如图 9‐6 所示单击 Place Diode 1N4007 按钮，将器件放到合
适的位置。如此将上述所需的全部元器件调入原理图编辑器
中，我们发现触发管 DB/‐3 在已有元器件库中找不到，需要
创建（在接下来的章节中会介绍怎样创建元器件）。把所有的
元器件位置进行适当的调整后，得到如图 9‐7 所示的元器件
分布图。

6. 设置元器件参数

元器件参数的设置主要包括元器件封装的定义、元器件参
数值的定义、元器件型号的定义等。例如，电阻的阻值、电阻
的封装形式（有贴片和直插）、电阻的精度（有 ±1% 和 ±5%
等）；二极管的型号（有 1N4007 和 1N4148 等）、二极管的封
装形式（有直插和贴片两种，贴片的有 M4 和 M7 等）。根据
元器件清单对元器件参数进行设置，下面以编辑电容 CAP 的
属性为例进行说明，讲解需要修改的部分。

图 9‐6　放置元器件

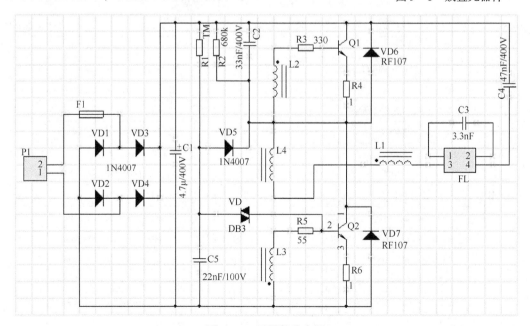

图 9‐7　元器件分布图

1）鼠标左键双击元器件 CAP 会弹出"元器件属性编辑"对话框，如图 9 - 8 所示。

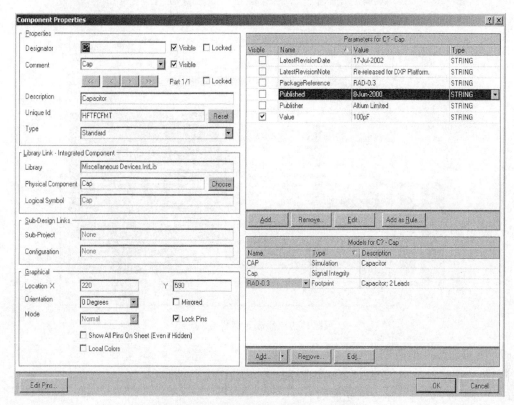

图 9 - 8 "元器件属性编辑"对话框

2）根据要求，元器件各种属性设置如下：

【Properties】/【Designator】这个字段为元器件序号，元器件序号是元器件唯一的识别码，不可重复，可以用字段右边的"Visible"选项决定是否在图上显示元器件序号。此处设置电容的序号为"C1"。

【Properties】/【Comment】这个字段为元器件标注，通常我们会在该字段里放置元器件名称，同样可以用字段右边的"Visible"选项决定是否在图上显示元器件标注。此处设置元器件名称为"Cap"。

【Parameters for C？ - Cap】/【Value】这个字段可以设置元器件的数值，此处电容值为"4.7uF/400V"，可以用左边的"Visible"选项决定是否在图上显示元器件的数值。

【Models for C？ - Cap】/【Footprint】这个字段为元器件封装，根据实际要求，我们将电解电容封装改为 RAD - 0.2。单击【Models for C？ - Cap】/【Edit】，弹出"PCB Model"对话框，先在 PCB Library 中选择"Any"选项。然后单击"Browse"按钮找到 RAD - 0.2 的封装，单击"OK"按钮，如图 9 - 9 所示。

3）设置结束后，单击"OK"按钮即可。编辑属性后的元器件 CAP 如图 9 - 10 所示。

用此方法对电子节能灯所有元器件属性进行设置，特别要注意的是元器件封装的选择一定要与实际电子元器件相符合。当在现有的库文件中找不到合适的元器件或封装时，需要自己创建元器件或封装，将在后面单独讲解。

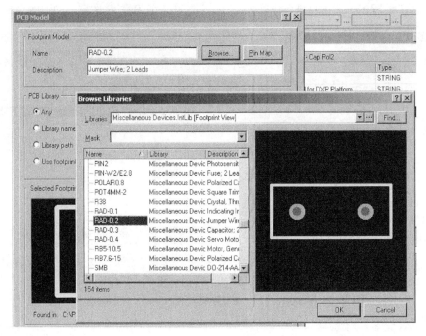

图 9 – 9　修改元器件封装

7. 电路元器件的连接

电路部件之间的电气连接包括物理连接和逻辑连接，是靠在图样上放置导线或网络标号来完成的。

（1）在图样上画导线　执行画导线的方法（命令）有如下 4 种：

图 9 – 10　编辑属性后的元器件 CAP

1）单击画原理图主工具栏中的 ≈ 图标。

2）执行菜单命令【Place】/【Wire】。

3）在画电路原理图工作区单击鼠标右键，在弹出的快捷菜单中执行【Place】/【Wire】命令。

4）使用画导线的快捷键【P】/【W】。

（2）执行操作命令　在执行上述任一种画导线的命令后，均出现十字光标，将光标移至要连线的元器件起点，此时就会在光标和该连接点出现一个红色的十字叉光标，单击左键确定连线的一端，当光标离开连接点后，十字叉光标显示为灰色，当移动鼠标到另外一个拟连接的连接点处时，十字叉光标再次显示为红色，单击鼠标左键即可把导线连接上。在需要改变方向的地方只要单击鼠标左键即可，如图 9 – 11 所示。

此时系统仍处于画导线命令状态，单击鼠标右键便可以退出画导线的命令状态。

设计中有时往往还要对导线外观进行设置，可以双击需要修改的导线，弹出如图 9 – 12 所示的"导线属性"对话框，在此对话框中可以修改导线的颜色、宽度等属性。

（3）在连接导线的过程中需要尽量避免实际上没有连接的交叉点　当两条交叉导线的交叉点没有如图 9 – 13 所示的圆点时则这两条导线是没有连通的。当需要它们连通时，则需要人为地放置电气节点上去。放置的方法有如下两种：

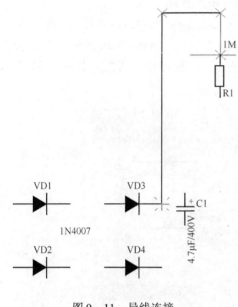

图 9 – 11　导线连接

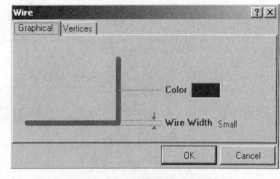

图 9 – 12　"导线属性"对话框

1）执行菜单命令【Place】/【Manual Junction】。

2）在原理图工作区单击鼠标右键，在弹出的快捷菜单中执行【Place】/【Manual Junction】命令。

放置节点后如图 9 – 14 所示。此时交叉的两条导线物理上已经连通。

图 9 – 13　连线交叉点　　　　　　　　　　图 9 – 14　放置节点

9.1.2　元器件的创建

在电子节能灯设计元器件的调用过程中我们会发现，其中触发二极管 DB3 在常用元器件中是不存在的，因此需要自己创建这个元器件，下面以触发二极管为例介绍新元器件的创建过程。因为在已有的元器件库 Miscellaneous Devices. IntLib 中有器件 Triac（见图 9 – 15）与我们需要的触发二极管（见图 9 – 16）非常相似，所以简单的方法就是在原有元器件的基础上做些修改，生成我们需要的元器件。

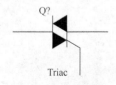

图 9 – 15　器件 Triac

图 9 – 16　触发二极管

1. 在已建立的工程 jienengdeng. PrjPCB 中添加一个库文件

在 Projects 文件栏中鼠标右键单击工程的名字 jienengdeng. PrjPCB，选择【Add New to Project】/【Schematic Library】命令，如图 9 – 17 所示。此时 jienengdeng. PrjPCB 工程下面多了一个默认名字为 Schlib1. SchLib 的库文件，右键单击这个文件的名字，另存为 jienengdeng. SchLib，如图 9 – 18 所示。

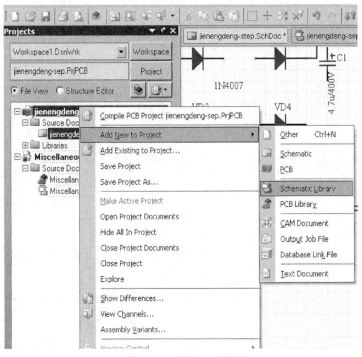

图 9 – 17　添加新的库文件

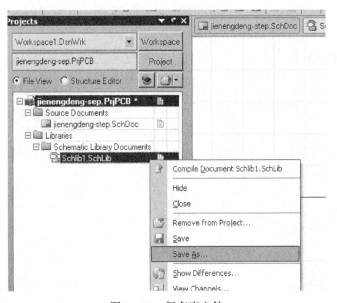

图 9 – 18　保存库文件

2. 打开元器件 Triac 所在的元器件库 Miscellaneous Devices. IntLib

单击【File】/【Open】命令，在打开的对话框中，选择安装路径 C：\ Program Files \ Altium Designer 6 \ Library 下的 Miscellaneous Devices. IntLib 文件，如图 9 - 19 所示。

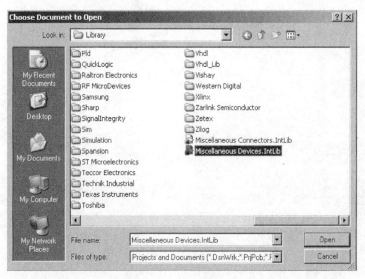

图 9 - 19　找到库文件

单击 "Open" 按钮，弹出元器件库打开确认对话框，单击 Extract Sources 按钮，继续操作，如图 9 - 20 所示。

此时在 Projects 文件栏中会出现刚打开的元器件库，双击 Miscellaneous Devices. SchLib 元器件库名，如图 9 - 21 所示。

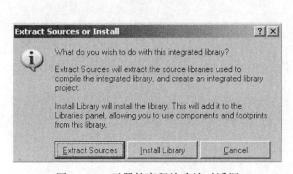

图 9 - 20　元器件库释放确认对话框

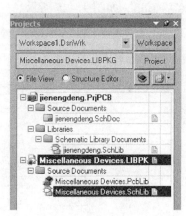

图 9 - 21　打开元器件库

将左边 Projects 文件栏切换到 SCH Library，并在最上边的文本框中输入：Triac，此时其下方的列表框内便会出现 Triac 元器件名称，并在右边的编辑区内出现该元器件，如图 9 - 22所示。

在编辑区内选中该元器件，并复制到之前建立的元器件库文件 jienengdeng. SchLib 中。此时选中元器件下方的引脚，如图 9 - 23 所示，并按 Delete 键将其删除。删除完多余的引脚后，元器件如图 9 - 24 所示。

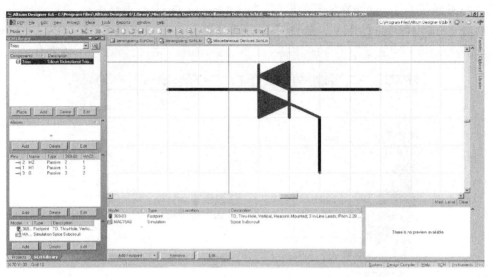

图 9 - 22 找到元器件 Triac

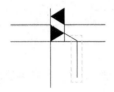

图 9 - 23 选中元器件引脚

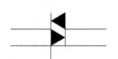

图 9 - 24 删除引脚后

在 SCH Library 文件栏中单击 "Edit" 按钮弹出 "元器件属性" 对话框, 在此为元器件命名为 DB3, 如图 9 - 25 所示。

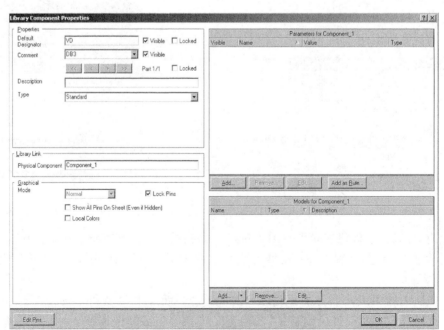

图 9 - 25 "元器件属性" 对话框

做好每一步一定要记得保存。此时单击 SCH Library 文件栏中 Place 按钮，即可把修改好的元器件放到原理图编辑区内。

9.2 印制电路板的设计

9.2.1 电子节能灯印制电路板的设计

1. 单面印制电路板的设计

1）设计者必须清楚地掌握印制电路板设计的布线基本工序。一般情况下需要设计电路板的尺寸、外形、环境参数等。

2）准备原理图。印制电路板设计者首先要绘制原理图，然后由原理图生成网络表，而网络表正是印制电路板自动布线的桥梁。

3）规划电路板。在绘制印制电路板之前，设计者必须对印制电路板有一个初步的规划，是采用单面板、双面板，还是多面板（多面板一般指 4 层以上），电路板采用多大的尺寸，采用什么样的连接器，各元器件采用什么样的封装形式（双列直插 DIP、贴片 PLCC 形式）以及元器件的安装位置等，都要根据情况具体确定。这是非常关键的一步工作，规则设计的好坏将直接影响到后续工作的进行。

4）启动 PCB 编辑器与参数设置。启动 PCB 编辑器，参数设置主要是指对元器件的布置参数、半层参数、布线参数等的设置，其中有些参数可以直接采用系统默认值就可以了，另一些参数设计者可根据自己的习惯设置，但必须符合设计要求。

5）导入元器件。

2. 进入 Protel Altium Designer 6. 6 — PCB 编辑器

（1）在已经建好的工程文件中新添加一个 PCB 文件　右键单击工程名，选择【Add New to Project】/【PCB】命令，如图 9 - 26 所示。

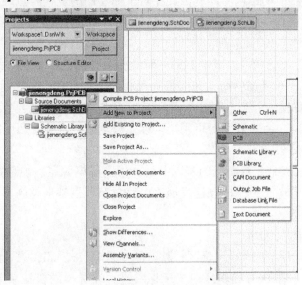

图 9 - 26　添加新的 PCB 文件

此时在所建工程 jienengdeng. PrjPCB 中出现了一个新建的 PCB 文件，我们把它重新命名为 jienengdeng. PcbDoc，如图 9 – 27 所示。PCB 编辑环境与电路图编辑环境最明显的不同，就是 PCB 是"立体"的，也就是"层层相叠"。在同一位置，但在不同板层所放置的元器件图，颜色不同，并不相连接。所以编辑时应该特别注意是在哪个板层。而板层的操作可透过编辑区下方的板层标签列，如图 9 – 28 所示。

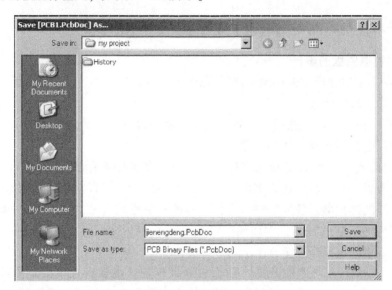

图 9 – 27　保存新建的 PCB 文件

图 9 – 28　板层标签列

（2）设置印制电路板工作层面　在进行印制电路板设计时，首先要清楚工作层面的含义。由于不同印制电路板的结构不同，因此在对工作层面的设置时也是不相同的。

印制电路板的结构：一般来说根据板层的多少，可分为单面板、双面板和多层板（一般指 4 层板以上）3 种。

1）单面板。单面板就是一面敷铜，另一面没有敷铜的电路板，单面板只能在敷铜的一面放置元器件（主要针对目前生产工艺而言）和布线。它具有不用打通孔，成本低的优点。

2）双面板。双面板是两面敷铜，中间为绝缘的电路板，它主要包括顶层（Top Layer）和底层（Bottom Layer），由于双面板可用于设计比较复杂的电路，因此被广泛采用，是目前最常见的一种印制电路板。

3）多层板。多层板是在双面板的基础上增加了内部电源层、内部接地层以及多个中间布线层。多层板是随着电子技术的飞速发展，电路复杂程度越来越高，用一般的双面板无法满足设计要求时产生的。

3. 印制电路板的设计步骤

（1）修改测量单位　在 PCB 编辑区，默认的测量单位是 mil，为了设计方便，在这里先把测量单位改为毫米。在 PCB 编辑区单击鼠标右键，在弹出的快捷菜单中选择【Options】/【Board Options】命令，如图 9 – 29 所示。修改【Board Options】/【Measurement Unit】选项中 Unit 为 Metric，如图 9 – 30 所示。

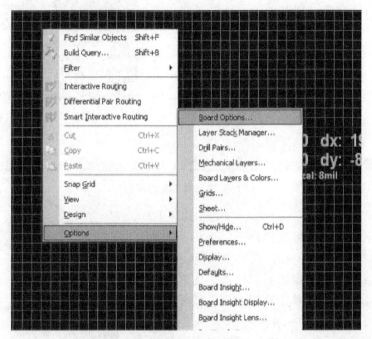

图 9 – 29　打开 "PCB 编辑区属性" 对话框

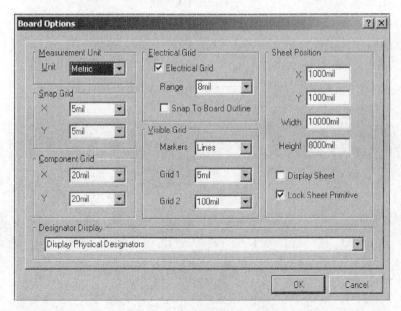

图 9 – 30　修改测量单位为毫米

（2）几种常用的技巧

1）鼠标右键按住 PCB 编辑区不放，可以随意拖动编辑区的位置。

2）按住 "Ctrl" 键的同时滚动鼠标的滚轮可以放大、缩小 PCB 编辑区。

3）随着鼠标会有当前的位置信息，如图 9 – 31 所示当前鼠标的位置坐标为（83.439，89.027）。

（3）PCB 的规划　PCB 的规划是根据电路的规模，具体确定所要设计的 PCB 的物理外形尺寸和电气边界，原则是尽量美观且便于后面的布线工作。

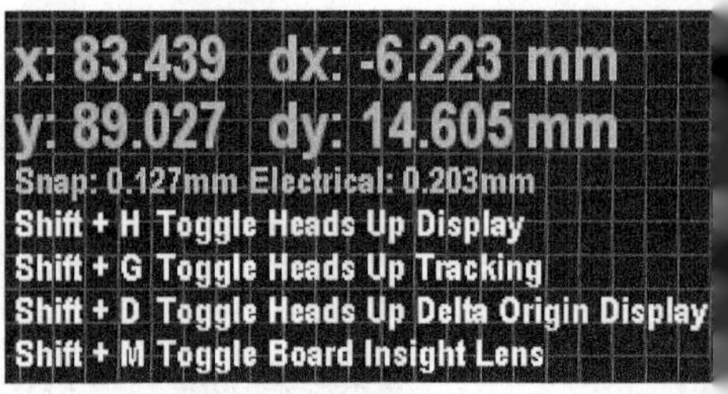

1）设置当前工作层面。单击屏幕下方的工作层面显示 Keep – Out Layer 标签，设定当前的工作层面为禁止板层，该层主要用于设置 PCB 的边界，如图 9 – 32 所示。

图 9 – 31　鼠标位置坐标

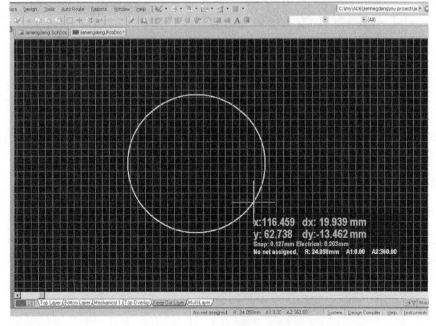

图 9 – 32　选择工作层面

2）确定 PCB 的边界。选择 Place/Full Circle 工具，如图 9 – 33 所示。此时鼠标处出现十字光标，此十字光标可以确定圆形边框的中心，在 PCB 编辑区大约中心的位置单击鼠标左键，定好圆的中心，向外拖动鼠标至参数 R 为 24mm 时，单击鼠标左键，然后再单击鼠标右键结束画图，如图 9 – 34 所示。

（4）数据转移　在 PCB 文件与板框都准备妥当后，应将电路图数据转移到电路板。从 Pretel DXP 版起，不但可以在电路图编辑环境里进行数据转移，还

图 9 – 33　启动画圆形边界工具

可以在电路板编辑环境里进行数据转移。以在 PCB 编辑环境里为例，启动【Design】/【Import Changes From jienengdeng. PrjPCB】命令，出现如图 9 – 35 所示的对话框。

图 9 – 34　画 PCB 边界

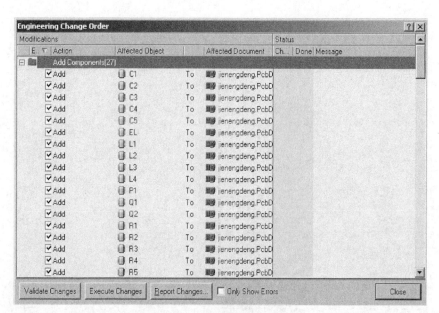

图 9 – 35　"更新数据"对话框

可以通过对话框下方的按钮来进行操作，说明如下：

Validate Changes 按钮的功能是检验数据更新时是否有问题。按该按钮后，程序将按区域中的动作项目顺序检验，然后将检验结果列在其 Check 字段里。如果正确则打钩，不正确则打叉，如图 9 – 36 所示。

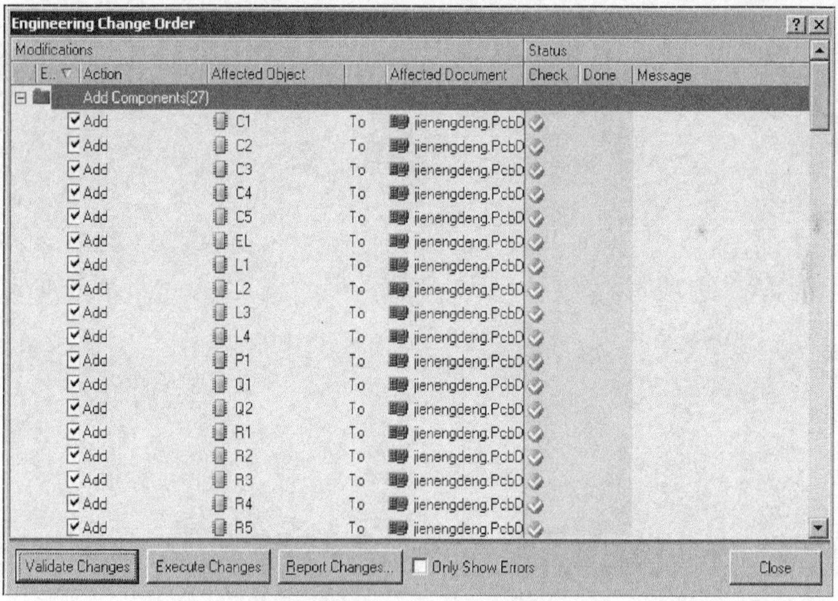

图 9 – 36　数据验证

Execute Changes 按钮的功能是执行数据更新的动作。按该按钮后，程序将按区域中的动作项目顺序执行，并记录在其 Done 字段中。同样的，正确打钩，错误打叉，如图 9 – 37 所示。

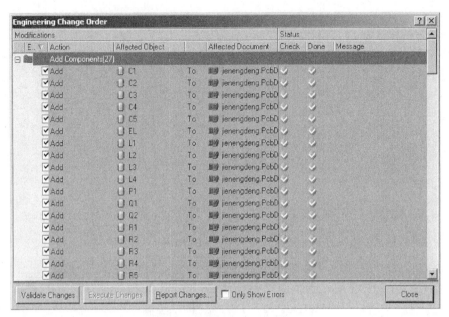

图 9 - 37　数据转移

Report Changes...按钮的功能是列出数据更新报告。若在进行检验数据更新时发生不正确状况，则不按 Execute Changes 按钮，而直接按该按钮列出报告，再按报告实际查看问题所在并解决问题。

在对话框中进行数据转移时，背景里的 PCB 编辑区也有动作，完成后按 Close 按钮关闭对话框，此时所有元器件的封装全部移入 PCB 编辑区内，如图 9 - 38 所示。

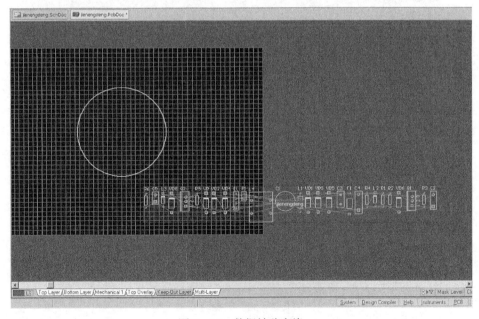

图 9 - 38　数据转移完毕

（5）零件布局　如图 9 - 38 所示，现在所有的元器件都在边框之外的 jienengdeng 元器件摆置区里排成一排。鼠标指向这个元器件摆置区边框内的空白处，按住鼠标左键不放即可把它们移至边框内或者其他位置。鼠标在元器件摆置区的空白处单击左键，选中元器件摆置区按 "Delete" 键，便可把这个元器件摆放区删除。此时可以手工布置元器件的位置。

元器件布置是一件集经验与耐性于一体的艰苦工程，元器件布置时需要考虑到电路图中元器件的相对位置，走线尽量要短，不能交叉，同时要兼顾美观和抗干扰。

在节能灯电路设计中，除了以上提到的，元器件的摆放还有以下两点需要注意：

1）谐振电感 L4 最好放在中间。

2）振荡线圈 L1、L2 和 L3 需要注意同名端，需放在一侧。

电子节能灯电路板的排列元器件顺序大致说明如下：

1）先固定谐振电感 L4。排列元器件时，要先排列主要的元器件、较大的元器件。所以在这里先将 L4 位置固定，鼠标放在 L4 上按住左键不放，则可以把它拖到合适的位置，在按住鼠标左键的同时按 "空格" 键可以旋转该元器件，将 L4 调整合适后放开鼠标左键即可将它固定在该处，如图 9-39 所示。

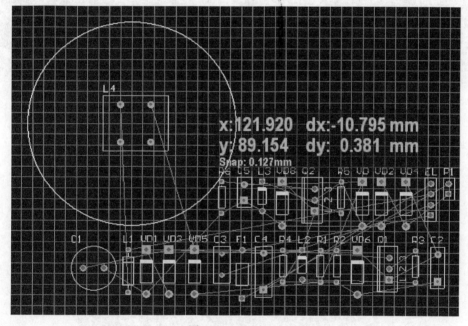

图 9-39　固定 L4

2）布置晶体管电路。在电子节能灯电路里，除了 L4 外，大的元器件还有两个晶体管。布置好晶体管后的电路如图 9-40 所示。

3）布置重复性的元器件或输入、输出。在电子节能灯的电路中，还有输入和输出需要注意，输入、输出是需要与外界连接的，所以应尽量靠近板框边缘。

4）其他元器件。剩余的元器件按照预拉线较短原则将每个元器件的位置调整好，全部放好后的电路如图 9-41 所示。

4. PCB 布线

一切备妥之后，接下来就可以布线了。

（1）设置布线规则　单层板布线只是在底层布线，需先设计布线规则。启动【Design】/【Rules…】命令，弹出如图 9-42 所示的对话框。

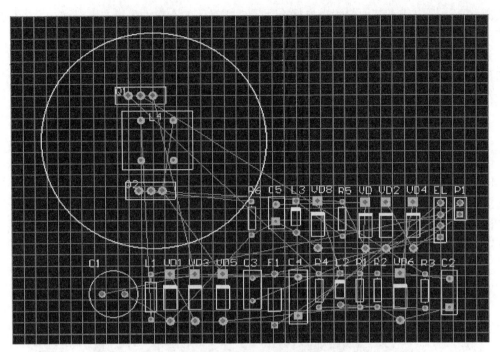

图 9 - 40　固定 L4 及晶体管

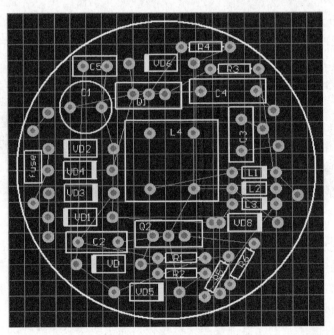

图 9 - 41　完成元器件布置

　　首先选择【Routing】/【Routing Layers】/【RoutingLayers】选项，则对话框右边列出该设计规则的属性，如图 9 - 43 所示。

　　单层板是指只在底层布线，而顶层不走线，因此，取消"Top Layer"右边的勾选项，以禁止顶层走线。

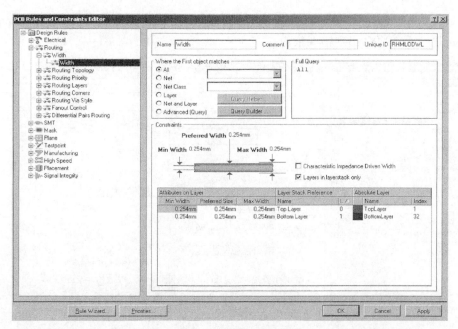

图9-42 "设计规则"对话框

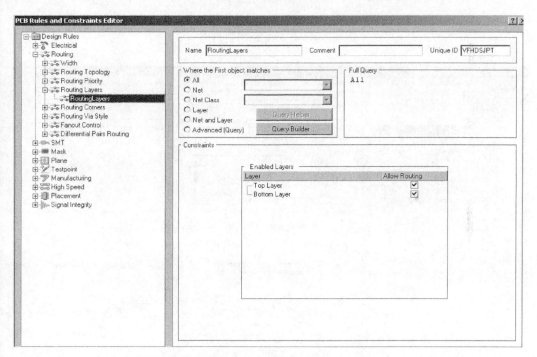

图9-43 布线板层设置

再选择【Routing】/【Width】/【Width】选项,则对话框右边列出走线宽度的规则,如图9-44所示。

对话框中显示 Min Width(最细线宽)、Preferred Width(自动布线线宽)、Max Width(最宽线宽)三个线宽设置数值,这些数值可以直接更改。在此设置最细线宽为0.3mm,自

动布线线宽为 0.8mm，最宽线宽为 2mm，如图 $9-45$ 所示。当布线宽度小于 0.3mm，或者大于 2mm 时，系统将会出现错误报告。

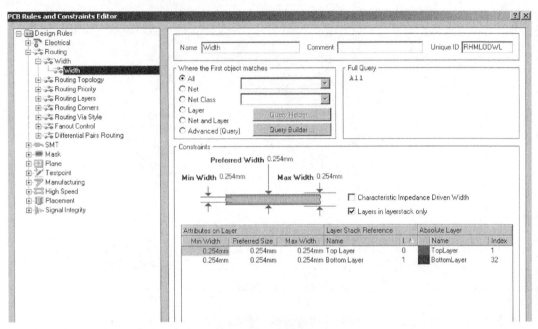

图 $9-44$　线宽规则设计

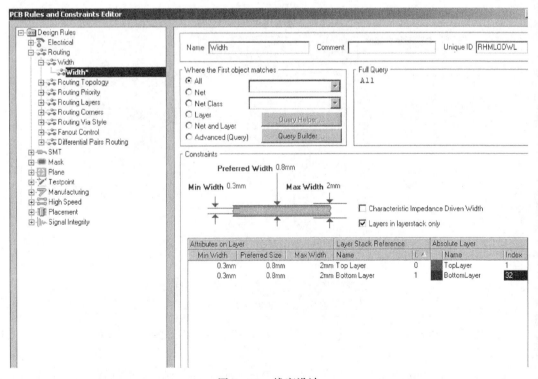

图 $9-45$　线宽设计

（2）手动布线

1）在布线规则设置完成后，就可以开始真正的布线了。此时为了更清楚地看到元器件的连线，可将 PCB 编辑区的格子去掉。在 PCB 编辑区的空白处单击鼠标右键，在弹出的快捷菜单中选择【Options】/【Board Options】命令，在打开的对话框中修改 Markers 字段为 Dots，如图 9-46 所示。

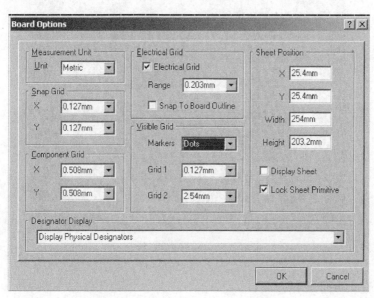

图 9-46 "版面选项"对话框

2）选择 图标按钮进入画线状态，将十字光标放在需要连线的焊点单击鼠标左键，向外拖动鼠标，便会拉出一条蓝色的线，如图 9-47 所示。此时按"Tab"键，便可设置线的宽度，当然这里设置的只是现在画的这条线的宽度，不能违背之前设置的规则。并且这个时候按 shift + "空格"组合键可以改变线的走向，使走线分别为 90°、45°或者是圆弧。

3）将十字光标放在连线的终止端，单击鼠标左键，再单击鼠标右键，结束连线，如图 9-48 所示。

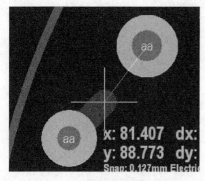

图 9-47 连线

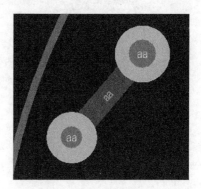

图 9-48 连线完成

同样的方法，布完整个节能灯的电路板连线后如图 9-49 所示。

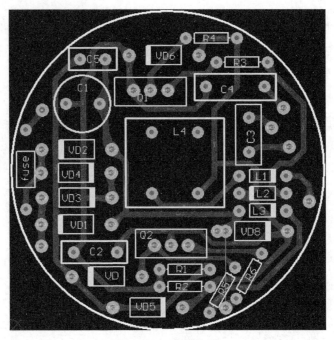

图 9 – 49　完成布线

9.2.2　元器件封装的创建

在电子节能灯元器件的封装调用过程中我们会发现，其中谐振电感 L4 的封装是在常用元器件中不存在的，因此需要自己创建这个元器件的封装，下面以 L4 为例介绍新元器件封装的创建过程。

1）在已建工程 jienengdeng. PrjPCB 中添加 PCB 库文件。鼠标右键单击 jienengdeng. PrjPCB，在弹出的快捷菜单中选择【Add New to Project】/【PCB Library】命令，如图 9 – 50 所示。把新建的 PCB 库文件命名为 jienengdeng. PcbLib，并保存到相应的路径下。

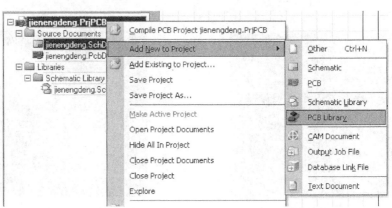

图 9 – 50　添加新的元器件库文件

2）在新建的 PCB 库文件编辑区确定参考点。创建元件 PCB 的编辑环境与整个电路的 PCB 编辑环境类似，同样是黑底的编辑区，同样有切换板层的标签栏（编辑区下方），在进行元件封装的创建时，我们需要有个概念，就是元件封装一定要建立在原点上（或原点附近），这样创建的元器件封装才好操作。

单击 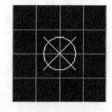 下的 图标按钮，进入设置坐标原点状态，鼠标处出现十字光标，然后将十字光标放在 PCB 编辑区的适当位置单击鼠标左键，则确定好了编辑区的原点位置，如图 9 – 51 所示。

图 9 – 51　设置原点

3）大部分元器件封装都是以焊点（Pad）为主，实际测量谐振电感 L4 的四个引脚距离为 7mm × 9mm，元件周长为 15mm × 13mm，按 图标按钮进入放置焊点状态，按"Tab"键打开其属性对话框，如图 9 – 52 所示。在 Designator 文本框中输入 1（焊点序号），在 Hole Size 文本框中输入 0.8mm（焊点孔的大小），在 X – Size 和 Y – Size 文本框中分别输入 2mm（焊点的大小）。单击 OK 按钮关闭属性对话框，并把焊点置于原点处，如图 9 – 53 所示，单击鼠标右键结束放置。

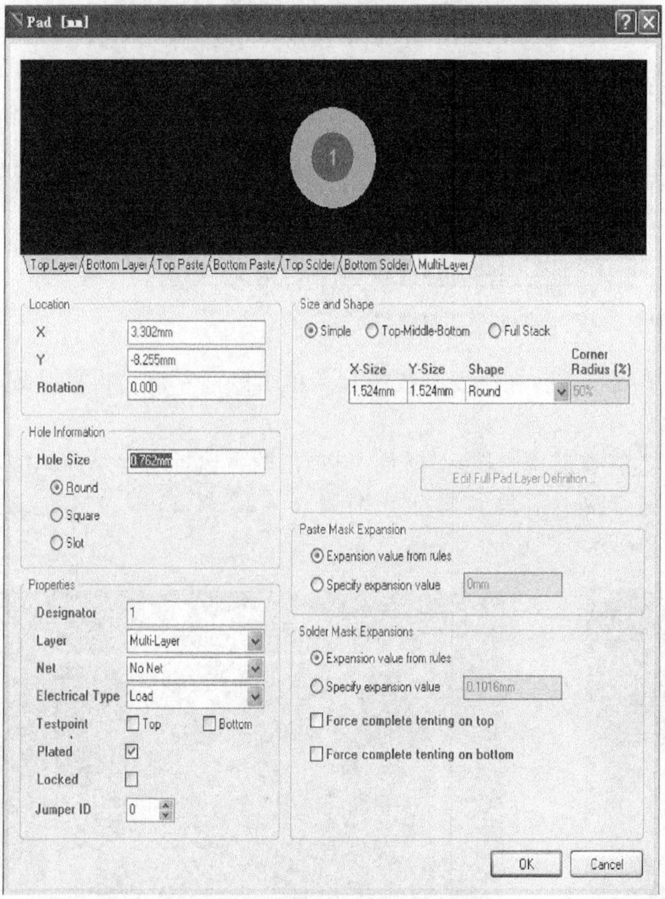

图 9 – 52　"焊点属性"对话框

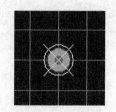

图 9 – 53　放置焊点

再次单击 图标按钮，设置属性与第一个焊点相同，但是需要在 Designator 文本框中输入 2，当关闭属性对话框后，不要放置焊点，按"J""L"键，屏幕出现如图 9 – 54 所示的对话框，在 X – Location 文本框中输入 7，在 Y – Location 文本框中输入 0，因为第二个焊点需要放置在坐标点（7，0）的位置。按"Enter"键两次，即可把该焊点放置到（7，0）点。

按照此方法分别把剩下的两个焊点放到坐标点（0，9）、（7，9）位置，焊点即全部放好，如图 9－55 所示。

Jump To Location [mm]
X-Location
7
Y-Location
0
OK
Cancel

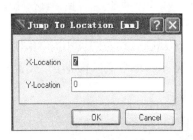

图 9－54 “跳跃”对话框

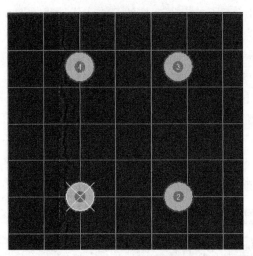

图 9－55 放置好四个焊点

由于元器件封装的外框要在顶层覆盖层（Top Overlay）中绘制，在绘制外框之前先切换到顶层覆盖层，在编辑区下方板层标签栏中选择“Top Overlay”标签，如图 9－56 所示。

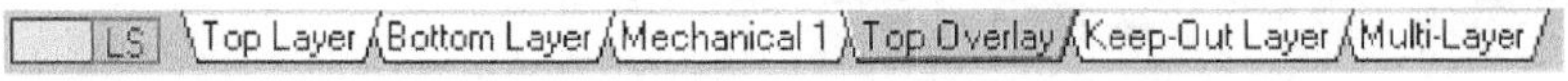

LS
Top Layer
Bottom Layer
Mechanical 1
Top Overlay
Keep-Out Layer
Multi-Layer

图 9－56 切换到顶层覆盖层

选择下的图标按钮进入画线状态，在所要画线的起点单击鼠标左键，再移动鼠标即可拉出黄色线，如图 9－57 所示。

转弯时单击两下鼠标左键，到达终点后单击鼠标左键，再单击两下鼠标右键结束画线状态。此处，根据元器件的实际情况，四个顶角的坐标分别为（－4，－2）、（11，－2）、（11，11）、（－4，11），如图 9－58 所示。

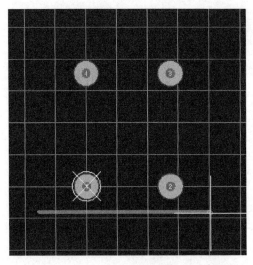

图 9－57 启动画外框

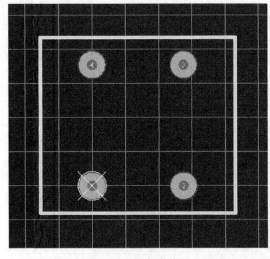

图 9－58 完成外框

4）切换到 PCB Library 文件栏，鼠标指向 Components 区域里的 PCBCOMPONENT_1 项，单击鼠标右键弹出快捷菜单，如图 9 - 59 所示。

选择 Component Properties 选项，即可打开如图 9 - 60 所示的对话框。

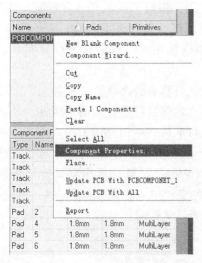

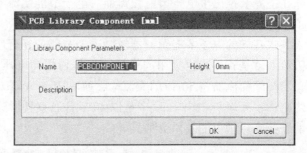

图 9 - 59　快捷菜单　　　　　　　　图 9 - 60　"元器件更名"对话框

在 Name 文本框中输入元器件的名字 L4，其他两个文本框可以不填，单击"OK"按钮完成元器件封装的设计。每个步骤一定要记得保存。在元器件封装发生改变时，正确的处理方法应该是在原理图中改元器件的封装，再重新在 PCB 编辑区导入元器件。

至此，"电子节能灯电路板设计"全部完成。

9.3　电子节能荧光灯结构

荧光灯是照明器具中一种性能优越的电光源器具，其发光效率可达 40lm/W，是白炽灯的 4 倍多，光色接近日光，寿命长达 3000～5000h。普通荧光灯虽有诸多优点，但由于其使用时需要较多的附属配件，装配稍显复杂，尤其是普通电感镇流器式荧光灯，由于电子镇流器铁心线圈的自身损耗较严重，功率因数较低，加上其售价远高于白炽灯，故影响到荧光灯不能大面积的推广使用。

荧光灯是一种低压（汞蒸）气体放电灯。荧光灯工作时，灯管两端的工作电压与灯管所通过的交流电呈负伏安特性，荧光灯使用时必须配用起限流作用的镇流器。点灯时，不仅灯管要消耗电能，镇流器本身也要消耗一定的电能。所以，荧光灯的节能是两个方面的，包括灯管的节能和镇流器的节能。

可以说，凡具有正伏安特性的元器件，均可用于荧光灯的镇流器。电阻器可用作最简单的镇流器，但由于电阻器是一种有功元件，电流在通过电阻时，要有相当部分的电能变成热能白白损失掉，并且电阻用于镇流时，稳定性差，灯管启辉困难以及灯光闪烁现象严重，在交流电路里很少采用。电容器是用作镇流器的另一种元件，电容器是一种无功元件，它除具有基本不耗电能外，还有体积小、重量轻的优点。但是电容器镇流时，灯管电流中的谐波成分增多，使灯管电流的波形严重畸变，易形成尖顶脉冲波，对延长灯管的寿命极为不利，灯光也有较大的闪烁现象。

电感线圈是一种较为理想的镇流器。由于其有能量损失较小，效率较高的优点，因此长期以来，被广泛应用于荧光灯的电路中。用电感镇流器的荧光灯，灯管的电压和电流滞后于电源电压，使电感镇流器在交流电路中具有平滑滤波作用，使灯管的闪烁现象相对于电阻、电容器镇流时而减小，故电感镇流器稳定性好。但电感镇流器也有不足之处，如体积笨重，铜、铁损耗大，无功损耗大，电感镇流器与荧光灯管串联使用时，其功率因数只有 0.6 左右，质量较次的铁心甚至不到 0.4。

人们在研究探索过程中发现利用高频交流电点燃荧光灯具有许多优点，荷兰飞利浦公司首先在世界上推出了电子节能镇流器。电子节能镇流器在电气性能各方面的优越性，使其产生了强大的生命力。很快在世界各国兴起了用高频荧光灯取代普通电感镇流器式荧光灯的热潮，各式各样的电子节能镇流器及紧凑型节能荧光灯应运而生。其中，晶体管串联谐振式电子镇流器就是获得普遍应用的一种。它是利用高电压大功率晶体管构成串联式推挽振荡电路，晶体管变流器将 50Hz 的交流电转换成 25 ~ 50kHz 的交流电，将荧光灯管点燃。它独特的优越性示于表 9 - 2 中。表中是以 40W 普通直管形荧光灯进行对比试验的，如再配以高效节能型荧光灯则节能效果更加显著。

表 9 - 2　电子节能镇流器与电感镇流器性能对比表

指　标	电感镇流器	电子节能镇流器
平均总耗功率/W	48	37
光通亮/lm	2400	2800
发光效率/lm · W^{-1}	50 (36)	68.9
最低启辉电压/V	180	<130
功率因数（cosφ）	0.44	0.9
对比节能（%）		23
50Hz 频闪	有	无
启辉闪烁次数	多次	一次
噪声	有	无
体积	大	小
重量	重	轻
价格	便宜	较贵
制造工艺	简单	复杂
对电源频率质量的要求	高	低
谐波干扰	小	大
寿命/h	2000	3000 ~ 5000

从表中不难看出电子节能荧光灯有许多优越性。

1. 高效节能

与普通电感式镇流器相比，节能是电子镇流器最显著的优点。以 40W 荧光灯为例，在工作正常的情况下，电感式镇流器本身的线损和铁损总损耗将近 9W，整个灯具的实际总耗电量达 49W，由于电子镇流器工作时呈电容性工作状态，故镇流器本身耗电不足 1W，经测试整个灯具的总耗电量不到 36W。由于灯管两端所加的是高频交流电压，对灯管荧光粉激活能力强，光通量已超过普通电感式镇流器荧光灯的光通量，总节电率达 26% 以上。

2. 无频闪，无噪声，有益于健康

普通电感镇流器式荧光灯对人体损伤较大，由于灯管在通过交流电源时不可避免地会出现灯光闪烁现象。因为当荧光灯两端的交流电压过零时，灯管的光通量为零，其闪烁频率为电源频率的 2 倍。在工频下，这种闪烁不易被人们所察觉，但对移动物体照明时，这种闪烁现象就相当明显。

3. 低压起动性能好

电感镇流器荧光灯在电网电压供电低于 180V 时，镇流器自感电动势较低，辉光启动器只发出红色的闪光，内部双金属片不易触碰，使得荧光灯难以点燃。而电子节能镇流器在供电电压 130 ~ 250V 的范围内，经 2s 左右的时间，能快速地一次性启辉点燃，这也正是高频电压易于激活荧光粉导通发光所带来的优越性。电感镇流器式荧光灯的熄灭电压在 150 ~ 160V 之间，而紧凑型电子节能荧光灯的熄灭电压为 70V 左右。

4. 对低质电源适应能力强

普通荧光灯的电感镇流器是一种电抗元件，其感抗为 $2\pi fL$，交流电源的频率变化直接影响电感镇流器阻抗的大小。若电源频率越低，电感镇流器的阻抗减小，对交流电的感抗减弱，此时，如启动电感镇流器式荧光灯则极易损坏灯管中的灯丝。而对于电子节能镇流器，由于它的工作过程是输入的交流电先经桥式整流二极管整流，变为直流电后再给高频开关振荡部分供电，而整流二极管对交流电只呈现单向导电非线性直流电阻的作用，而不呈现感抗作用，对电源的频率高低不太敏感，故对电源的质量要求不高，因而启动容易，工作可靠。

5. 体积小，重量轻，安装方便

紧凑型电子节能荧光灯的镇流器只有电感镇流器的 1/3 左右，由于电子整流器是由高耐压小型电子元件构成的，故体积小，重量轻。

6. 功率因数高

电感镇流器既然是由铁心和线圈组成的感性元件，就不可避免的要有铜、铁损耗，这种损耗将使电网供电效率降低。而电子节能镇流器的功率因数为 0.9 以上，有的甚至高达 0.98，这是因为电子节能镇流器的工作特性是呈电容性的，这对补偿电网的功率因数相当有利，减少了电网环路的无功功率。

7. 寿命长

电感式普通荧光灯额定寿命为 2000h，而电子节能荧光灯的额定寿命为 3000 ~ 5000h，国外已有 8000 ~ 10000h 的产品问世。

电子节能荧光灯的缺点有价格较高、谐波干扰较大，但它比起白炽灯和电感镇流器式荧光灯来说还是利多弊少。谐波干扰大，可用增强电源滤波和屏蔽加以解决。

9.3.1 电感镇流器式荧光灯

电感镇流器式荧光灯与电子节能荧光灯的工作原理和元器件结构有很多相似之处。因此在介绍电子节能荧光灯之前，有必要对电感式镇流器及普通荧光灯做一些介绍。

1. 普通电感镇流器直管形荧光灯的构成

普通电感镇流器直管形荧光灯是由电感镇流器、辉光启动器、直管形灯管构成的。电感镇流器式荧光灯电路如图 9 – 61 所示。

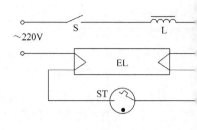

图 9 – 61　电感镇流器
式荧光灯电路

图中，ST 为辉光启动器、L 为镇流器、EL 为荧光灯管、S 为电源开关。当合上电源开关 S 后，220V 交流电通过镇流器 L，荧光灯管 EL 的灯丝，加于辉光启动器 ST 两端，由于辉光启动器内阻很高，使镇流器的阻抗作用于与灯管灯丝的电阻作用相对减小，基本上是 220V 的全电压加于辉光启动器两极上，使辉光启动器氖管内的惰性气体电离，辉光启动器的氖管产生辉光放电。由于辉光放电的升温作用，辉光启动器两极闭合短路，两极间电压为零，辉光启动器的辉光放电停止。此时，由于辉光启动器触点的连接，使经过镇流器降压后的低压交流电加于荧光灯管两端的灯丝上，灯丝开使预热，使作为阴极的灯丝发射出大量电子。与此同时，由于辉光启动器闭合后，氖管内无辉光，双金属片触点温度逐渐降低，经延时数秒后，触点恢复到常开状态，切断灯丝供电电源；在辉光启动器断电瞬间，镇流器线圈通过的电流急剧减小，而镇流器本身产生的自感电动势突然增高，与电源电压叠加后作用于灯管两端，使阴极电子加速运动，轰击灯管内的氩气分子，使氩气电离产生热能，使灯管内汞蒸发，汞分子在高压作用下电离，辐射出一定波长的紫外线，照射灯管内壁荧光粉涂层，使荧光粉发光。荧光灯被点燃，由于镇流器的限流作用，使荧光灯管的电流稳定在额定电流范围内。灯管两端的电压也稳定在工作电压范围内，此时灯管两端的电压低于辉光启动器的启动电压，辉光启动器不再起作用，荧光灯完成了启辉的全过程。在整个荧光灯的工作过程中，镇流器、辉光启动器与灯管之间的工作状态是相辅相成的。

（1）镇流器、辉光启动器的工作状态　镇流器要经过 4 种工作状态：

1）启动初始阶段给辉光启动器提供平滑的全电源电压，使辉光启动器启辉。

2）辉光启动器闭合后，给灯管灯丝提供低压交流电。

3）辉光启动器断开时由其产生高压使荧光灯管启辉。

4）灯管启辉成功后给灯管提供降压、稳压和稳流的供电电源，以起到镇流的作用。

（2）辉光启动器要经过两种工作状态

1）初始阶段延时闭合，使灯管灯丝预热。

2）延时断开，灯管点燃。

（3）荧光灯也有两种工作状态

1）初始阶段灯丝加电预热。

2）启动点燃后灯丝断电，荧光粉导通发光。

2. 荧光灯的结构组成及其型号命名方法

家庭及工业照明用荧光灯（俗称日光灯）是一种低压汞蒸气放电灯，其大部分光是由放电产生的紫外线激发管壁上的荧光粉涂层而发射出来的。管形荧光灯主要有直管形和环形两种。图 9 – 62 所示是直管形荧光灯结构示意图。

荧光灯的核心部件是管形玻壳和灯丝。管内壁涂有一层卤磷酸钙荧光粉，管内填充有惰性气体（如氩）和低气压汞蒸气。灯丝上涂有一层能发射电子的物质，人们将这种涂有电子发射材料的灯丝称为阴极。灯丝两端与被称作导丝的支架相连接，导丝又与两个引出电极相接。导丝与玻璃喇叭管等组成芯柱，其作用是保证电导线与玻壳进行气密性封接。

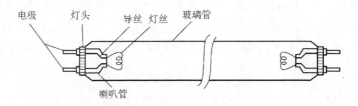

图 9 – 62　直管形荧光灯结构示意图

　　节能型单端荧光灯的灯管内壁涂有掺杂稀土金属材料的三基色（红、绿、蓝）荧光粉，这种三基色荧光灯也被称作稀土节能灯。单端节能灯的灯管内壁一般涂有双层荧光粉；第一层是卤磷酸盐普通荧光粉，与管壁接触，用作确定色温；在普通荧光粉上面，则是三基色荧光粉涂层，主要用作确定灯的显色指数。与普通荧光灯比较，三基色荧光灯具有更高的显色指数和光效。

　　为使镇流器与荧光灯参数相匹配，了解荧光灯型号中字母和数字代表的意义是很有必要的。普通照明用管形荧光灯型号和单端管形荧光灯型号命名法如图 9 – 63 所示。

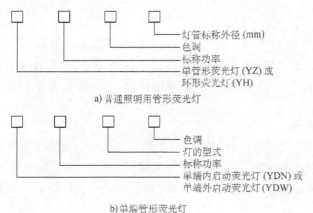

图 9 – 63　荧光灯型号命名法

　　荧光灯型号中的色调即发光颜色，用两个字母表示，RR 表示日光色（6500K）；RZ 表示中性白色（5000K）；RL 表示冷白色（4000K）；RB 表示白色（3500K）；RN 表示暖白色（3000K）；RD 表示白炽灯色（2700K）。

　　例如，YZ40RR32 表示管径为 32mm 的 40W 日光色单管形荧光灯；YH32RN29 表示管径为 29mm 的 32W 暖白色环形荧光灯；YDN9 – 2U·RR 表示 9W2U 型日光色单端内启动荧光灯；YDW16 – 2D·RN 表示 16W2D 型暖白色单端外启动荧光灯。

3. 荧光灯的主要特性

　　与其他一些气体放电灯一样，荧光灯具有负阻特性。典型的荧光灯电压—电流（$V–I$）特性曲线如图 9 – 64 所示。当施加于荧光灯两端的电压低于触发启动电压（V_{strike}）时，灯呈高阻关断状态，灯中没有电流通过。一旦外加电压达到灯点亮电压值，灯则导通，并且其两端电压立即降低，灯电流增大，呈现负阻特性。由于外接镇流器的限流作用，使灯电流稳定在额定值，并且灯两端的导通电压降（V_{on}）也基本保持不变。

　　荧光灯的触发启动电压和正常工作时灯两端的电压降与灯管长度、灯管直径、灯管内填充气体的种类、气压与温度以及电极种类（是冷阴极还是热阴极）等因素有关。荧光灯点亮启动电压范围一般为 500～1200V，灯点亮后稳定工作时的开态电压降典型值为 40～110V。荧光灯在启动期间及启动后进入稳态工作时的电压（或阻抗）曲线如图 9-65 所示。

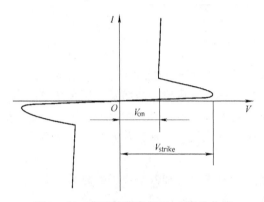

图 9-64　典型的荧光灯 $V-I$ 特性曲线

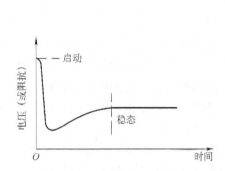

图 9-65　荧光灯电压（或阻抗）曲线

　　从图中可以看出，灯在启动点亮时的电压（或阻抗）很高，在点亮之后，灯两端电压急剧下降，而后略有升高，最后进入稳定工作状态。在这一过程中，阻抗曲线与电压曲线是一致的。荧光灯在稳态条件下，可以等效为两支背靠背的稳压二极管与一个电阻相串联，如图 9-66 所示。在交流电压下，不论是正半周还是负半周，荧光灯都是可以导通的。

4. 荧光灯工作原理

　　采用电感镇流器的荧光灯电路如图 9-67 所示。借助于镇流器和辉光启动器，荧光灯可以被启动，并在启动之后能稳定地工作。与此同时，辉光启动器还对灯的阴极提供预热功能。辉光启动器俗称启辉器，它主要由一个电容器和热开关所组成。热开关则由双金属片和

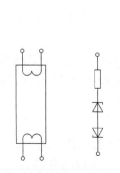

图 9-66　荧光灯在稳态工作下的等效电路

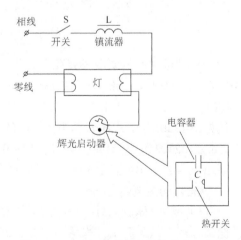

图 9-67　采用电感镇流器的荧光灯电路

固定电极组成，安装在充有氖气的玻璃泡内。双金属接触器通常处于断开状态。当接通电源后，由于荧光灯呈现高阻关断状态，高电压施加到辉光启动器两端，使辉光启动器玻璃管内的氖气发生电离，双金属片变热将开关接通，电路中有电流流过，荧光灯的两个阴极被加热。约 1s 后，双金属开关冷却，辉光启动器断开，电路中的电流突然变化为 0，在镇流器两端产生一个非常高的感应电压（$V = Ldi/dt$），再加上交流电源电压，使灯管内的低压汞蒸气电离，荧光灯导通点亮。

管内汞蒸气被电子激发电离时会发出波长 $\lambda = 253.7nm$ 的紫外线，被荧光灯管内壁上的荧光粉所吸收，转换为光色柔和的可见光辐射出来。在灯点亮后，镇流器主要起限流作用。在荧光灯进入稳态工作时，电源电压几乎是一半降落在镇流器两端。

9.3.2 电子镇流节能荧光灯

高效节能荧光灯与普通直管形荧光灯的光通量数据示于表 9 - 3 中。通过表可推算出白炽灯的光效为 12lm/W；普通直管形荧光灯的光效为 46lm/W；而 H、2D、2U 等节能荧光灯的光效则高达 74lm/W 左右。也就是说，三基色节能荧光灯的光效是白炽灯的 6 倍多，是普通直管形荧光灯的 1.6 倍以上。这也意味着节能型荧光灯与白炽灯相比较，在消耗同等功率电能的情况下，换回的光照度，前者是后者的 6 倍。换言之，在要求同等光照度的情况下，前者是后者功耗的 1/6。可见节能荧光灯的节能效果是相当显著的。表 9 - 4 所示数据更说明了电子节能荧光灯的节能效果。

表 9 - 3 电光源光通量数据表

光源器具	功率/W	光通量/lm	光源器具	功率/W	光通量/lm
220V 白炽灯	15	110	220V 直管荧光灯	8	325
	25	220		15	580
	40	350		20	970
	60	630		30	1550
	100	1250		40	2400
	220	2920	220V U 形荧光灯	15	405
	500	8300		30	1550
	1000	18600		40	2200
环形灯管荧光灯	20	800	H 形荧光灯（三基色）	7	350
	30	1400		9	650
	40	2300			
节能型荧光灯管荧光灯（直管）三基色	15	720		11	850
	20	1240	2D 荧光灯	16	1150
	30	2070		28	2200
	40	3200	2U 荧光灯	9	650
	85	6800			
	125	10000		11	850

表 9-4　电子节能荧光灯部分参数

功率/W	灯管电压/V	工作电压/V	启辉电压/V	镇流器输入电流/mA	功率因素（cosφ）	对比节能（%）	实际耗电/W
40	106	150	70	170	0.97	23	37.6
30	96	150	80	123	0.98	31	28
20	68	150	70	85	0.97	28	18.1
15	60	150	80	62	0.98	24	14.2

　　荧光灯的节能与否取决于电子节能镇流器和节能荧光灯管。电子节能镇流器与节能荧光灯管是两个不同的器件。普通电感式镇流器与电子节能镇流器，普通直管形荧光灯管与异形节能荧光灯管可互相交叉应用，但其节能效果、应用效果以及光效是不相同的。例如，异形荧光灯管应用普通电感镇流器点亮时只能体现在光效高上，节能只是荧光灯管体现出来的；而启辉难易及其他方面则与普通电感式荧光灯相同。再例如，将电子节能镇流器应用于普通直管形荧光灯管上，同样能体现出镇流器的节能，低电压易于启动荧光灯，以及电子节能镇流器的其他优越性。

1. 电子节能荧光灯镇流器的内部结构

　　电子节能镇流器是由一些电子元器件构成的，它实际上就是大功率晶体管高频开关振荡电路。晶体管开关振荡电路的形式有单管振荡型、双管串联推挽振荡型、双管并联推挽振荡型，以及双管互补推挽振荡型。目前世界上普遍应用的电子节能镇流器电路大多为串联推挽振荡型，振荡频率为 20～60kHz，基本电路的构成如图 9-68 所示。

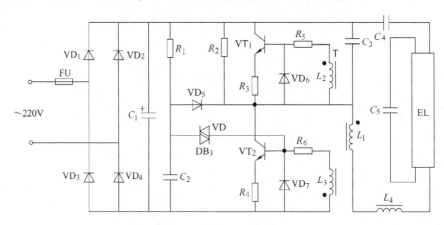

图 9-68　电子节能镇流器基本电路构成

　　图中整流二极管 VD_1、VD_2、VD_3、VD_4 组成桥式整流电路，与滤波电容 C_1 相配合，构成电子镇流器开关振荡源电路的直流供电电源。电阻 R_1 与电容 C_2 组成积分电路，与二极管 VD_5、双向二极管 VD（DB_3）构成启动电路。晶体管 VT_1 与 VT_2 以及绕在同一磁环上的高频变压器 T（L_1、L_2、L_3）构成变压器反馈串联推挽式开关振荡电路，也称逆变电路或称变流器，振荡频率为 20～60kHz。电阻 R_2、电容 C_3 构成了变流器的过电压保护电路。电阻 R_5、R_6 为限流保护电路，同时还起到了 VT_1、VT_2 的缓冲保护作用。二极管 VD_6、VD_7 则起到钳位稳压作用，使 VT_1、VT_2 两只大功率晶体管的开关振荡工作状态更趋稳定，而电感线圈 L_4、电容 C_4、C_5 则构成了串联谐振输出电路。

2. 电子节能镇流器工作原理及元器件选择的原则

如图9-76所示，电子节能镇流器工作时220V的交流电经VD_1~VD_4桥式整流及C_1滤波后变为310V左右的直流电，给VT_1、VT_2晶体管逆变电路提供工作电压。滤波电容C_1在充放电过程中，会使供电线路中电压波形产生畸变。基于这个问题，C_1的容量宜小不宜大。但容量太小又会使直流电源的滤波不良，荧光灯管易产生闪烁或亮度不稳的现象，以及电容C_1、VT_1、VT_2产生过高的温度而烧毁。对于20~40W的电子节能镇流器，C_1一般选用10~20μF、耐压400V的电解电容器；整流二极管通常采用1A/1000V的1N4007整流二极管。若耐压太低，整流二极管有烧毁的危险。

当电子镇流器加电工作时，整流后的直流工作电压首先加入R_1、C_2、VD_5、DB_3所组成的启动电路，直流电源通过R_1加到电容器C_2上，C_2开始充电。当C_2上所充电达到双向二极管DB_3的转折电压时，双向二极管由关断状态转为导通状态。积分电容C_2所储存的电荷经双向二极管加于晶体管VT_2的基极上，产生基极电流，从而激励晶体管VT_2的导通。

双向二极管DB_3转折电压的高低，对VT_2的导通工作状态有一定的影响。DB_3的转折电压越高，则积分电容C_2上所储存的电荷也越多，也就越容易激励VT_2导通工作；反之则VT_2不易触发导通，但这个转折电压也不能太高。因为随着转折电压的提高，触发电压也相应提高，过高的触发电压对晶体管VT_2是个威胁，要相应地提高晶体管耐压值。故这个转折电压是个适可而止的电压值。一般选用转折电压为20~35V的双向二极管。

积分电容C_2的容量大小也会影响到电路的启动特性，C_2容量越大，所储存的电荷也就越多，对VT_2基极提供的激励电压也就越高，晶体管VT_2也就越容易工作在导通状态。但C_2容量如果太大，其上储存的电荷太多的话，会有击穿DB_3的危险。一般在20~40W的电子镇流器中C_2取值在0.01~0.22μF之间，其耐压只要有63V即可应用。

启动电路只是在电子镇流器刚开始工作的瞬间起作用，待VT_1、VT_2的逆变电路进入正常的开关振荡工作状态后，则不再需要启动电路的触发电压了。这时逆变电路中只利用振荡变压器T的L_2、L_3两组线圈的反相位关系，使VT_1导通时，VT_2被强迫关断截止；VT_2导通时，VT_1又被强迫关断截止。若此时触发电路仍在工作，则VT_1在导通的过程中，VT_2也被触发电路同时激励导通，就会使VT_1、VT_2两只大功率晶体管呈现"共态导通"现象，同时出现短路状态，整机电流急剧增高，致使晶体管或其他元器件被烧毁。所以"共态导通"的现象是相当危险的，应严禁此情况的发生。

为避免上述"共态导通"现象的发生，启动电路中设置了放电二极管VD_5。它与VT_2配合，当VT_2导通后，VT_1此时呈截止状态，VD_5正端电位高于负端电位，VD_5导通，使积分电容C_2上储存的电荷通过VD_5与VT_2泄放掉；在VT_1导通VT_2截止期间，VD_5负端电位高于正端电位，VD_5截止，VD_5虽不再起放电作用，但由于R_1的阻值较大，C_2的充电速度慢，不待C_2上的电荷充到DB_3的转折电压时VT_2已导通，VT_1已截止了，二极管VD_5就是为专门泄放C_2上的电荷而设置的。

振荡变压器是由高频铁氧体磁环及3组反馈线圈构成的。当DB_3出现雪崩状态而导通时给晶体管VT_2的基极输入一个正电位的触发信号时，VT_2导通工作。其输出电压加于L_1及L_4、C_4、C_5的串联谐振电路上，串联谐振电路得到了VT_2的充电作用；在L_1给L_4、C_4、C_5串联谐振电路充电的同时，它的一部分信号电压通过L_1、L_3的互感交连作用又反馈到VT_2基极输入回路的L_3线圈。由于L_1与L_3两个线圈的相位相反，促使VT_2基极电位转变为负电位，VT$_2$ 迅速截止关闭；与此同时 L$_1$ 与 L$_2$ 线圈也通过互感交连关系，将一部分信号电压反馈给另一个晶体管 VT$_1$。由于 L$_1$ 与 L$_2$ 的相位相同，VT$_1$ 瞬时得到正电位的激励信号电压而迅速导通。VT$_1$ 导通后，将 VT$_2$ 供给串联谐振回路的振荡电压短路泄放掉，一个振荡周期完成。这意味着 VT$_2$ 等效于串联谐振回路的一个充电电路；而 VT$_1$ 等效于串联谐振电路的一个放电电路。充电与放电的速度是按串联谐振回路的固有频率完成的。也就是说振荡电路的振荡频率是由串联谐振电路的时间常数决定的。

在上一个周期结束时，振荡变压器的磁心已呈饱和状态，磁力线不但不再增加反而急剧减小。由于 L$_1$ 自感电动势的作用，使 L$_1$ 两端的电压相位发生翻转变化。使 VT$_2$ 的基极输入反馈线圈 L$_3$ 的相位变为上正下负，VT$_2$ 又重新导通，进入下一个振荡周期。我们知道，在串联谐振电路谐振时，其电感及电容上的电压比外加电压大许多倍。电子镇流器正是利用这个原理，利用 C$_5$ 两端相当高的高频高压电点亮荧光灯的。因为，灯管启动时的电压高低与 C$_5$ 和 L$_4$ 两个元件有较大的关系。当线圈与电容器的 Q 值越高时，启动电压也就越高。当电子镇流器难以点亮荧光灯管时，可以将 C$_5$ 的容量适当减小来提高回路的 Q 值；但 Q 值太高时，会影响到荧光灯的寿命。因此，C$_5$ 的容量也不可太小。在电子镇流器中 C$_5$ 的容量一般取 0.01 ~ 0.022μF。当电感线圈 L$_4$ 出现漏电故障时，Q 值也会随之降低，使灯管不易启辉点亮。

在开关振荡管 VT$_2$ 关闭截止而 VT$_1$ 导通的瞬间，电感线圈 L$_4$ 及电容 C$_1$ 上的电压叠加于一起，此时 VT$_2$ 将承受近千伏的高压，致使 VT$_2$ 击穿损坏；电感线圈上的高压产生是由于在电感线圈的电流突然流通又突然中断的过程中，线圈本身的自感电动势与外加电压叠加产生的，那么，我们就要设法不让电感线圈 L$_4$ 中的电流突然中断，而是缓慢地变化。为达到上述目的，在电路上设置电容器 C$_3$。它的作用是，当 VT$_2$ 截止关闭时，给电感线圈 L$_4$ 提供了一个缓冲的泄放电流的通路；而电阻 R$_2$ 则构成了 VT$_1$ 的保护电阻，使 VT$_1$ 在截止关闭期间产生的反峰电压由电阻 R$_2$ 泄放到 C$_3$，由 C$_3$ 缓冲释放到串联谐振回路；R$_2$ 同时还有协助电路易于启动的作用。

钳位二极管 VD$_6$、VD$_7$ 与 R$_5$、R$_6$ 对 VT$_1$、VT$_2$ 振荡管发射结起到了保护作用；R$_5$、R$_6$ 对振荡变压器 T 的反馈线圈 L$_2$、L$_3$ 涌浪电流起到了缓冲的作用。当 L$_4$、L$_3$ 的磁场能泄放时所产生过高的反峰电压能迅速使 VD$_6$、VD$_7$ 导通，从而可避免 VT$_1$、VT$_2$ 发射结发生反向击穿。R$_5$、R$_6$、VD$_6$、VD$_7$ 同时还稳定了 VT$_1$、VT$_2$ 的直流工作点，即对 VT$_1$、VT$_2$ 的基极偏置起到了钳位作用，使振荡源的工作更趋稳定。

在荧光灯管正常启动工作后，由于荧光灯管的内阻降低，使串联谐振回路的 Q 值急剧降低，使谐振回路失谐。此时 C$_5$ 只等效于一个高阻值电阻并联在荧光灯管两端；而电感线圈 L$_4$ 则只起到镇流作用。

9.4 电子节能荧光灯镇流器原理

荧光灯交流电子镇流器逆变器，是电子镇流器电路中最基本同时也是最关键的组成部分。电子镇流器逆变电路是一个 DC/AC 电源转换器，其功能就是产生 20kHz 以上的高频电压和电流。高频信号的波形取决于逆变器电路形式的选择。

电子镇流器逆变器的基本类型主要有回扫式逆变器、推挽式逆变器、半桥式逆变器和全桥式逆变器等几种。其中，半桥式逆变器最为流行。

半桥式逆变器有电压馈电和电流馈电两种类型。其中，电压馈电半桥式逆变器在交流电子镇流器中的应用是最为广泛。

9.4.1 典型的电压馈电半桥式逆变电路

典型的电压馈电半桥式逆变器如图9-69a所示。开关晶体管 VT_1 和 VT_2 为桥路的有源侧，电容 C_3 和 C_4 组成无源支路。灯负载则连接在桥路中有源支路和无源支路的两个中间点之间。负载电流的回复通路由 C_3 和 C_4 提供。R_1、C_2 和双向二极管 DB_3 等组成半桥式逆变器的启动电路。T（L_1、L_2、L_3）是绕在同一磁环上的高频变压器，VT_1、VT_2 既是振荡电路中的重要器件，同时又兼作功率开关。

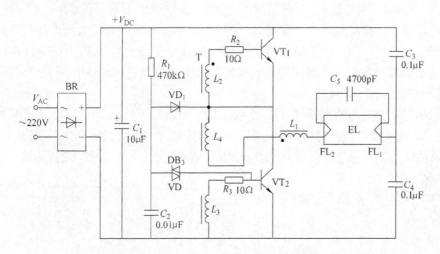

a) 典型的电压馈电半桥式逆变器

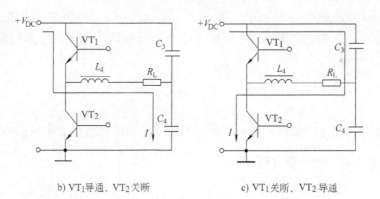

b) VT_1导通、VT_2关断   c) VT_1关断、VT_2导通

图9-69 典型的电压馈电半桥式逆变器电路

当电子镇流器加电后，流经 R_1 的电流对启动电容 C_2 充电。当 C_2 两端电压升高到 DB_3 的转折电压（约35V）值后，DB_3 雪崩击穿，C_2 则通过 VT_2 的基极-发射极网络放电，VT_2 因正向偏置而导通。在 VT_2 导通期间，电流路径为：$+V_{DC} \to C_3 \to$ 灯丝 $FL_1 \to C_5 \to$ 灯丝 $FL_2 \to$ 扼流圈 $L_4 \to T$ 一次绕组 $L_1 \to VT_2 \to$ 地。VT_2 集电极电流的瞬时变化（di/dt）通过 L_1 在 T 两个二次绕组 L_2 和 L_3 两端产生一个感应电动势，极性是各线圈同名端为负。其结果是使

VT_2 的基极电位升高，基极电流和集电极电流进一步增大，连锁式的正反馈立即使 VT_2 跃变到饱和导通状态。在 VT_2 导通时，起动电容 C_2 将通过二极管 VD_1 和晶体管 VT_2 放电，以阻止对 VT_2 的基极产生进一步的触发脉冲。启动电路提供一个外部触发信号，高频振荡的建立与维持则借助于可饱和 T 绕组之间的耦合，产生正反馈来实现。当 T 达到饱和后，各个绕组中的感应电势为零，VT_2 基极电位呈现下降趋势，I_{C2} 减小，L_1 中的感应电动势将阻止 I_{C2} 减小，极性是同名端为正。于是，VT_2 基极电位下降，VT_1 基极电位升高，这种连锁式的正反馈迅速使 VT_2 退出饱和跃变到截止状态，而 VT_1 则由截止跃变到饱和导通。在 VT_1 饱和导通时，电流路径是：$VT_1 \rightarrow L_1 \rightarrow L_4 \rightarrow$ 灯丝 $FL_2 \rightarrow C_5 \rightarrow$ 灯丝 $FL_1 \rightarrow C_4 \rightarrow$ 地。当脉冲变压器 T 磁心进入饱和之后，连锁式的正反馈很快又使 VT_2 再次饱和导通，而 VT_1 由导通跃变为截止。如此周而复始，VT_1 和 VT_2 轮流导通，使并联于灯管两端的灯启动电容 C_5 上的电流方向不断改变，迅速引起由 L_4 和 C_5 等组成的 LC 网络发生串联谐振，在 C_5 两端产生一个高压脉冲施加到灯管上，使灯点亮。扼流圈 L_4 在灯点亮过程中是辅助启动元件，在灯点亮之后对灯电流起限制作用。由于电子镇流器工作频率达几十千赫，L_4 只需使用非常小的磁性元件即可以满足要求，40W 荧光灯用电感式镇流器的电感值约达 800mH，而 40W 荧光灯交流电子镇流器中的扼流圈 L_4 仅约 2mH。

图 9–69b、c 分别为功率开关 VT_1 导通、VT_2 关断和 VT_1 关断、VT_2 导通时的电流路径。图中，R_L 为荧光灯点亮时的等效电阻。由图可知，在 VT_1 导通、VT_2 关断和 VT_1 关断、VT_2 导通两种状态下，通过灯负载 R_L 的电流方向是相反的。VT_1、VT_2 轮流导通，通过荧光灯的电流则为高频交变电流。

LC 串联电路发生谐振时的频率 f_0 由下式决定：

$$f_0 = \frac{1}{2\pi\sqrt{LC}}$$

式中，L 为电感器的电感值；C 为电容器的容量值。

对于图 9–69 所示的电路中，由于 $L_4 \gg L_1$，$C_5 \ll C_3 = C_4$，所以发生串联谐振时的频率主要取决于 L_4 和 C_5 的数值。如果 LC 串联电路的等效电阻为 R，则电路的总阻抗 Z 可表示为

$$Z = \sqrt{R^2 + \left(2\pi fL - \frac{1}{2\pi fC}\right)^2}$$

发生串联谐振的条件是电感元件的感抗与电容器的容抗相等，而且 $R \ll 2\pi f_0 L = \frac{1}{2\pi f_0 C}$，谐振频率 f_0 与 R 无关。这个条件可表示为

$$Q = \frac{2\pi f_0 L}{R} = \frac{\dfrac{1}{2\pi f_0 C}}{R} \gg 1$$

式中，Q 为谐振电路的品质因数。

将式 f_0 代入到上式中可得

$$Q = \frac{1}{R}\sqrt{\frac{L}{C}}$$

在发生谐振时，$Z = R$，即 LC 串联电路的总阻抗最小，电流最大。在发生谐振时的电流

I_0 为

$$I_0 = V_{in}/R$$

式中，V_{in} 为 LC 串联电路的电源电压，电容上的电压在发生谐振时的值 V_{C0} 可表示为

$$V_{C0} = I_0 X_C = I_0 X_L$$

$$= I_0 \times 2\pi f_0 L_0 = V_{in}/R_2 \pi f_0 L$$

式中，X_C、X_L 分别是电容的容抗和电感的感抗。

将 Q 代入上式可得

$$V_{C0} = Q V_{in}$$

从上式可知，当 LC 串联电路发生谐振时，在电容和电感上的电压比电源电压要高得多，在数值上均为电源电压的 Q 倍。虽然电容与电感上的谐振电压相位是相反的，可以互相抵消，但单个元件上电压幅值是非常可观的。LC 串联谐振电路的谐振阻抗特性曲线如图 9 – 70 所示。

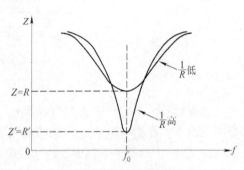

图 9 – 70　LC 串联谐振电路谐振阻抗特性曲线

从图中可以看出，在谐振频率 f_0 处，L/R 值越大，阻抗则越小，电流也就越大。反之，L/R 值越小，阻抗就越大，电流就越小。LC 串联谐振电路中的直流电阻，应将灯丝电阻考虑在内。在电子镇流器设计中，适当选取 L 和 C 的数值，使 Q 值控制在 3 左右。

电压馈电半桥式逆变器在工频市电 220V 及 220V 以上的国家或地区（如中国及欧洲）应用最为普遍。在这种电路结构中，每一个开关晶体管所承受的电压为交流电源电压（有效值）的 $\sqrt{2}$ 倍。如果镇流器采用了升压式有源功率因数校正电路，开关晶体管承受的电压则为升压变换器的直流输出电压。

9.4.2　谐波滤波电路的应用

电子节能镇流器效果虽好，但它是半导体高频振荡变流器应用在交流电源电路中，由于使用大容量滤波电容器，使桥式整流器输入电流的波形不再是正弦波，而是变成宽度为毫秒数量级幅值较高的尖顶脉冲波。这种电流的波形，基波幅度并不很高，高次谐波的含量却相当丰富，并且这种高频振荡变流器在工作时也极易产生高能量的多次谐波。这种谐波对交流电源会产生严重的干扰，致使电网电流波形中带有相当大的谐波，尤其是三次谐波的含量最大，危害最广，造成对电网的严重电磁干扰。这种干扰在严重时，会使电网中的电机、电风扇、洗衣机、空调器等严重发热，尤其是对三相四线制电网的干扰尤为严重。中性线电流将大增，严重的会烧断中性线。这种谐波电磁干扰还含有极高的频谱，对无线电广播、电视、通信及其他设备造成严重的影响。为降低或消除这种谐波干扰，人们设计出了谐波滤波器或称谐波干扰滤除器，并成功地应用于电子节能镇流器中。目前，世界各国都特别注重抑制谐波电磁干扰（EMI）技术的研究，并将其作为新型电子节能荧光灯改造的一项重要措施，列入了电磁兼容（EMC）法规。例如法国的 VDE、美国的 FCC 等标准，凡不符合本国技术等级标准的电子节能荧光灯一律不准进入市场。

谐波滤波器的电路有高次谐波 π 形滤波器、平衡对称式滤波器、共模对称式高频扼流圈滤波器、共模平衡对称式滤波器、平衡重复滤波器。在这里我们主要介绍高次谐波 π 形滤波器。高次谐波 π 形滤波器又称电磁干扰抑制器，其主要作用就是用来滤除或抑制供电电网内高次谐波电流干扰的，如图 9 - 71 所示。

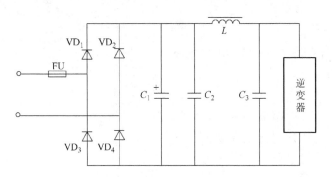

图 9 - 71　高次谐波 π 形滤波器

加有磁心的电感线圈 L 与电容器 C_2、C_3 组成了一个 π 形滤波电路。电感线圈 L 的电感量为几毫亨，在交流电流通过电感线圈 L 时，电感线圈所呈现的感抗（X_L）与交流电的频率（f）成正比。对于本例中，由于线圈的电感量仅 5～10mH，这种线圈在通过直流电流时只有 1～3Ω 的直流电阻。交流电通过 VD_1～VD_4 桥式整流及电容器 C_1 滤波后变为约 300V 的直流电压，该电压能顺利地加入电子镇流器的逆变电路，使电路起振工作。

C_2、C_3 电容器对直流电流呈现断路状态，它只允许交流电通过，且电容器通过交流电时，电源的频率越高，电容器的容抗（X_C）越低。这样，直流电流在通过 π 形滤波器时便不会被电容器 C_2、C_3 所泄放掉。

在电子镇流器逆变工作过程中所产生的频率极高的多次谐波干扰电流在反馈到交流电源的过程中，电感线圈 L 对其产生很高的感抗，高频电磁干扰电流不易通过 L 进入交流电网中，但电容器 C_3 却对这种高频干扰电流呈现很低的容抗作用，使高频交流电流通过 C_3 短路入地。经过 C_3 的短路及 L 的阻挡作用后，残存的高频电压则通过电容器 C_2 短路入地。电子镇流器所产生的高次谐波便不会对供电电网形成干扰。

9.4.3　功率因数校正电路的应用

电子节能镇流器比普通电感式镇流器的功率因数高是众所周知的，但由于电子镇流器中桥式整流、大容量电解电容器滤波电路，直接作用于交流电源电路中，使交流输入电流不再呈标准的正弦波形，而是畸变成尖峰脉冲波形，它不但使电路的电磁谐波含量增加，而且使电路的功率因数大大降低，其谐波电流含量甚至会超过基波电流值，电路功率因数一般只有 0.6 左右。为提高电路功率因数，人们设计出了无源逐流滤波器如图 9 - 72 所示，并将它应用于高档电子镇流器中。而功率校正电路的波形如图 9 - 73 所示。

这种无源逐流滤波器应用于电子镇流器中，可使电子镇流器的功率因数从 0.6 提高到 0.95，传导型电磁谐波干扰也可大大降低，以适应国标规定的要求。但这种逐流滤波电路必须与前面介绍的抑制传导干扰的滤波器相配合，才能发挥它的最大效能。

电感线圈 L_1、L_2 用同规格的导线以双线并绕法绕于同一个磁心上，它与 C_1、C_2 电容器相配合，构成一个完整的电磁干扰（EMI）滤波器；而 VD_5、VD_6、VD_7 及 C_3、C_4 则组成了逐流滤波器。

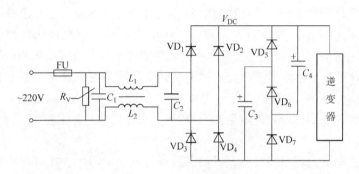

图 9-72　无源逐流滤波器

电路的工作过程是交流输入电压 V_{AC} 在正半周以正弦规律上升变化时，在 1/4 周期内桥式整流二极管 VD_1、VD_4 导通，V_{AC} 给负载供电，整流输出电压 V_{DC} 向 C_3、VD_6、C_4 充电，V_{DC} 随 V_{AC} 升高而增高，直至最大直流电压 V_{DCM}，$V_{C3} = V_{C4} \approx 1/2 V_{DCM}$。此时，$VD_5$、$VD_7$ 正极电位低于负极电位，VD_5、VD_7 反偏截止。C_3、C_4 由于没有放电回路，使 C_3、C_4 处于充电状态；在交流电压 V_{AC} 的正半周过 1/4 周期后，$1/4T \leqslant t \leqslant 1/2T$，$V_{AC}$ 从峰值 V_{ACM} 开始下降，V_{DCM} 亦追逐 V_{ACM} 下降，待到 V_{DCM} 下降为 $1/2 V_{DCM}$ 时，VD_5、VD_7 正极电位开始大于负极电位，VD_5、VD_7 开始导通。C_3、C_4 里储存的电荷通过 VD_5、VD_7 放电，供给负载一个续流电流。当 V_{AC} 正半周变化 1/2 周期接近零位时，V_{AC} 瞬时值小于 V_{DC}。待 V_{DC} 过零后的负半周，V_{AC} 大于逐渐变小的 V_{DC} 最小值时，桥式整流又开始工作，此时 VD_2、VD_3 导通，V_{DC} 又开始向 C_3、C_4 充电，VD_6 正偏导通，VD_5、VD_7 反偏截止，重复正半周的工作过程。VD_5、VD_6、VD_7、C_3、C_4 如此不停地循环工作，从而得到了如图 9-73b 所示的准正弦波。

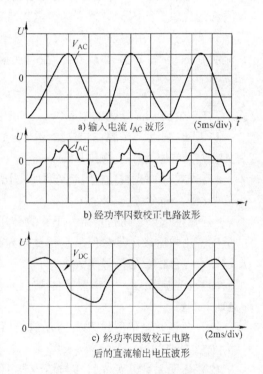

a) 输入电流 I_{AC} 波形　　（5ms/div）

b) 经功率因数校正电路波形

c) 经功率因数校正电路后的直流输出电压波形　（2ms/div）

图 9-73　功率校正电路的波形

这种输入电流 I_{AC} 波形连续不断，其波形包络线已接近正弦波如图 9-73a 所示。经功率因数校正电路后的直流输出电压波形如图 9-73c 所示。该直流平均输出电压要比常规的桥式整流电解电容器滤波电路的输出电压低一些，可使电子镇流器的功率因数高达 0.98，总电磁谐波失真度低于 20%，故这种无源谐波滤波功率因数校正电路对 40W 以下的电子镇流器尤为适用。

9.4.4 电子节能荧光灯镇流器的主要参数

1）线路功率。它是指镇流器在额定电源电压与额定电源频率下，镇流器和灯的组合体所消耗的功率。线路功率因数指镇流器和灯（一个或几只）组合体的功率因数，它等于线路有功功率与视在功率之比值，符号是 λ。视在功率等于真有效值电压与电流之积。

2）总谐波含量。亦称总谐波畸变、总谐波畸变率或谐波总含量。它是各次谐波分量方均根值的总和（以基波为 100%），符号为 THD。

3）预热起动。灯阴极被加热至电子发射温度后，灯才能触发点亮，预热时间至少 0.4s。

4）灯电流波峰系数。亦称灯电流波峰因数或灯电流波峰比，指灯电流峰值与方均根值之比值。最大波峰系数不得超过 1.7。

5）频闪效应。它指电光源的光通量随其外部或内部电压、电流及其频率而发生变化出现闪烁的现象。频闪会导致人的视觉出现疲劳。

6）光通量。由辐射通量 $\varPhi_e(\lambda)$ 与标准光谱光视效率 $V(\lambda)$ 的乘积所导出的量。单位是流明（lm），符号为 $\varPhi$ 或 $\varPhi_v$。在明视觉时，光通量可用下式表示：

$$\varPhi = K_m \int \varPhi_e(\lambda) V(\lambda) \mathrm{d}\lambda$$

式中，K_m 在 555nm 处为 683lm/W。

7）发光强度。光源在包含给定方向上立体角元内发出的光通量与立体角元之比。符号为 I 或 I_v，单位为坎［德拉］（cd）。

8）光效（即光视效能）。光源所发出的光通量与所消耗电功率之比。符号为 η，单位为流明/瓦（lm/W）。

9）显色指数。在特定条件下，物体用光源照明和用标准光源照明时，其颜色符合程度的量度，用数字表示其量值。它是被某光源照射的物体颜色还原好差的定量描述，其数值越高越好。显色指数的符号是 R_a。

10）（光）照度。指被照物体单位面积上所接受的光通量。符号为 E 或 E_v，单位为勒［克斯］（lx）。

11）色温。全辐射体发出的辐射与所考虑的辐射的色品相同时，全辐射体的温度。符号为 T_c，单位为开［尔文］（K）。

12）流明系数。荧光灯在与镇流器配套工作时光输出与灯在基准镇流器配套工作的光输出之比。

9.4.5 电子节能荧光灯的输入、输出特性

（1）电子节能荧光灯的输入特性回路　包括输入电源电压、电流峰值、真有效值、视在功率、有功功率、线路功率因素、电网频率、波形失真度、输入电流及电压的总谐波含量。

（2）电子节能荧光灯的输出特性回路　包括灯管电流和电压、导入阴极电流和灯丝电流的波峰峰值、真有效值、灯电流波峰系数和工作频率、输出功率、光通量和流明系数等。

（3）测试指标中的输入电流谐波及线路功率因数

1）电流谐波。输入电流的波形畸变，交流电子镇流器如果未采取谐波滤波和功率因数

校正措施，仅利用全桥整流和大容量电容滤波电路将工频市电电源变换成直流电源，必然会导致电源输入端的波形畸变。

在桥式整流器的输出并联的滤波电解电容两端的直流电压，随其充电和放电产生略呈锯齿形的纹波。滤波电容上电压最小值远非为零，而与其最大值相差并不很多。根据桥式整流器中二极管的单向导电性，只有在输入端交流电压瞬时值超过滤波电容上的电压时，整流二极管才会因正向偏置而导通。而输入交流电压瞬时值低于滤波电容上的电压时，整流二极管则因反向偏置而截止。于是，整流二极管只有在输入交流的电压峰值附近才会导通，导通角仅约60°。整流二极管导通角的明显变小，对交流输入电压波形的影响并不是很大，仍然可大体保持正弦波形，但交流输入电流却发生了严重畸变，呈高幅值的尖峰脉冲，宽度约为3ms，仅占半周期（10ms）的1/3左右。由此可见，电子镇流器电源输入端电流的波形畸变是因整流二极管导通角太小引起的，而二极管导通角变小的直接原因则是由于大容量的滤波电容直接并接于桥式整流器输出所致。

① 波形与谐波含量的关系。从电工学原理可知，任何一个非正弦周期信号都是由不同频率的正弦波组成的。这些不同频率的每一个正弦成分，则被称为一个谐波分量。

事实上，谐波含量与波形的平滑程度有关。例如，脉冲方波的3次谐波之振幅是基波的1/3，5次谐波之振幅是基波的1/5，n次谐波之振幅是基波的1/n；而等腰三角波3次谐波之振幅是基波的$1/3^2$（即1/9），n次谐波之振幅是基波的$1/n^2$。等腰三角波的各次谐波分量及总谐波含量之所以比脉冲方波要小得多，原因就在于等腰三角波两腰与底边的斜率较小，显得比方波平滑。

由于桥式整流电容滤波电路的电源输入端电流不再是呈正弦波形，而呈幅值很高的不连续的尖峰脉冲，因而其基波成分很小，而高次谐波非常丰富，谐波总含量相当可观。如果以基波为100%，对于常规的桥式整流电容滤波电路的输入电流，3次谐波往往达70%以上，5次谐波一般达50%，7次谐波也可达40%，总谐波含量（亦称总谐波畸变率）THD会高于基波值，往往达120%左右。必须指出的是，总谐波含量并不等于各次谐波含量的代数和。

② 电流谐波的限量规定。符合在电子镇流器国家标准GB/T 15144—2005。

关于电子镇流器各次谐波分量及总谐波含量的测试，可以借助于基于傅里叶变换原理的谐波分析系统或高性能的电子镇流器综合参数测量仪，很方便地进行测试。

2）线路功率因数。在交流电问世之后的很长一段时间内，工频市电用电器具主要是钨丝灯泡和少量的电炉，它们是纯电阻性负载，发电机输送出的电能全部被用户的用电器具所吸收和利用。随着经济的发展和人民生活的提高，电风扇、抽油烟机、荧光灯等各种家用电器涌进千家万户，用电器具变成既有电阻又有电抗的阻抗负载。由于受到电抗的作用，发电机发出的交流电流往往滞后于交流电压，相位角φ不再为零，即发电机发出的电能不能完全被用电器具所吸收，只是一部分吸收后转变成有用功，而有相当一部分电能以磁场能量形式同发电机之间往返交换而释放不出来。也就是说，发电机发出的电能被打了折扣。为表征交流电源的利用率，在电工学中引入了"功率因数"这个术语。线路（或系统）功率因数定义为有功功率与视在功率之比值

$$\lambda = P/S$$

式中，λ为线路功率因数；P为有功功率；S为视在功率。

有功功率则是瞬时功率 $p(t)$ 在一个整周期内的积分

$$P = \frac{1}{T}\int_0^T p(t)\,\mathrm{d}t = \frac{1}{T}\int_0^T v(t)i(t)\,\mathrm{d}t$$

式中，$v(t)$ 为瞬时供电线电压；$i(t)$ 为瞬时输入电流；T 为输入电压周期。

视在功率则等于有效值电压 V_{rms} 和有效值电流 I_{rms} 之积

$$S = V_{\mathrm{rms}}I_{\mathrm{rms}}$$

凡是学过普通电工学的人都知道，功率因数即为 $\cos\varphi$，也就是为线路电压与电流相位差的余弦。其实，这一在人们头脑中早已根深蒂固的概念只是在一定条件下才适用。通过对不同情况下线路功率因数的分析，便可以发现功率因数并不仅仅就是 $\cos\varphi$。

电流谐波和线路功率因数，不仅是电子节能灯的输入特性回路的主要测试参数，而且两者之间的关系是十分密切的。欲提高线路功率因数，就必须最大限度地抑制输入电流的谐波畸变。

9.5 紧凑型电子节能灯装配与故障分析

9.5.1 紧凑型电子节能灯结构

前面介绍了电子节能镇流器的节能效果、工作原理等。电子节能镇流器的效果虽好，但应用在普通直管形荧光灯电路中，整个灯具仍是体积较大，安装使用不便。于是，人们又不断研制出小体积、高光效、节能效果更为显著的新型节能荧光灯。其中，紧凑型电子节能荧光灯和电子变压器式低压卤钨灯，作为新型电光源器具而被广泛应用于各种场合。

紧凑型电子节能荧光灯是由小体积的电子镇流器与小体积异形节能荧光灯管组成一个整体的小型照明灯具，其体积比普通白炽灯稍大，而比普通直管形荧光灯的体积小得多。可直接拧在普通螺口或卡口灯口上，替代白炽灯泡，安装方法与普通白炽灯一样，相当便利。

由于荧光灯管的外形不同，紧凑型电子节能荧光灯可按灯管的外形分类，有 H 形、2D 形、U 形、2U 形及 3U 形等多种。其中，H 形电子节能荧光灯有两种装配形式：一种是灯管横向装配，此种带灯罩的节能灯具电子镇流器的体积稍大，可安装于灯罩盒的上部。另一种 H 形电子节能荧光灯，其外形设计为垂直紧凑型，外部结构如图 9 - 74 所示。

这种结构的灯具，将小型电子镇流器安装于灯具全密封塑壳中。由于灯管的安装方式不同其应用场合亦不同。2U、3U 紧凑型电子节能荧光灯，其内部结构组装示意图如图 9 - 75 所示。

图中 1 为荧光灯管；2 为荧光灯管封接口；3 为小型电子镇流器印制电路板；4 为全密封电子镇流器外壳；5 为灯头。这种结构的灯具电路，由于电子镇流器板心设计的极为小巧，且外壳呈全密封状态，所以，要求选用的元器件均为小型或超小型的。

H 形、2U 形及 3U 形电子节能荧光灯的节能效果及光效比电子镇流器式普通直管形荧光灯要高得多。就 H 形节能荧

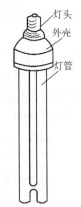

灯头
外壳
灯管

图 9 - 74 H 形紧凑型电子节能灯

光灯而言，一只 7W 的 H 形节能荧光灯产生的光通量与普通 40W 的白炽灯光通量相当；9W 的 H 形节能荧光灯的光通量与 60W 的白炽灯光通量相当；而 16W 2D 形电子节能荧光灯产生的光通量则相等于 100W 的白炽灯的光通量。从发光效率来看，异形节能荧光灯的光效比普通直管形荧光灯的光效要高 30% 以上，是白炽灯的 6~7 倍。

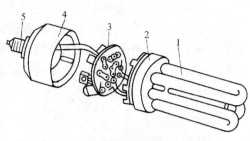

图 9 – 75　3U 紧凑型节能灯内部结构

在衡量电光源照明器具电气参数中，还有一项极为重要的参数，就是显色指数 R_a。设在自然日光的照射下，物体本身不失真的显色指数为 100，节能荧光灯管的显色指数 R_a 可达 85 左右；而普通直管形荧光灯的显色指数为 70 左右。R_a 越大，被照物体的颜色越接近自然光照射下的颜色，即显色性好。

紧凑型电子节能荧光灯是由异形节能荧光灯管、电子节能镇流器所组成的。为做到安装使用方便，这种电子节能荧光灯均配用了螺纹灯头，以与普通螺纹灯口相配合。由于小型电子镇流器外壳采用了密封形式，电子镇流器内部所产生的热量要求进一步降低，并且内部的连接引线均选用阻燃型塑料引线。

9.5.2　紧凑型 13W 3U 电子节能灯原理

13W 3U 电子节能灯电路图与工作框图如图 9 – 76 所示。

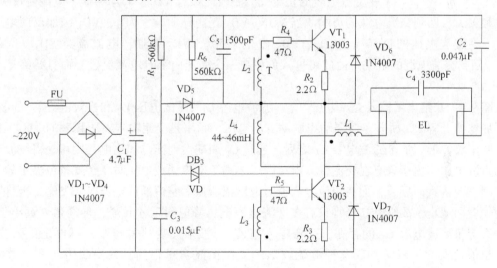

a) 13W 3U 电子节能灯电路图

b) 工作框图

图 9 – 76　13W 3U 电子节能灯电路图与工作框图

（1）桥式整流电容滤波电路　荧光灯交流电子镇流器都是利用桥式整流电路将交流电源转换成直流电源的。未采取功率因数校正（PFC）措施的电子镇流器，大多都是采用电解电容作为滤波器，将全桥整流电路输出的脉动直流电压变成纹波较小的平滑直流电压，作为高频逆变器的供电电源。桥式整流电容滤波电路及波形如图 9 – 77 所示。

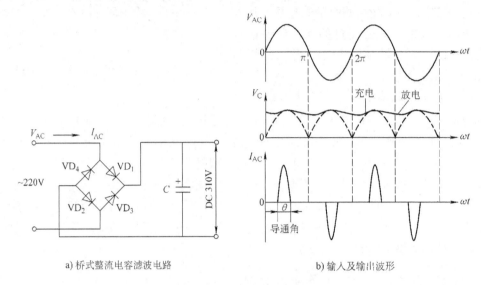

a) 桥式整流电容滤波电路　　　　　　　b) 输入及输出波形

图 9 – 77　桥式整流电容滤波电路及波形

图 9 –77a 中，在单相交流电压的正半周，整流二极管 VD_1、VD_2 导通，电流流过 VD_1、负载和 VD_2，回到交流电源的负端。当 VD_1、VD_2 正向导通时，VD_3、VD_4 因加反向电压而截止。在交流电压的负半周，VD_1、VD_2 截止，VD_3、VD_4 导通，电流流经 VD_3、负载和 VD_4，回到交流电源的负端。由此可见，负载在一个周期内都有电流流过，而且始终是一个方向。

图 9 –77b 给出了输入交流电压 V_{AC}、滤波电容 C 两端的电压 V_C 和输入电流 I_{AC} 的波形。若不加滤波电容 C，桥式整流器输出脉动直流电压，频率是交流输入电压频率的 2 倍，并保持正弦半波波形。加了滤波电容 C_1 之后，通过 C_1 周期性地充电和放电，则可获得纹波比较小的直流电压。由于只在交流输入电压瞬时值高于整流滤波电压时，桥式整流器中的二极管才因正向偏置而导通，而在交流输入瞬时电压幅值低于整流滤波电压时，整流二极管则因反向偏置而截止，故整流二极管只有在交流电源电压峰值附近才导通，导通角 θ 远小于 π。由于大容量滤波电容 C_1 的存在，交流输入电流 I_{AC} 波形出现严重畸变，不再是正弦波形，而呈幅值很大的尖峰脉冲。这种电流波形的高次谐波含量很高，致使线路功率因数降到 0.5 ~ 0.65，这是人们所不期望的。解决这个问题的技术措施就是采用 PFC 电路（功率因数校正电路）。

（2）高频振荡电路　在如图 9 –76a 所示电路中，该电路主要由晶体管 VT_1 和 VT_2、电阻 R_2 ~ R_6、电容 C_2、C_3、C_5、二极管 VD_5 ~ VD_7、双向二极管 DB_3、振荡线圈 T（L_1 ~ L_3）、谐振电感 L_4、灯管 EL 等组成。其工作过程和原理是 C_1 两端的电压经 R_1 对 C_3 充电到双向二极管的转折电压（约 30V ± 2V）之后，双向二极管雪崩击穿，使 VT_2 产生基极电流 I_{b2}，从而产生放大的集电极电流 I_{C2}（βI_{b2}），该电流由电源经灯管 EL 及 L_1、L_4、VT_2、R_3

对 C_2、C_4 进行充电，由于 L_1、L_2、L_3 为同一个磁环上所绕的高频电压器，L_1 有变化的电流流过时，会使 L_3 感应出上正下负的电动势，此电动势经 R_5 及 R_3 加到 VT_2 基极，使 I_{b2} 增加，这样形成正反馈，使 VT_2 很快进入饱和导通，使 C_2、C_4 继续充电，与此同时 C_3 的充电电压经 VD_5 和 VT_2 很快放电。另外由于 L_2 的感应电动势为上负下正，使得 VT_1 工作在截止状态。当 VT_2 达到饱和之后，各个绕组中 $L_1 \sim L_3$ 的感应电动势为零，VT_2 基极电位呈下降趋势，VT_2 的集电极电流 I_{C2} 减小，L_1 中的感应电动势将阻止 I_{C2} 减小，感应电动势的极性是同名端（·号端）为正。于是，L_3 的感应电动势使 VT_2 的基极电位下降，L_2 的感应电动势使 VT_1 的基极电位升高，这种连锁式的正反馈迅速使 VT_2 退出饱和跃变到截止状态，而 VT_1 由截止跃变到饱和导通。C_2、C_4 原来所充的电通过 VT_1 放电。与此同时，电源通过 R_1 对 C_3 进行充电，由此反复工作形成高频振荡。另外在 C_2、C_4 的充放电过程中，C_4 与 L_1 以及灯管组成的 LC 串联谐振电路在高频电压的激励下产生谐振电压将灯管内气体击穿，荧光灯灯丝发射的电子从灯管一端流向另一端形成灯管电流，使灯管发光。此时灯管呈负阻效应，灯处于稳压工作状态。因此，谐振电路也相应改变。通过 C_4 的电流迅速减小，C_4 对振荡频率不再起作用。起作用的是 C_2 和 L_4，此外 L_4 还起限制灯管电流作用。L_4 和 C_2 串联电路产生谐振时的频率为：

$$f_0 = \frac{1}{2\pi \sqrt{LC}}$$

式中，L 为 L_4 的电感量；C 为 C_2 的电容量。R_4 和 R_5 分别为 VT_1、VT_2 的基极限流电阻，以防感应电流太大使 VT_1、VT_2 损坏。R_2、R_3 分别为晶体管发射极负反馈电阻，可降低 VT_1、VT_2 的发热现象。因为晶体管发射极与集电极的击穿电压较低，又由于 VD_6、VD_7 的作用，使得该电压一般保持在 1V 以下，从而保护了 VT_1、VT_2 不被击穿。由 R_6、C_5 组成的消干扰电路，利用电容能充放电的作用和电容两端电压不能突变的原理，使得 VT_1 集电极与发射极之间的瞬间高压无法产生，从而保护了 VT_1。另外在 VT_1 截止，VT_2 导通时，电源通过 VT_2 对 C_5 充电，这种吸收回路有助于提高 VT_1 的转变速度。

（3）负载谐振电路　该电路主要由 C_2、EL、L_1、L_4、C_4 等组成串联谐振。主要利用电容两端电压不能突变和流过电感电流不能突变的原理，将高频振荡产生的方波谐振成正弦波加到灯管两端，使灯管的工作电压和工作电流都为正弦波。灯管的启辉是由 C_4 的充电电压和 L_4 的感应电动势经 C_2、VT_1 等加于灯管两端，使灯管启辉点亮，启辉之后，灯管电流在灯管内流通。灯丝电流仍流过 C_4，加热灯丝使其发射电子。

9.5.3　紧凑型电子节能灯元器件的选择

为使灯具真正达到高效、节能、使用时间长，对于所用元器件需进行严格测试、筛选。电子镇流器电路虽较简单，但对元器件的质量要求较高，现介绍一些紧凑型电子节能荧光灯元器件的有关知识及筛选方法。

（1）晶体管的选择　电子节能镇流器是大功率晶体管串联的自激振荡开关电路，大功率晶体管是电子镇流器的"心脏"。在选择晶体管时，可用 QT‐2、JT‐3 型晶体管特性图示仪测试、挑选，也可用其他数字式晶体管参数测试仪测量筛选。要求晶体管的直流参数：集电极‐发射极反向击穿电压 $BV_{CEO} \geqslant 400V$；集电极—基极反向击穿电压 $BV_{CBO} \geqslant 500V$；集电极‐发射极饱和压降 $V_{CE(SAT)} \leqslant 2V$；并要求击穿特性陡直、饱和压降小、开关速度快。

h_{FE} 值通常选 20~40，同时要求其工作稳定，温漂小。

由于电子镇流器体积小巧，尤其是紧凑型电子节能荧光灯电子镇流器部分体积尤小，必须用 TO-220 或 TO-126 型小型塑封晶体管。这种小体积、高反压、大功率晶体管起初只依靠进口管，如 MJE13003、MJE13005 以及 DK55、2SC2611、BU406、BUT11A 等型号。由于电子镇流器及紧凑型电子节能荧光灯大批量的研制与生产，国内一些生产厂家生产出了同等类型的晶体管，如 3DD13003、3DD13005 以及 D50 等型号，应用效果较好。现以国产 1300 系列电子镇流器专用晶体管的测试、应用注意事项及规格数据作简单介绍。电子镇流器用晶体管外形如图 9-78 所示。

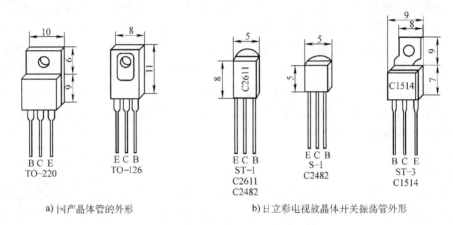

a) 国产晶体管的外形   b) 日立彩电视放晶体开关振荡管外形

图 9-78 电子镇流器用晶体管外形

国产 13003、13005、13007 晶体管的外形如图 9-78a 所示。13003 的外形为 TO-126 封装形式，与进口管 MJE13002、MJE13003 相同，体积大小也基本一致。13005 与 13007 的外形为 TO-220 封装形式，相应的与进口管 MJE13005、MJE13007、DK55、BU406、BUT11A 封装形式与体积一致，且这几种晶体管的特性亦不相上下。国产 13003、3DD13003 与进口管 MJE13003、DK53 可互换代用，效果一样。国产 13005、13007 可相应的代换进口管 MJE13005、DK55、MJE13007 及 BUT11A。

对于 20W 以下的紧凑型电子节能荧光灯为进一步缩小体积及降低成本。开关振荡管也有采用日立 2SC2611、2SC2482 及 2SC1514 彩电视放管的，外形如图 9-78b 所示。按严格要求说，彩电视放管是不能应用于电子节能荧光灯的。但由于晶体管的离散性较大，有时虽是同一种型号，但其实际测量数据远远超过了手册中的额定值。也就是说按手册中规定其集电极—发射极反向击穿电压为 300V，而用反压测试仪实测其 $BV_{CEO} \geqslant 400V$，并且实测其正反向电阻及管电压降等数据均与 13002 管不相上下。再加上小型紧凑型电子节能荧光灯大多数在 13W 以下，这种管在应用上是不会出现问题的，实验结果也更说明了这一点。但是由于晶体管在电子镇流器中是极易损坏的器件，使用此类晶体管更应加强严格测试筛选，晶体管功率额定系数曲线如图 9-79 所示。

国产 1300 系列晶体管的型号、规格、参数列于表 9-5 中以供参考，其中，集电极最大耗散功率（P_{CM}）一栏中的数据，指晶体管管壳加无限大散热器条件，管壳温度为 25℃ 时的集电极最大允许耗散功率。在不加任何散热器的情况下，它们的集电极最大功率 13003 只有 1.4W，而 13005、13007 也超不过 2W。当环境温度上升时，P_{CM} 数据会急剧下降，此时

晶体管实际的 P_{CM} 值为 P_{CM} × 功率额定系数。

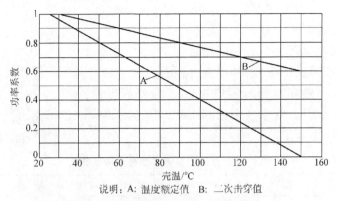

说明：A: 温度额定值　B: 二次击穿值

图 9 – 79　晶体管功率额定系数曲线

表 9 – 5　国产 1300 系列晶体管主要参数

型号	主要参数								外　形
	P_{CM} /W	I_{CM} /A	T_{jM} /℃	$V_{(BR)CEO}$ /V	h_{FE}	I_{CEO} /mA	f_T /MHz	$V_{CE(sat)}$ /V	
13003	40	3	150	400	8 ~ 40	≤2	10	≤1	TO – 126
测试条件				$I_C = 5\text{mA}$	$V_{CE} = 2\text{V}$ $I_C = 0.5\text{A}$	$V_{CE} = 100\text{V}$		$I_C = 1\text{A}$ $I_B = 0.1\text{A}$	
13005	75	8	150	400	8 ~ 40	≤2	$t_f = 0.4\mu\text{s}$	≤1	TO – 220
测试条件				$I_C = 5\text{mA}$	$V_{CE} = 5\text{V}$ $I_C = 1\text{A}$	$V_{CE} = 100\text{V}$		$I_C = 1.5\text{A}$ $I_B = 0.2\text{A}$	
13007	80	16	150	400	5 ~ 40	≤2	$t_f = 0.15\mu\text{s}$	≤1	TO – 220
测试条件				$I_C = 5\text{mA}$	$V_{CE} = 5\text{V}$ $I_C = 1\text{A}$	$V_{CE} = 100\text{V}$		$I_C = 1.5\text{A}$ $I_B = 0.2\text{A}$	

以 13005 管为例，当壳温为 50℃时，功率系数约为 0.82，此时，晶体管实际的 P_{CM} 值 $P'_{CM} = P_{CM} × 0.82 = 61.5\text{W}$。环境温度再高时，其 P'_{CM} 还将大幅度下降。晶体管在电子镇流器中应用时任何极限参数，均不允许超出，并且必须降额使用。尤其是为了进一步缩小镇流器的体积，有的晶体管在应用时不加任何散热器，在炎热的夏季电子镇流器的内部温度有时高达 80℃，对于要求高可靠工作的电路来说，降额的幅度更应该大一些。一般降额幅度为原值的 30% ~ 50%。在降额使用的情况下，电子镇流器中由于晶体管工作于上升沿和下降沿相当陡峭的矩形波电流中，晶体管能处于深度饱和的工作状态，其集电极和发射极之间的饱和压降特别小，它能控制集电极的耗散功率 P_{CM} 不会超值。

（2）整流二极管的选择　在电子镇流器中大批量应用着小体积、高反压塑封整流二极管。其中以 1N400 系列整流二极管应用最多，不但电源整流部分应用，而且连钳位保护二极管均首选此种产品。

1）1N400 系列小型塑封整流二极管的特点是体积小巧，其体积几乎和一只 1/8W 的电阻一样大小,使用相当便利,其外形如图9-80所示。

① 额定工作电流较大,其整流电流可达1A。

② 最高反向峰值电压分为7档,最高的可达1000V。

③ 性能稳定,质量可靠。它可完全取代老式的2CZ或2CP同类产品,其型号及特性参数如表9-6所示。

表中参数 V_{RM} 为最高反向峰值电压; I_O 为整流电流; I_{FMP} 为正向最大脉冲电流; $V_{B(sat)}$ 为饱和压降; I_{EO} 为反向漏电流; C_j 为结电容。

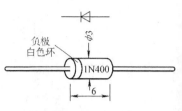

图9-80 1N400系列整流二极管外形

表9-6 整流二极管的型号及特性参数

型号	1N4001	1N4002	1N4003	1N4004	1N4005	1N4006	1N4007
V_{RM}/V	50	100	200	400	600	800	1000
I_O	1A						
I_{FMP}	50A(工频半周)						
$V_{B(sat)}$	<1V						
I_{EO}	<5μA(温度25℃)						
	<500μA(温度100℃)						
C_j	30pF						

2）整流二极管的测试筛选。由于整流二极管PN结具有单向导电特性,所以对于判断它的好与坏,只要用万用表电阻档测其正、反向电阻即可得知。用万用表 $R \times 1$ 档测正向电阻,正常阻值应为 $10 \sim 20\Omega$;用 $R \times 10k$ 档,测反向电阻应为"∞",被测二极管符合上述规律,说明二极管是好的。用于桥式整流的4个二极管,要求其特性相一致。如果二极管正向阻值偏大或反向阻值偏小说明二极管有问题,应予淘汰。

整流二极管在正、反电阻测试合格后,还要采用 $1500 \sim 2500V$ 的晶体管反压测试仪测其反向峰值耐压 V_{RM}。反压测试仪输出高压的正极接二极管的负极、输出高压的负极接二极管的正极。开启反压测试仪,仪器表头即可指示出 V_{RM} 值。对于电子镇流器中用于桥式整流的二极管,其 V_{RM} 不得低于 $800 \sim 1000V$, I_O 为1A。对于晶体管的偏置电路钳位应用的二极管,其 V_{RM} 有 $200 \sim 300V$ 即可。1N400系列二极管也可用相类似的 $1 \sim 1.5A$ 小型玻璃二极管代用。而钳位二极管也可采用1N4148。上述二极管的测试方法与1N400系列均相同。

（3）双向二极管的选择

1）双向二极管的特性。双向二极管（DIAC）是一种NPNPN构成的五层两端半导体器件。它类似于两个稳压二极管的负极与负极相串联。正常情况下,如用万用表 $R \times 10k$ 档测其正、反向电阻,其阻值应为无穷大。如能测出阻值,说明该器件性能变坏。如阻值为"0",则其内部已击穿短路。至于有无断路故障,普通万用表电阻档是测不出来的。当加于该器件两端的电压小于它的转折电压值时,双向二极管不导通,呈断路状态;当加于该器件两端的电压等于或大于它的转折电压值时,双向二极管立即导通,呈短路状态。并且它一旦导通后,只有外加电压降低到"0"时,它才可再次恢复到截止开路状态。由于双向二极管的双向特性一样,故其外加电压的极性可正可负,即应用时不分正、负极。由于它只有导通和截止两种状态,因此,非常适合于电子镇流器的起动触发应用。电子镇流器中普遍应用的双向二极管有 DB3、2ST 型等，其转折电压为 16～32V，外形及封装形式约有两种：一种是小型玻璃壳封装的，一种是小型塑封的，如图 9-81 所示。其规格参数如表 9-7 所示。

2）双向二极管的参数意义。

① 峰值电流 I_{RM} 为双向二极管的最大工作电流值。在使用中不得超过 I_{RM} 值。否则，双向二极管将严重过载产生高温而烧毁。

② 转折电压 V_{BR} 表征双向二极管的阈值电压。如加于双向二极管两端的电压低于此值，双向二极管呈截止断路状态；如加于双向二极管两端的电压达到或超过此值，双向二极管呈导通状态。在电子镇流器中，转折电压一般选 16～32V 为宜，过大、过小均不适合。

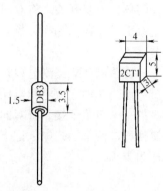

图 9-81　双向二极管外形

③ 转折电流 I_{BR} 为双向二极管的阈值电流。流过双向二极管的电流达到此值时双向二极管开始导通。在选用双向二极管时 I_{BR} 值要尽可能小。

④ 转折电压偏差 ΔV_{BR} 指双向二极管正、反向应用时，转折电压的差别。一个好的双向二极管，无论正向连接还是反向连接，其 V_{BR} 值均应一致。如两个方向电压差别较大，则双向二极管的性能较差，易早期损坏，应予淘汰。

⑤ 耗散功率 P_W 表征双向二极管的最大承载功率。使用时应选 P_W 值较高的二极管。

⑥ 使用最高温度 T_{JM}（℃）表征双向二极管能承受的最高结温。

表 9-7　双向二极管的型号、参数

型号	峰值电流 I_{RM}/mA	转折电压 V_{BR}/V	转折电流 I_{BR}/μA	转折电压偏差 ΔV_{BR}/V	耗散功率 P_W/mW	使用最高温度 T_{JM}/℃
2CTS	40	26～40	50	3	150	115
2CTS1A	40	25～40	50	3	150	115
2CTS2	40	16～35	50	3	150	115
2CSA	40	25～45	20	3	150	115
2CSB	40	28～36	20	3	150	115
DB3	50	25～45	50	2	150	115
IS1236	40	25～45	50	2		
IS2093	50	32	50	2		
ST	100	25～40	30	3		
A9903	100	32	30	2		

3）双向二极管的测试筛选。双向二极管的测试同普通二极管一样，也要先用万用表 $R \times 10k$ 电阻档，测其正、反向电阻阻值，正常时两个方向的阻值均应为无穷大。阻值为"0"或有阻值，均说明双向二极管已坏。

4）转折电压 V_{BR}、转折电压偏差 ΔV_{BR} 及转折电流 I_{BR} 的测试可用如下 3 种方法：

① 用晶体管反压测试仪测试。将双向二极管接于晶体管反压测试仪高压输出端，输出电压调整钮至最小。测试项目选"测电流"档，然后开启仪器电源开关。调节输出调整钮

至规定的 I_{BR} 值，固定输出调整钮不再动。关闭仪器电源开关，再将仪器测试项目改为"测电压"档，再开启电源开关。此时仪器电压表即指示出转折电压 V_{BR} 值，记录下电压数据，关闭仪器电源开关。将双向二极管从仪器上取下，互换方向再接入仪器，再开启电源开关，记录下 V_{BR} 值，关闭仪器电源开关。比较两次 V_{BR} 电压值，两次电压之差即为转折电压偏差 ΔV_{BR}。

② 用 220V 交流电源测试。将万用表功能选择钮置于 500V 或 250V 交流电压档，并测试当地当时的交流电源电压，记下电压数据。取下万用表，将双向二极管的一个引脚与万用表的一个表笔串接。将双向二极管另一个引脚与万用表的另一个表笔分别插入交流 220V 电源插座的两个插孔中，记下电压数据。迅速关闭电源，设电源电压为 V_0，串管后测得的电压为 V_0' 则

$$V_{BR} = V_0 \sim V_0'$$

例如，实测电压为交流 210V，串管后测得的电压为交流 180V，则该双向二极管 V_{BR} = (210 – 180)V = 30V。若 $V_0' = 0V$，则说明被测管内部断路；若 $V_0 = V_0'$，则双向二极管内部短路。利用这种方法测管时需注意，测试速度要快，以免双向二极管通电时间太长产生高温而烧毁。

③ 用 JT – 1 晶体管特性图示仪测试。其波形如图 9 – 82 所示，并注意两个方向的测试，双向二极管都应具有同一特性。

（4）其他元器件的选择

1）电解电容器。电解电容器在电子镇流器中作电源滤波和延时交链用。由于电子镇流器体积小巧，电路结构紧凑，电解电容器也相应地要选小型的。在电子镇流器中常用的一般有 CD11、CD11H、CD11G、CD11Z 以及 CD268、CD29X 等型号的电解电容器，其耐压应不低于工作电压的 1.3 倍。由于电子镇流器在工作过程中可能要产生相当的温度，因此，电解电容器应选对其影响较小的温度范围，一般选允许温度范围 +85℃ 或 +105℃。

图 9 – 82　用图示仪测双向二极管波形

电解电容器的测试方法，最好用专用的电感电容器测试仪测量，也可用万用表 $R \times 1k$ 档测其正、反向充、放电情况。用万用表 $R \times 1k$ 档测试时，万用表的两个表笔分别接触电解电容器的两个引脚电极，万用表的表针应从"∞"处向低阻值处挥摆一定的刻度，然后又慢慢回到"∞"阻值处。互换表笔再测，表针又向低阻值处挥摆一定的刻度，然后又慢慢回到"∞"处，说明电容器是好的。电解电容器的容量不同，表针挥摆的程度也不同。测试过程中，如表针不挥摆或挥摆太小，说明电容器内部断路或电解液干涸；如表针指到"0"阻值位，说明电容器已短路；如表针挥摆后，虽向"∞"的方向摆动，但回不到"∞"位，说明电解电容器有漏电现象。对于断路、短路、漏电的电解电容器均应淘汰。

如用万用表电阻档测电解电容器的大概容量，可多测几个正常的电解电容器，记下万用表表针挥摆的刻度，做到心中有数，然后再测其他电解电容器，同容量的电解电容器表针摆程度一致即为正常。容量的测试完成后再加标准耐压，以及在规定的温度环境中老化试验，均不应出现故障。

2）固定电容器。电容器由于其介质材料的不同，有纸介、瓷介、金属膜、涤纶、聚酯薄膜、聚丙烯等电容器。由于电子镇流器工作于 30 ~ 50kHz 的较高频率，故要求电容器的绝

缘电阻高，介质损耗小，高频特性好，容量稳定，耐压高等。尤其是串联谐振及高频交连应用的电容器更应注意。据此，电子镇流器中适用的固定电容器有涤纶电容器及 CBB 型聚丙烯电容器，其耐压视电路需要而定，一般多为 630V 的耐压值。

对于固定电容器的测试，也应采用专用的电容测试仪表测试。对于 0.01μF 以上容量的电容器，也可用万用表 $R \times 10k$ 档测试。两表笔接触电容器的两引脚线端，电容器应有充、放电现象，互换表笔重复测试时，万用表指针也应指示出电容器的充、放电现象。如电容器充电时表针有挥摆现象，而放电完毕后表针回不到"∞"位，则表示电容器有漏电现象。工作在高频高压电路里的电容器有轻微的漏电也不允许。

3）电阻器。电阻器通常有碳膜、金属膜及线绕电阻等，电子镇流器中普遍应用的为碳膜及金属膜电阻。其承载功率的大小由通过的电流而定，一般在电子镇流器中的碳膜电阻有 1/4W、1/8W 及 1/16W。电阻器阻值的筛选测试可用万用表相适应的电阻档测试。

4）铁氧体磁心与磁环。电子镇流器中振荡线圈、电感镇流线圈及谐振滤波器均使用了磁心或磁环。由于铁氧体磁心具有高频损耗小、品质因数高等诸多优点，所以特别适合于电子镇流器。铁氧体为软磁性材料，按原材料的不同分两种，一种是锰锌铁氧体；一种是镍锌铁氧体。适应电子镇流器应用的只有锰锌铁氧体，其磁导率 μ 为 1000 ~ 2000h/m。电子镇流器中振荡线圈应用的磁心为单孔环形或双孔 MX 铁氧体磁心，其外形如图 9 - 83 所示。

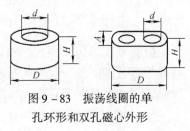

图 9 - 83　振荡线圈的单孔环形和双孔磁心外形

9.5.4　紧凑型电子节能灯的安装与调试

（1）装配要求　对于 2U5、2U9、3U13 的紧凑型电子节能灯，在装配电子元器件时，首先应检测各电子元器件的好坏。装配过程中，遵照从小元器件开始装配→大的元件→焊接→剪掉多余的引脚。

1）确定好电阻阻值的大小（可先对电阻进行测量，确定其好坏）及在电路中的位置。将电阻放在印制电路板相应的位置，焊接后剪掉多余的引脚。

2）用于整流滤波和高频振荡的二极管，首先检测二极管的好坏，确定为好的二极管后将其放入电路板中，放入时要注意二极管的正、负方向。双向二极管没有正、负方向之分。

3）检查用于整流滤波电路的熔丝的好坏。

以上 3 种元器件均采用卧式装法，可靠近电路板（1~2mm）装焊。

4）谐振电感的装配要注意有用端和固定端的位置，不可装错，如果将引脚装错，会很不易从电路板中取出，造成元器件的损坏。

5）装配晶体管 VT_1、VT_2 时，首先检测晶体管的好坏。装入电路中要确定好晶体管 e、b、c 的各引脚位置。装配高度（引脚）为 5mm 左右。

6）电解电容 C_1 的装配。先确定好它的正、负方向，不可装错。其余电容属涤纶电容，没有正、负方向之分。

7）振荡线圈的装配不可使同名端交叉使用。

（2）调测要求

1）调测所需仪器设备：①TDGC2 - 1kV·A 单相调压器 1 台；②PF9810A 智能电量测

试仪 1 台；③螺旋式测试台灯座 1 盏。

2）调测内容及要求。检测的内容主要是电子节能灯的输入特性部分的一些参数。

装焊完成后，自己必须反复检查无误后，在检测仪上进行检测，慢慢转动调压器，从 0V 开始，注意观察仪器显示。若发现电压很小电流却突然很大，则可能已烧坏熔丝，应立即停止调压器的转动，取下节能灯，检查故障。此故障大多出在整流电路的整流二极管部分。若电压到 50V 左右，仪器显示有电流就是说明节能灯可正常运行，记录灯管同时点亮瞬间的起跳电压后再加电压到标准工作电压 220V，记录电流、功率因素、功率、3 次和 5 次谐波等参数于表 9 - 8 中。

表 9 - 8　220V 时电子节能灯的输入特性参数

起跳电压	标准工作状态输入特性参数			谐波参数		
$U_{起}$ =	I =	$\cos\varphi$ =	P =	基波	3 次	5 次

9.5.5　电子节能灯故障分析

（1）装配故障　要仔细检查每个元器件是否插错，极性是否正确，元器件数量和焊接孔数是否有错，每一个焊点是否虚焊或者漏焊，焊点与焊点之间、导线与导线之间、焊点与导线之间是否短路等都要认真仔细反复检查，发现故障及时排除。

（2）元器件故障　在装配正确的情况下，元器件的故障率比较低。但在装配过程中应养成一个良好的装焊习惯，下面简单介绍一下元器件故障的排除方法和步骤：

1）测量各二极管的正反向电阻值，判断其好坏。

2）测量晶体管的对应正反向电阻值，判断其好坏。

3）测量灯丝电阻应为 6Ω 左右，若为几十欧或开路，则为灯管损坏。

4）谐振电感 L 的阻值应为 4Ω 左右，若开路则为损坏。

5）对各电阻的阻值进行测量应满足要求，阻值相差太大则应更换。

6）双向二极管 DB_3 的正反向电阻值测量时应非常大，阻值太小则为损坏。

7）印制电路板的检查。主要检查导线和焊盘有否断线、断裂、短路等。

习　　题

1. 启动 Protel 99，建立名为 MyProject 的文件夹，并在文件夹中建立名为 MyFirst 的设计数据库文件。

2. 将基本元器件库 Miscellanenous Devices. ddb、德州仪器公司元器件库 TI Databooks. ddb 添加到元器件库管理器中。

3. 利用设计的电路原理图设计文件"电子节能灯 . SCH"，产生一个电子节能灯网络表文件"电子节能灯 . NET"。

4. 打开一个 PCB 编辑器设计窗口，并将其命名为"电子节能灯 . PCB"。

5. 单击 PCB 编辑窗口中的机械加工层（Mechanical），画出一个直径为 3.5mm 的圆。

6. 单击 PCB 编辑窗口中的禁止布线层（Keepoutlayer），画出一个直径为 3.5mm 的圆，与题 5 画出的圆重合。

7. 加载 PCB 元器件封装库，使得所需的元器件的封装都包含进来。

8. 将原来生成的"电子节能灯 . SCH"文件和"电子节能灯 . PCB"文件，导入到 PCB 编辑窗口中。

9. 简述印制电路板的基本结构以及各个层面的作用。

10. 自动布线在线路上的主要缺点是什么？

11. 荧光灯的主要特性是什么？

12. 电子节能荧光灯节能主要在哪些方面？

13. 电子节能镇流器的工作特点是什么？

14. 简述电子节能镇流器逆变电路的基本类型。

15. 电子节能镇流电路中为什么要加电流谐波和功率因数电路？其关系体现在哪？

16. 在测量调压的过程中，电压很小，但电流瞬间很大，烧毁熔丝，故障一般出在哪里？

17. 如果加电压超出 70V 以上，还没有电流，说明故障基本出在什么部分？

18. 怎样检查灯管的好坏？

19. 电子节能灯为什么会出现一闪一闪的现象？主要是什么器件引起的？

20. 安装 13W 的电子节能灯，但在标准工作状态下发现所装的电子节能灯功率仅达到 9W，为什么会有此现象产生？一般故障会出在什么器件？

第 10 章　有源音箱电路制作

10.1　有源音箱电路结构

有源音箱又称为"主动式音箱"，通常是指带有功率放大器的音箱，其核心部分就是功率放大器，如多媒体音箱、有源超低音音箱，以及一些新型的家庭影院有源音箱等。有源音箱由于内置了功放电路，使用者不必考虑与放大器匹配的问题，同时也便于用较低电平的音频信号直接驱动。

此外，还有一些专业用内置功放电路的录音监听音箱及采用内置电子分频电路和放大器的电子分频音箱也可归入有源音箱范畴。

而无源音箱称为"被动式音箱"，也就是我们通常采用的内部不带功率放大器的普通音箱。图 10 – 1 为最基本的 2.1 有源音箱的电路结构框图。

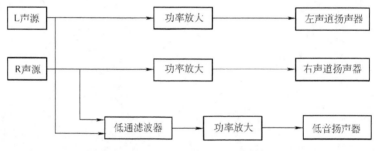

图 10 – 1　2.1 有源音箱的电路结构框图

有源音箱内置音频放大器的技术指标：

（1）输出功率　功率放大器的主要技术指标之一，但各生产厂家所生产的放大器标注方法有所不同，主要有额定输出功率和最大输出功率。

1）额定输出功率。指在一定的谐波失真系数和频率范围的条件下所测出的功率放大器的输出功率。

2）最大输出功率。指在一定的负载上，放大器在规定谐波失真系数时，采用 1000Hz 的正弦波检测信号所得到的连续最大的输出功率。

目前大部分的功率放大器所标注的输出功率为最大输出功率或峰值功率，一般功率放大器的额定输出功率可以通过以下两式进行换算

$$额定输出功率 = 最大输出功率 \times 0.8$$
$$额定输出功率 = 峰值功率 \times 0.5$$

（2）增益　放大器的增益也称放大倍数，是衡量放大器放大能力的一项指标。它是放大器的输出电压与输入电压、输出电流与输入电流、输出功率与输入功率之比。

（3）频率响应　它反映了功率放大器对各种频率信号放大的情况，功率放大器的频率

响应范围一般在 20Hz ~ 20kHz。品质好的放大器能够重放频率的范围较宽，品质一般的则重放频率范围较窄。

（4）动态范围　指放大器的最高输出电压与无信号时的输出噪声之比。它表示了功率放大器重放声的动态范围以及对微弱信号的表现能力，但一般动态范围受到放大器的输出功率等方面的影响。

（5）失真　经过放大器输出信号与输入信号在几何形态上产生了变化，也就是说失去原信号中的部分成分。失真的种类很多，主要有谐波失真使声音走调；互调失真使声音尖刺、混浊；瞬态失真使声音抖动、不清晰；交越失真使重放声产生间歇感。

（6）信噪比　指信号电平与噪声电平的比率。用 S/N 表示，S 为信号电平、N 为噪声电平。信噪比越高则说明放大器的噪声越低。

（7）瞬态响应　指放大器对脉冲信号（瞬时大信号）的跟随能力。放大器的瞬态响应越好则重放时声音就越干净、利落，否则声音就会含糊不清、拖泥带水。目前常用转换速率（SR）来衡量放大器的瞬态响应。所谓转换速率是指放大器在单位时间内信号电压的变化量，其单位为 V/μs。例如放大器的 SR 为 20V/μs，即表示放大器的输出电压在 1μs 时间内最多可变化 20V。SR 是说明放大器输出电压变化速度的一个参数。

一般前置放大器的 SR 能够达到 5V/μs 就可以满足要求。对于用运算放大器制作的前置放大器，如果 SR 较低的话，放大器信噪比就会下降，并会产生附加相位变化，使重放声音变差。一般功率放大器的 SR 能够达到 50V/μs，即可达到高保真瞬态响应的要求。

（8）阻尼系数　表达功率放大器内阻的指标。它与扬声器的阻抗成正比，通常阻尼系数越大，扬声器的失真就越小。

10.1.1　功率放大器基本电路形式

1. 晶体管功率放大器

（1）甲类放大器　甲类放大器工作于晶体管的线性放大区的中点，它的工作效率一般小于 50%。工作时晶体管始终工作于线性放大状态，在整个工作期间均处于导通状态。甲类放大器只适用于一般功率的放大电路中。其特点是，瞬态失真较小，无交越失真，重放声音质较好，但非线性失真较大，低频特性较差。甲类功率放大电路是目前使用较多的放大电路之一，工作原理图如图 10-2 所示。

晶体管 VT 的静态工作点为管子放大区的中心，使管子工作在放大器的特性曲线的线性区域内。在管子工作的过程中，其集电极电压和电流的变化与信号电压的变化成正比。由于在无输入信号时，管子仍然需要提供一定的功率，因此甲类放大器（集电极）的工作效率较低，实际工作时一般只有 30% 左右。甲类放大器由于瞬态失真小、无交越失真，因此它的重放声音质较好，但它是通过牺牲工作效率来换取好的重放声音质的。

（2）滑动甲类放大器　滑动甲类放大器晶体管的工作点随信号幅度的变化而变化，其静态工作点略偏移于截止区，其工作效率也小于 50%。滑动甲类放大器的晶体管也属于单管线性放大管，在其工作期间也处于导通状态，电路结构较为简单。滑动甲类放大器的静态工作点较低，从而使小信号放大的功耗下降，处于大信号放大时类似于甲类放大，其缺点是失真较大，低频特性较差。

（3）乙类放大器　乙类放大器的工作原理如图 10-3 所示。它由两只放大管组成，管子的静态工作点选择在基极电流为零的位置，只有在信号的上半周或下半周时，两只管子的集电极才有电流通过（分别对上半周和下半周信号进行放大）。而无输入信号时，管子的集电极则无电流通过，不消耗功率，因此乙类放大器工作效率较高，达 70% 左右。由于乙类放大器的两只管子是交替进行工作，在两只管子对信号的交替放大过程中，存在一定的非线性失真（亦称交越失真），因此，乙类放大器的重放声音质较一般。

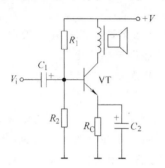

图 10-2 甲类放大器的工作原理

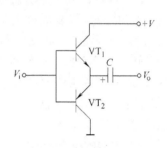

图 10-3 乙类放大器的工作原理

（4）甲乙类放大器 甲乙类放大器的工作原理如图 10-4 所示。为了消除甲类放大器工作效率低和乙类放大器交越失真较大的缺点，甲乙类放大器通过可调电阻 R_1、电阻 R_2、二极管 VD_1 和 VD_2 给两只放大管加上一定的偏置电压。在无输入信号时，始终有一只管子处于导通状态。当其中的一只管子工作时，而另一只管子不处于截止状态。因此，当两只管子轮流工作时，相互交替比较平滑，从而消除了交越失真。甲乙类放大器静态功耗较小，输出功率随输入信号的大小变化，工作的效率较高。

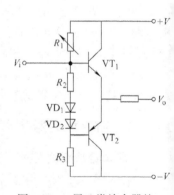

图 10-4 甲乙类放大器的工作原理

（5）超甲类放大器 超甲类放大器为两只管子进行交替推挽工作，管子的静态工作点选择于截止区附近，其输出功率随输入信号幅度的变化而变化，效率较高。超甲类放大器无交越失真，重放声的音质也较好。

（6）乙丙类放大器 乙丙类放大器为推挽工作形式，它是由乙类和丙类工作状态的两个部分串联而成。当输入信号幅度较小时，由乙类放大器进行放大。当输入信号幅度较大时，则由丙类放大器进行放大。这样可以将电源的等效电压提高一倍，使电路的瞬态响应特性较好。乙丙类放大器的失真较小，其工作效率高于乙类放大器，但电路结构较为复杂。

按照功率放大器与扬声器之间连接方式的不同，功率放大器又主要有以下几种常见电路形式。

1）OTL 功率放大器。OTL 功率放大电路的种类较多，但基本原理相同。图 10-5 所示为互补对称式 OTL 功率放大电路。VT_1 为一只 NPN 型功率晶体管，VT_2 为一只 PNP 型功率晶体管，它们组成互补推挽输出管，VT_3 为电压放大激励管。音频信号经过 C_1 耦合送入 VT_3 进行放大后，从 VT_3 集电极产生的音频信号正半周使 VT_1 导通，负半周则使 VT_2 导通，经过放大后的信号通过电容 C_4 后输出至扬声器。

电路中 VT_3 的基极偏置电压由 $+V/2$ 经 R_5、R_1 分压后得到，在静态时 VT_3 的静态电流较大，处于甲类工作状态。当 VT₃ 导通后，其集电极输出的电压使 VT₁ 和 VT₂ 也导通，但 VT₁ 和 VT₂ 工作的静态电流较小，处于甲乙类状态。改变电路中 R_1 和 R_5 的阻值即可改变 VT₃ 的静态工作电流，从而改变了 VT₃ 集电极电压大小，进而改变了 VT₁、VT₂ 导通状态。电路中电容 C_3 为自举电容，它和 R_3 及 R_4 组成自举电路，使 A 点的电位随输出电压的增高而增高，扩大了电路的动态范围。电阻 R_3 为隔离电阻，将电路中的 B 点与电源隔开，当有较大的正半周信号出现时，使其与电源隔离。电容 C_4 为输出耦合电容，它的作用是将放大管输出的信号传输至扬声器、隔开直流，同时还起一个电源的

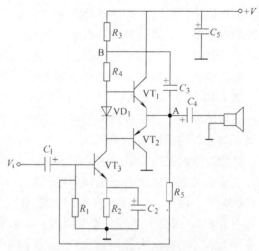

图 10 - 5　互补对称式 OTL 功率放大电路

作用。当 VT₂ 对输入信号的负半周进行放大时，VT₁ 截止，此时 +V 不能给 VT₂ 供电，由 C_4 所存储的电荷放电给 VT₂ 供电，因此 C_4 的容量较大，一般在 1000μF 以上。

OTL 功率放大电路的特点：直流工作电压较高时，可以获得较大的输出功率。工作效率较高、频率响应较好、对负载的阻抗要求不高（负载的阻抗大小不同时，其输出功率随之改变）。

2）OCL 功率放大器。OCL 功率放大电路是在 OTL 功率放大电路的基础上发展起来的。OTL 功率放大电路与扬声器之间有一只耦合电容，该电容对重放声信号的低频有一定的影响，而 OCL 功率放大电路与扬声器之间采用直接耦合的方式。OCL 功率放大电路的工作原理如图 10 - 6 所示。

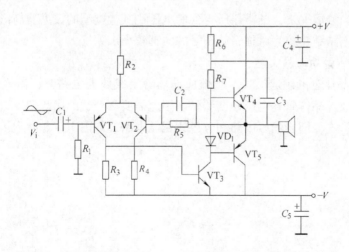

图 10 - 6　OCL 功率放大电路的工作原理

图中 VT₁ 和 VT₂ 组成差动放大器、VT₃ 为推动激励管、VT₄ 和 VT₅ 为互补推挽输出管。当输入信号的正半周输入到 VT₁ 的基极时，经过差动放大电路后再输送至 VT₃ 基极。此信

号为倒相信号，经过 VT_3 再次倒相放大后，输送至 VT_4 基极，使 VT_4 导通。当输入至 VT_1 基极的信号是负半周信号时，则经过倒相放大后使 VT_5 导通，这样在扬声器上就得到一个完整的全波信号。R_5 为负反馈电阻。它具有较大的直流负反馈作用，使 $VT_1 \sim VT_5$ 的工作处于稳定状态，并使输出端的静态电压稳定于 0V。

OCL 功率放大电路的特点：无输出耦合电容，使放大器重放的低频得到一定的扩展；采用正负电源供电，在较低的供电电压的情况下，可以获得较大的输出功率，由于是定压式输出，对负载的阻抗要求不高。

必须注意的是在 OCL 功率放大电路中应设有专用保护电路或熔断器对扬声器进行保护。OTL 功率放大电路由于有输出耦合电容的隔直流作用，因此当电路出现故障时不会烧毁扬声器和放大管。而 OCL 功率放大电路无输出耦合电容，当电路出现故障时，输出端静态电压可能不为 0V，而扬声器的直流电阻较小，因而会产生较大的直流电流烧毁扬声器和放大管。目前，大部分功率放大器均采用 OCL 功率放大电路。

3）BTL 功率放大器。由两组 OTL 或 OCL 功率放大电路和一级倒相电路组成。扬声器接在两组 OTL 或 OCL 输出电路之间，BTL 功率放大电路的工作原理图如图 10 - 7 所示。

图中的 VT_1、VT_2 为 OCL 输出电路，VT_3、VT_4 为另一路 OCL 输出电路。当输入的音频信号为正半周时，VT_1 导通，VT_2 和 VT_3 截止。经 VT_1 放大倒相后的信号使 VT_4 导通，此时电源的正极、VT_1、扬声器及 VT_4 形成一个音频放大的回路。当输入的音频信号为负半周时，则 VT_2、VT_3 导通，VT_1、VT_4 截止，此时由电源的正极、VT_3、扬声器及 VT_2 形成一个音频放大回路，由 $VT_1 \sim VT_4$ 组成一个桥式且平衡对称的电路。BTL 功率放大电路的最大特点是在

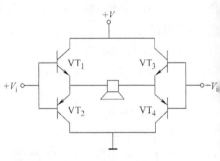

图 10 - 7　BTL 功率放大电路的工作原理图

电源供电电压相同的情况下，扬声器所得到的电压比其他类型的放大器高出一倍，输出功率可以增大 4 倍，电路结构较为对称，故信号的失真较小。

2. 场效应晶体管功率放大器

（1）场效应晶体管的组成形式　场效应晶体管组成放大电路时，需要建立合适的静态工作点，而且场效应晶体管是电压控制器件，因此需要有合适的栅源偏置电压。常用的直流偏置电路有两种形式，即自偏压电路和分压式偏置电路，如图 10 - 8 所示。

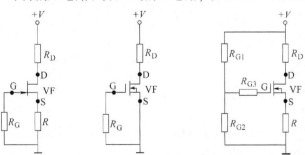

a）场效应晶体管自偏压电路　　b）自偏压电路的特例　　c）场效应晶体管分压式偏压电路

图 10 - 8　场效应晶体管功率放大电路

图 10-8a 所示是一个场效应晶体管自偏压电路，其中场效应晶体管的栅极通过电阻 R_G 接地，源极通过电阻 R 接地。这种偏置方式靠漏电极电流 I_D 在源极电阻 R 上产生的电压为栅源极间提供一个偏置电压 V_{GS}，故称为自偏压电路。静态时，由于栅极电流为零，则源极电位为

$$V_S = I_D R$$

R_G 上没有电压降，栅极电位 $V_G = 0$，所以栅源偏置电压为

$$V_{GS} = V_G - V_S = -I_D R$$

耗尽型 MOS 管也可采用这种形式的偏置电路。

图 10-8b 所示是自偏压电路的特例，其中 $V_{GS} = 0$。显然，这种偏置电路只适用于耗尽型 MOS 管，因为在栅源电压大于零、等于零和小于零的一定范围内，耗尽型 MOS 管均能正常工作。

分压式偏压电路是在自偏压电路的基础上加分压电路后构成的，如图 10-8c 所示。静态时，由于栅极电流为零，R_{G3} 上没有电压降，所以栅极电位由 R_{G2} 与 R_{G1} 对电源 $+V$ 分压得到，即

$$V_G = R_{G2} V / (R_{G1} + R_{G2})$$

源极电位 $V_S = I_D R$。这种偏置方式同样适用于结型场效应晶体管或耗尽型 MOS 管组成的放大电路。

（2）场效应晶体管放大电路的基本组态　场效应晶体管放大电路与晶体管放大电路一样也有 3 种基本组态，即共源极、共漏极和共栅极放大电路（由于共栅连接时，栅极与沟道间的高阻未能发挥作用，故共栅电路很少使用），如图 10-9 所示。

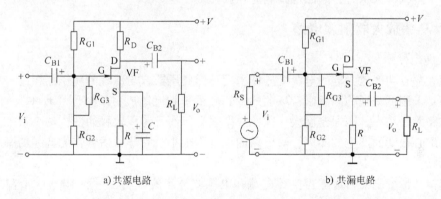

a) 共源电路　　　　　　　　　　　b) 共漏电路

图 10-9　场效应晶体管共源极、共漏极放大电路

图 10-9a 共源电路、图 10-9b 共漏电路分别与晶体管放大电路的共射电路、共集电路相对应。两者相比较，共源电路与共射电路均有电压放大作用，而且输出电压与输入电压相位相反。为此，可统称这两种放大电路为反相电压放大器。共漏电路与共集电路均没有电压放大作用，而且输出电压与输入电压同相位。因此，可将这两种放大电路称为电压跟随器。

由于场效应晶体管的低频跨导一般比较小，所以场效应晶体管的放大能力比晶体管差，因而共源电路的电压增益往往小于共射电路的电压增益。实际应用中可根据具体要求将上述各种组态的电路进行适当的组合，以构成高性能的放大电路。

（3）场效应晶体管功率放大电路的应用　目前在许多音响器材中，常使用场效应晶体

管作为高保真放大器的放大管。如图 10 – 10 所示，就是一双声道 40W 场效应晶体管功率放大电路。

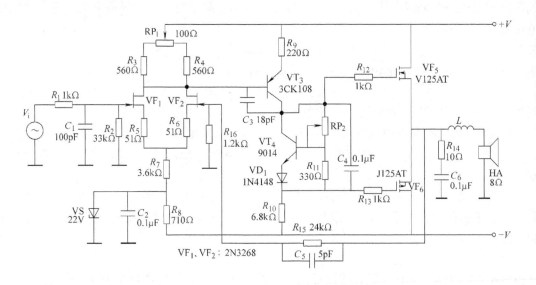

图 10 – 10 双声道 40W 场效应晶体管功率放大电路

VF$_1$ 和 VF$_2$ 组成高输入阻抗的差分输入级，VT$_3$ 为推动级。VF$_5$、VF$_6$ 组成了场效应晶体管输出级。VT$_4$ 的作用是使末级输出偏置处于甲乙类状态。该电路没有使用反馈电容使放大器工作于直流放大状态，因此低频响应较好。

10.1.2 功率放大器附属电路

1. 电源电路

目前大部分功率放大器的电源变压器采用环形变压器。与传统的变压器相比，环形变压器的磁心是采用低铁损的高磁密粒取向的冷轧硅钢带卷绕制成，故俗称"环牛"。由于环形变压器磁路漏磁较小，磁通密度大，因此效率很高，而且体积较普通变压器小得多。在实际使用中无磁心松动而产生的噪声，对电路的干扰也很小，它非常适合作为音频功率放大器的电源变压器。

在选择环形变压器时应进行空载电流和电压调整率的检测，一般 100V·A 左右的环形变压器空载电流应小于 50mA，其调整率一般应小于 5%。同时在使用中须注意，由于环形变压器存在一定剩磁，因而起动电流较大，在其一次侧应加装熔丝。在安装环形变压器时其固定架与底板不可同时接地，防止产生短路。

（1）有源伺服高速电源电路 我们知道，交流电源经过电源变压器降压、整流、滤波后形成的直流电源，含有一定的纹波电流，即使进一步提高滤波电容的容量，也并不能彻底消除纹波电流。纹波电流特别对较微小的信号干扰较大，使音响器材的重放声音失去其中的细节成分。目前品质较高的功率放大器是将前后级的两个电源分开供电，较为理想的是采用有源伺服高速电源来给前级放大器供电。有源伺服电源（Active Servo Supply）是日本松下公司研制开发的新一代高速电源，该电源的稳压性能很好。有源伺服高速电源电路的原理图如图 10 – 11 所示。

主要由运算放大器 LM358 和两只三端稳压块组成。在制作该电源时必须注意不同生产厂家的运算放大器和三端稳压块对电源内阻的影响有所不同。如果电源内阻较大，电源的输出电压就会随负载电流的变化而变化，因此需采用内阻低、频率响应宽、失调电压小的三端稳压块和转换速率高、噪声低的运算放大器。电容可以选用进口正品优质电容，如"黑金刚""红宝石"。电阻可以选用精度较高的五色环电阻。

（2）双桥式整流电源电路　对于音响系统中的后级放大器或一些前后级合并的功率放大器，采用双桥式整流电路供电，其电路原理如图 10－12 所示。

它可以抑制经过二次侧中心抽头引入放大器的纹波电流，并且可以消除交流音。在电源的滤波部分一般都采用容量大于 10000μF 的滤波电容，以满足放大器在大动态信号工作时对供电电流的要求，使电路不产生削波失真。同时在大容量滤波电容的两端并有一些容量递减的小容量电容，以减小电源的内阻。另外，在前、后级放大器的电源供电系统中还采用一些优化电源的手段，如采用快速恢复型整流二极管，以减小高频电源内阻等。

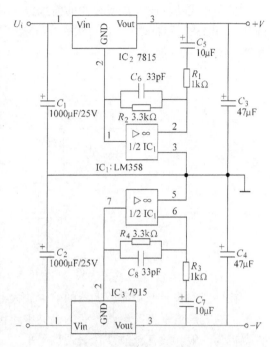

图 10－11　有源伺服高速电源电路的原理图

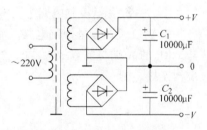

图 10－12　双桥式整流电路

2. 前置放大电路

由于一般信号源所输出的信号幅度较小，仅为几十分贝的增益，较难使功率放大器输出较大的功率。因此必须在功率放大器的前面增加一级乃至数级电压放大电路，将信号源输入的小信号放大至功率放大器所需要的信号幅度（一般为1~2V），此类放大器被称为前置放大器。

前置放大器在对信号源输入的信号电压进行放大的同时，还对不同信号源所输入的不同阻抗、不同幅度的电压进行阻抗匹配等处理后送至功率放大器。前置放大器的电路组成一般由输入信号功能选择开关、输入信号放大、音量、音调、响度、平衡控制等电路构成。

前置放大器在音响系统中可以将各种不同的音源信号进行切换、选择，将电平幅度较小的信号放大后去推动后级功率放大器，并对输入的音源信号进行音调、音量、平衡等一系列控制，它是功率放大器的控制中心。目前，较为专业级的前置放大器都设计成直通式，即信号源几十毫伏的信号经过前置放大器放大至 1~2V 的幅度后，直接送至功率放大器。前置放大器中不设置音调、响度等控制，仅设置左右声道各自独立的音量电位器。并且采用了较为精密的元器件和先进的放大电路，如采用金属膜电阻、钽电容、RCA 镀金插座、有源伺服高速电源等，其目的是为了减少音色修饰电路对信号源信号的影响，尽量保持重放声与信号源的"原汁原味"。

在合并式功率放大器或独立的前置放大器中，通常采用运算放大器作为线路放大器，如 LF353、LM382、LM833、NE5532、NE5535、TL082 等。采用运算放大器 NE5535 的线路放大器如图 10 – 13 所示。

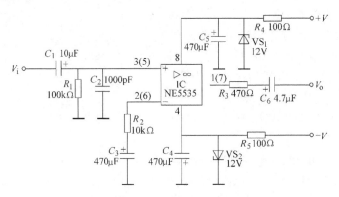

图 10 – 13　采用运算放大器 NE5535 的线路放大器

在一般的普及型功率放大器的前置放大器中通常都设有较多的音色控制电路，如音调、响度、左右声道平衡等电路，有的机器中还设置了动圈式唱头放大器，其内部所使用的元器件也较为一般，故其重放声音表现也平平。

3. 音量控制电路

音量控制就是控制前级放大电路输送至后级功率放大电路的信号大小，从而控制重放声的大小。一般音量控制电路主要有衰减式音量控制电路和电子式音量控制电路两种。

（1）衰减式音量控制电路　它的基本工作原理如图 10 – 14 所示。RP 为音量控制电位器。RP 的 A 端与前置放大器的输出端相连接、B 端与地相连接、C 端与功率放大器的输入端相连接，则

$$V_i = \frac{R_{CB}}{R_{AB}} V_o$$

从上式中可以看出这是一个分压电路。调节 RP 就可以改变 V_i 的大小，当 RP 的动片移至最上端时前置放大器输出信号全部进入功率放大器，音量为最大。当 RP 的动片移至最下端时，无信号进入功率放大器，音量为最小。

（2）电子式音量控制电路　使用过普通旋转式音量电位器的人都知道，普通的音量电位器使用时间较长后，由于电位器炭膜层的磨损，在调节时会出现"喀喀"的噪声，影响了器材的高保真要求。如果使用电子式音量控制电路，就可以消除这种噪声。电子式音量控制电路有两种控制形式：一是直接在机器的面板上手动控制；二是通过红外线进行遥控控制。电子式音量控制电路的基本工作原理如图 10 – 15 所示。

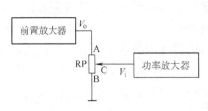

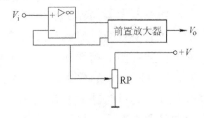

图 10 – 14　衰减式音量控制电路的基本工作原理　　　图 10 – 15　电子式音量控制电路的基本工作原理

它是通过改变前置放大器反馈的深度来进行音量控制的。从图中可以看出只要滑动 RP 动片就可以改变前置放大器的电路增益。由于电位器只对前置放大器的直流电位进行控制，信号不经过电位器，因此消除了噪声。

另外，目前大部分的功率放大器中的音量电位器均为双连同轴电位器，它是将两只单联电位器结合在一起，由一根转轴控制，使两只电位器的阻值同步变化。由于一般非音响专业人士对于音响系统的调校缺少一定的经验，因此在普及型的音响器材中一般都采用双连同轴电位器进行左右声道的音量控制，这样可以使左右声道的输出功率、失声度、信噪比等指标完全相同，以达到较理想的立体声效果。

在较专业的功率放大器中一般是将左右声道的音量分开控制，可以使发烧友较方便地进行音量调节，以弥补听音环境的缺陷，满足欣赏音乐的需要，保证正确的声像位置。

4. 音调控制电路

音调控制电路的作用是对音频信号的各频段进行提升或衰减，以弥补听音环境造成的缺陷，满足听音者的需要，音调控制电路主要有以下两大类。

（1）高、低音式音调控制电路。它主要有衰减式音调控制电路、负反馈式音调控制电路以及衰减负反馈混合式音调控制电路。此类电路比较简单，只能对高、低两个频段进行提升或衰减，一般用于中、低档机器。

1）衰减式音调控制电路。又称 RC 衰减式音调控制电路。它是利用电阻、电容的串联和并联网络所具有的选频特性，对信号频率进行提升或衰减，衰减式音调控制电路如图 10 - 16 所示。

高、低音提升电路是通过降低中音的增益，从而使高、低音相应得到提升。高、低音衰减电路是通过电容对不同信号频率的容抗变化所呈现的选频特性，对高、低音进行衰减。

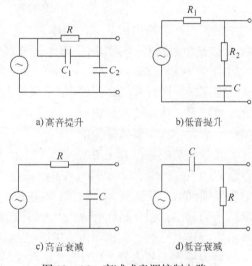

a) 高音提升   b) 低音提升

c) 高音衰减   d) 低音衰减

图 10 - 16　衰减式音调控制电路

衰减式音调控制电路的应用如图 10 - 17 所示。RP_1 为高音控制电位器。当需要提升高音时，RP_1 的动片滑向 A 点，由于电容 C_1 对输入信号的高频部分呈现很小的阻抗，高频信号经 R_1、C_1、RP_1 的动片后直接送至后级放大器。当需要衰减高音时，RP_1 的动片滑向 B 点，此时由于 RP_1 所呈现的阻值为最大，同时 C_2 对高频呈现的容抗较小，从而使高频信号衰减最大。

RP_2 为低音控制电位器。当需要提升低音时，RP_2 的动片滑向 C 点，此时 C_3 被短路，C_4 与 RP_2 并联，由于 C_4 对低频信号呈现出较大的容抗，低频信号经过 R_2 后直接送至后级放大器。当需要衰减低音时，RP_2 的动片滑向 D 点，此时 C_4 被短路，C_3 与 RP_2 并联，由于 C_3 对低频呈现

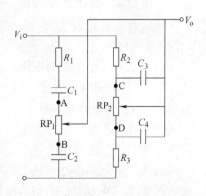

图 10 - 17　衰减式音调控制
电路的应用

较大的容抗，从而对低频信号进行衰减。

2）负反馈式音调控制电路。负反馈式音调控制电路的基本单元电路如图 10 – 18 所示。RP₁ 为低音控制电位器，当 RP₁ 的动片滑向 A 点时，低音提升最大，反之低音衰减最大。RP₂ 为高音控制电位器，当 RP₂ 的动片滑向 C 点时高音提升为最大，反之高音衰减最大。

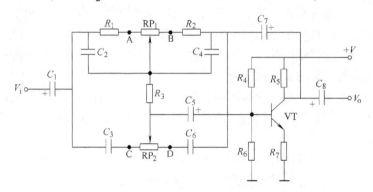

图 10 – 18　负反馈式音调控制电路的基本单元电路

低音控制电路由 R_1、RP₁、R_2、C_2、C_4 及 R_3 组成。当 RP₁ 的动片处于 A 点时，电容 C_2 可以视为短路而不起作用。输入信号经 R_1、RP₁、R_3、C_5 加到晶体管 VT 的基极，经放大后由 C_8 输出。C_7、R_2、C_4、RP₁、R_3、C_5 组成负反馈网络。由于 RP₁ 的电阻值全部加入其反馈网络，同时 C_4 又对低频信号呈较大的阻抗，因此此时的负反馈量为最小，晶体管 VT 的增益较大，从而使低频相应得到提升。当 RP₁ 的动片滑向 B 点时，则负反馈网络的负反馈量为最大，从而衰减低频信号。

高音控制电路由 C_3、RP₂、C_5 构成。当 RP₂ 的动片处于最左边（C 点）时，由输入信号经 C_3、RP₂、C_5 加到晶体管 VT 的基极，同时 VT 的集电极的输出信号经 C_5 及 RP₂ 组成的负反馈网络，反馈到晶体管 VT 的基极。由于 RP₂ 的阻值全部在负反馈网络中，此时的负反馈量为最小，因此晶体管 VT 放大倍数为最大，从而使高频得到提升。当 RP₂ 的动片处于最右边（D 点）时，此时 RP₂ 的阻值全部在输入回路中，负反馈网络的阻抗为最小，即负反馈量为最大，晶体管 VT 的放大倍数也就最小，从而使高频相应得到最大的衰减。

（2）图式音调控制电路　它包括 LC 图式音调控制电路以及分立、集成图式音调控制电路。它可以将音乐的整个频段分为五段、十段或十五段，可以对某一个频段进行单独的提升或衰减，此类电路较为复杂，一般用于较高档的机器中，也可以将其单独组成一个器材（均衡器）。

1）LC 图式音调控制电路。五级调节的 LC 图式音调控制电路如图 10 – 19 所示。

VT 为音调控制放大管、RP₁ ~ RP₅ 是音调控制电位器，与每一只电位器相对应的电感和电容组成 LC 谐振网络。从 L_1、C_1 开始，各个谐振网络的谐振频率分别为 100Hz、330Hz、1kHz、3.3kHz、10kHz。以 RP₅ 为例，当电位器的动片处于中间与地相连的抽头时，该谐振网络与地短路，此时对晶体管 VT 集电极的输出信号中的 10kHz 部分无衰减也无提升。当电位器的动片向上移动处于最上端时，L_5、C_5 的谐振网络对输出信号中的 10kHz 部分所呈现的阻抗很小，使 10kHz 的信号对地分流。同时由于电位器的抽头以下的阻值与晶体管 VT 的发射极组成的负反馈电阻不变，使晶体管 VT 的负反馈量不变。因此对 10kHz 信号的衰减主要由谐振网络来完成，此时对 10kHz 信号衰减为最大。

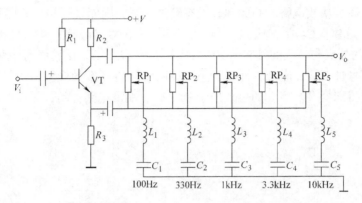

图 10 – 19　五级调节的 *LC* 图式音调控制电路

当电位器的动片处于最下端时，对于 10kHz 信号晶体管 VT 发射极相当于交流接地，负反馈量为最小，故 10kHz 信号提升最大。

2）集成图式音调控制电路。集成图式音调控制电路如图 10 – 20 所示。

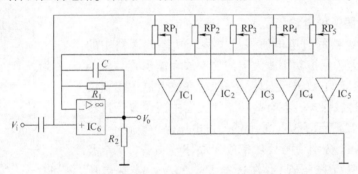

图 10 – 20　集成图式音调控制电路

图中 IC_6 为前置放大器中的一个声道的放大器，$IC_1 \sim IC_5$ 为 5 个运算放大器组成的等效 *LC* 谐振网络，分别对 100Hz、330Hz、1kHz、3.3kHz、10kHz 五级频率进行控制。当信号从 IC_6 的正向输入端输入时，IC_6 的负反馈是受电位器 $RP_1 \sim RP_5$ 的控制，其工作原理与 *LC* 图式音调控制电路相同。

$IC_1 \sim IC_5$ 内部的结构相同，但各自的阻容元件的参数不同，它们等效于 *LC* 谐振网络。在实际使用电路中，运算放大器 IC_6 的反向输入端与输出端相连接，构成了全负反馈放大器。由于运算放大器的开环增益很高，因此其具有输出阻抗低、输入阻抗高的特点。在实际应用中一般只需改变运算放大器 IC_6 的外接电容即可得到各种音调的控制频率。

5. 响度控制电路

当人们在较大音量的情况下欣赏音乐时，人耳对不同频率所感受的强度基本一致。但是当在小音量欣赏音乐时，由于人耳只对中频部分较为敏感，因而感觉到高低音衰减较大，音质相对变差。响度控制电路的作用是当音量减小时对高低音进行补偿，以弥补人耳的听觉不足。响度控制电路主要有 *RC* 响度控制电路、音量电位器带抽头的响度控制电路和 *LC* 响度控制电路 3 种，其电路形式如图 10 – 21 所示。

其中，图 10 – 21b 为音量电位器带抽头的响度控制电路，S 为响度控制开关。当音量较小时，S 置于 ON 位置。输入信号中的高频部分由于 C_1 的容抗较小，经过 C_1 及 RP 的中间抽头后直接送至后级功放电路，高频部分没有经过衰减，因而得到相对的提升。对于输入信号的中低频部分，由于 C_1 所呈现的容抗较大，相当于在 C_1 处开路，因而只能通过 RP 到达其动片。在 RP 的抽头与地之间接有一 RC 低频提升串联网络，该网络对中频信号呈较小的阻抗，对中频信号进行分流衰减，而对于小于该网络转折频率的低频信号呈现较大的阻抗，从而使低频相应得到提升。当 S 的位置处于 OFF 时，响度电路关闭，无高低音补偿作用。

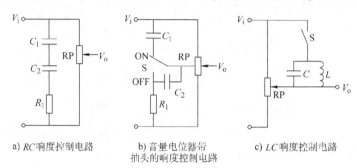

a) RC 响度控制电路　　b) 音量电位器带　　c) LC 响度控制电路
抽头的响度控制电路

图 10 - 21　响度控制电路

6. 功率放大器保护电路

（1）功率放大器的过电压保护电路　功率放大器中的保护电路主要是为了保护功率放大器的功率放大输出管，使其在电路出现故障时而不被击穿损坏。一般功率放大器中主要设有过电压保护和过载保护，在有些功率放大器中还设置了过热保护。如图 10 - 22 所示为功率放大器的过电压保护电路。

图中 VT_1、VT_2 分别为两只功率放大晶体输出管，VS_1 和 VS_2 为两只保护管（稳压管）。在选择 VS_1 和 VS_2 击穿电压时，其数值略大于直流工作电压。当功率放大器处于正常的工

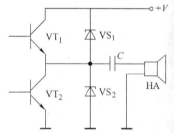

图 10 - 22　功率放大器的过
电压保护电路

作状态时，VS_1 和 VS_2 处于开路状态，它对功率放大器无任何影响。当输入功率放大器的工作电压因故上升时，其电压的数值大于 VS_1 和 VS_2 的击穿电压，此时 VS_1 和 VS_2 便被击穿，钳制工作电源的电压，使其不再上升，从而保护了功率输出管。

（2）功率放大器限流式过载保护电路　如图 10 - 23 所示为一限流式过载保护电路。图中 VT_3、VT_4、VT_5 及 VT_6 构成了功率放大器的互补对称输出电路。VT_1、VT_2、VD_1、VD_2 以及电阻 R_8、R_9 则构成了限流式过载保护电路。当功率放大器 VT_5 和 VT_6 工作时，其工作电流必须流经电阻 R_8 和 R_9，并可能通过电阻 R_6 和 R_7 加至 VT_1 和 VT_2 的基极，使其导通而进入工作状态。但是在选取 R_8 和 R_9 阻值时，应使其阻值很小。这样工作电流流经 R_8、R_9 时，在上面所产生的电压降也很小。该电压经过 R_6 和 R_7 输送至 VT_1 和 VT_2 管的基极，但并不能够使其导通，故当 VT_5 和 VT_6 正常工作时，VT_1 和 VT_2 对放大电路不起任何作用。

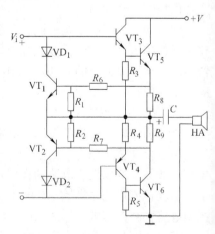

图 10 - 23　限流式过载保护电路

如果当负载出现短路等故障时，流经 VT_5、VT_6 的电流大增，则流经 R_8、R_9 的电流也增大，从而在上面产生的电压降也增大。该电压通过电阻 R_6、R_7 加至 VT_1 和 VT_2 的基极，使两管导通。从而对输入 VT_3 和 VT_4 的电流进行分流，减小进入 VT_3 和 VT_4 信号的幅度，起到保护功率放大管的目的。

电路中 VT_1 和 VT_2 的作用是当功率放大器正常工作时，VT_1 和 VT_2 的集电极处于反向偏置状态。改变电阻 R_7、R_8 的阻值可改变保护电路在何种电压值的状态下进行动作而进入保护状态。

10.2　有源音箱内置音频放大器电路原理

有源音箱内置音频放大器电路分别由左右声道功率放大电路、低频放大电路和电源电路组成，电路原理如图 10-26 所示。

本电路采用 TDA2030A 作功放输出，UTC4558 或 NE5532 集成运算放大器作信号混合和低通滤波器。

1. TDA2030 简介

TDA2030 是德律风根生产的音频功放电路，20 世纪 80 年代曾经红极一时，采用 V 形 5 脚单列直插式塑料封装结构，如图 10-24 所示。按引脚的形状可分为 H 形和 V 形。该集成电路广泛应用于汽车立体声收录音机、中功率音响设备，意大利 SGS 公司、美国 RCA 公司、日本日立公司、NEC 公司等均生产同类

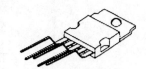

图 10-24　5 脚单列直插式塑料封装结构

产品，虽然其内部电路略有差异，但引出脚位置及功能均相同，可以互换。从内部结构来看，虽然它只采用准互补方式的设计，但是售价便宜，电路本身具有过载和过热保护功能，性能稳定而失真度小，当其负载阻抗为 8Ω，电源电压为 ±16V 时，输出功率可以达到 34W（有效值），故颇受初入门的"发烧友"欢迎。TDA2030 的极限参数如表 10-1 所示，典型应用电路如图 10-25 所示。

表 10-1　TDA2030 的极限参数

参数名称	极限值
电源电压 V_s/V	±18
输入电压 V_{in}/V	V_s
差分输入电压/V	±15
峰值输出电流 I_o/A	3.5
耗散功率 P_{tot}/W	20
工作结温 T_j/V	-40 ~ +150
存储结温 T_{stg}/V	-40 ~ +150

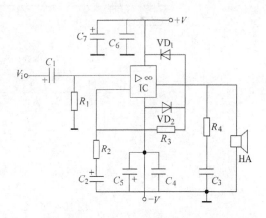

图 10-25　TDA2030 典型应用电路

TDA2030 电路元器件参数的选择：
R_2 的取值范围一般在几十欧至几千欧均可。

R_3 由中频段增益 A_v 要求来确定，一般取 $R_3 \geqslant (A_v - 1)R_2$。

C_2 由低频转折频率 f_L 来确定，一般取 $C_2 \geqslant 1/(2\pi R_2 f_L)$。

R_1 的选取考虑到差分放大器的平衡性，一般和 R_3 一致。

VD_1、VD_2 的作用是防止输出脉冲电压损坏集成电路，一般选用开关二极管。

C_3、R_4 为补偿电容和电阻，其作用是为了使负载扬声器在高频段仍为纯电阻，一般取 $R_4 \approx R_L$，C_3 一般取 0.1μF。

C_4、C_5、C_6、C_7 为电源滤波电容。一般 C_5、C_7 取 $\geqslant$2200μF；C_4、C_6 取 0.1μF。

2. 有源音箱内置音频放大器的工作原理

2.1 有源音箱电路原理图如图 10-26 所示。

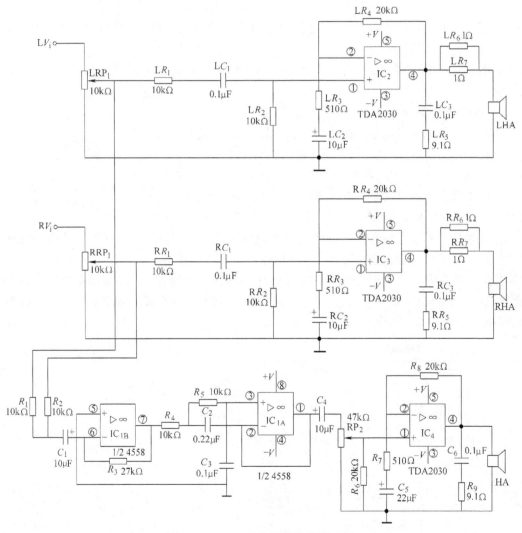

图 10-26　2.1 有源音箱电路原理图

（1）左声道放大电路　当左路音频信号由 LV_i 端输入，经电位器 LRP_1 音量控制后，再经过 LR_1、LC_1、LR_2 衰减耦合后输入到 IC_2（TDA2030）信号输入端①脚，经 IC_2 放大后，音频信号由 $IC_2$④脚输出驱动左声道扬声器发声。其中 LC_2、LR_3、LR_4 用来调整放大器的增益。LC$_3$、LR$_5$ 为补偿电容和补偿电阻器。LR$_6$、LR$_7$ 为保护电阻器。

（2）右声道放大电路　当右路音频信号由 RV$_i$ 端输入，经电位器 RRP$_1$ 音量控制后，再经过 RR$_1$、RC$_1$、RR$_2$ 衰减耦合后输入到 IC$_3$（TDA2030）信号输入端①脚，经 IC$_3$ 放大后，音频信号由 IC$_3$④脚输出驱动右声道扬声器发声。其中 RC$_2$、RR$_3$、RR$_4$ 用来调整放大器的增益。RC$_3$、RR$_5$ 为补偿电容和补偿电阻器。RR$_6$、RR$_7$ 为保护电阻器。

（3）低频声音信号放大电路　左声道音频信号 LV$_i$ 和右声道音频信号 RV$_i$ 经 R_1、R_2、C_1、IC$_{1B}$ 混合后，经过由 R_4、R_5、C_2、C_3、IC$_{1A}$ 组成的低频滤波器滤波后，低频信号经 C_4 输出，再由低音音量电位器 RP$_2$ 控制音量后，至 IC$_4$ 的信号输入端①脚，低频信号经 IC$_4$ 放大，输出放大的低频信号，驱动低音扬声器发声。其中 C_5、R_7、R_8 用来调整放大器的增益，C_6、R_9 为补偿电容和补偿电阻。

该电路的核心部分是有源低通滤波器，它的好坏直接影响重低音音箱的音响效果。为此我们采用了由 NE5532 或 UTC4558（后者稍差一些）组成的 12dB/dec 巴特沃兹二阶有源低通滤波器，如图 10 - 27 所示。

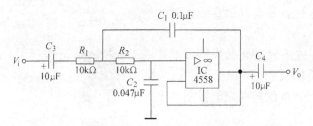

图 10 - 27　12dB/dec 巴特沃兹二阶有源低通滤波器

图中 R_1、R_2、C_1、C_2 的取值决定了有源低通滤波器转折频率 f_p 的频率点。为了计算方便，令 $R_1 = R_2 = 10\text{k}\Omega$，则 C_1 和 C_2 的取值分别为

$$C_1 = 1.414/[(2\pi f_p)R]$$
$$C_2 = 0.707/[(2\pi f_p)R]$$

例如当取转折频率为 230Hz，由上面两式分别计算出 $C_1 = 0.097\mu\text{F}$、$C_2 = 0.048\mu\text{F}$，实际使用时取最接近的标称值 $C_1 = 0.1\mu\text{F}$、$C_2 = 0.047\mu\text{F}$。

（4）电源电路　2.1 有源音箱电源电路如图 10 - 28 所示。

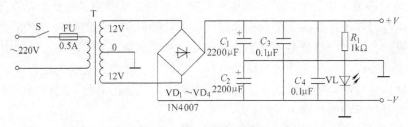

图 10 - 28　2.1 有源音箱电源电路

当 220V 交流电源经开关 S 闭合后，电流经熔断器 FU、变压器 T 一次绕组回到零线。此时变压器二次侧输出两路 12V 交流电，经 VD$_1$、VD$_2$、VD$_3$、VD$_4$、C_1、C_2、C_3、C_4 整流滤波后，输出 ±16V 直流电压分别向以上 3 部分电路供电。R_1 和 VL 组成电源指示电路，VL 为发光二极管。

另外，为了提高整套系统的信噪比，又降低成本，因此音量调节电路采用了模拟电位器，主音量和重低音分别调节，可以根据个人爱好或输入音源的不同，适当调节主音量的大小和低音提升度，使系统达到动听的效果。

10.3 有源音箱装配与故障分析

1. 2.1 有源音响使用的电位器

电位器又称可调电阻器。它实际上是一只可连续变化阻值的电阻器，其外形及图形符号如图 10 – 29 所示。

（1）电位器的分类 电位器的种类较多，按其操作形式可分为直滑式和旋转式两种；按其联数来分有单联电位器、双联和四联同轴电位器。

直滑式：是将电位器的动片做直线运动来改变其阻值。

旋转式：是通过左右转动转柄来调节动片的位置达到改变阻值的目的。

单联电位器：通过操作转柄只能控制一个电位器阻值的变化。

双联和四联同轴电位器：则是将两个和 4个电位器层叠组合在一起，通过一个转柄同时来控制两个和 4 个电位器的阻值进行同步变化。

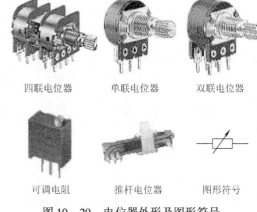

四联电位器　　单联电位器　　双联电位器

可调电阻　　推杆电位器　　图形符号

图 10 – 29　电位器外形及图形符号

按照电位器有无开关来分，可分为不带开关电位器和带开关电位器。前者使用较为普遍，而后者的电位器中带有一开关装置，通常用于收音机中作为带电源开关的音量控制。按照电位器的输出函数特性来分，可分为线性（X 形）电位器、对数式（D 形）电位器和指数式（Z 形）电位器。在音响电路中 X 形电位器主要用于前置放大器中左右声道平衡控制，Z 形电位器用于音量控制，D 形电位器用于前置放大器的音调控制电路。

（2）电位器参数 电位器的标称阻值、额定功率和运动噪声是电位器的 3 个主要参数。运动噪声是电位器较为重要的一个指标，它包含了动噪声和电流噪声两个方面。动噪声是电位器特有的噪声，由于电位器是通过动片在定片上滑动来调节其电阻值，故动定片之间的摩擦会产生一定的噪声，它与定片电阻体的结构、均匀度、动定片之间的配合等情况有关。动噪声是电位器较容易产生的故障之一。电流噪声则是电位器的动片不滑动时与定片之间产生的噪声，一般电位器的电流噪声较小。

（3）电位器的检测 检测电位器时首先检测电位器的标称阻值。如图 10 – 30a 所示，将万用表的两表笔分别搭接电位器的两个定片的引脚，测出的阻值即为该电位器的总的电阻值，应与电位器的标称阻值相同。检测电位器的阻值变化特性如图 10 – 30b 所示，将万用表的一只表笔搭接电位器的定片，另一只表笔搭接电位器的动片，慢慢旋转电位器的转柄，注意观察万用表的指针变化是否和电位器所标注的阻值变化规律的特性一致。在检测的过程中，如果万用表的指针在移动时无跳变现象，说明电位器的动片和炭膜层转动配合较好，反之则配合较差。对于双联同轴电位器，在进行上述项目检测的同时，还可进行两只同轴电位器之间阻值变化同步性的检测。如图 10-30c 所示，将两只电位器串联起来，然后旋转电位器的转柄，万用表的指针应始终指在电位器的标称阻值的位置，如果阻值出现了变化，则说明两只电位器的阻值变化的同步性较差，在重放时容易产生两个声道输出不一致的现象。

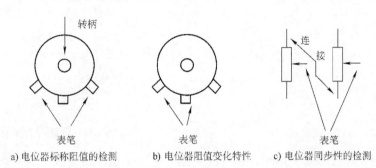

a) 电位器标称阻值的检测　　b) 电位器阻值变化特性　　c) 电位器同步性的检测

图 10-30　电位器之间阻值变化同步性的检测

2. 散热片（又称散热板）

自己动手制作功率放大器，一个不容忽视的问题是功率放大器的散热。由于功率放大器内的变压器、电阻及功率晶体管等在工作时均会产生一定的热量，半导体器件对温度的变化较为敏感，温度的升高会使反向电流增大，击穿电压降低，允许功率减小。如果不能很好解决这一问题，就会使功率放大器降低输出功率，甚至烧坏元器件。降低功率放大器内部热量的散发的方法有两种，一是增大发热元器件的功率余量，使元器件的温度降低，二是加强功率放大器内的通风散热的手段。增大功率放大器元器件的功率余量，除了能降低元器件的温度外，还能延长其使用寿命。

另外，在功率放大器中一些发热量较大的元器件，如末级输出功率晶体管，都必须加装散热器，常见的散热器有散热板和散热型材两种。

（1）散热板　它是用一些散热性能较好的如铝、铜等金属板，将功率晶体管固定于金属板的表面，使其帮助散热，也可以将功率晶体管固定于功率放大器的金属底板上，这是音响发烧友常用的一种方法，既省去制作散热器的麻烦，也增大了散热的面积。需要注意的是，如果电路需要将功率晶体管与外壳之间绝缘，就可在功率晶体管的底座与散热板或底板之间垫上云母或聚酯薄膜等绝缘材料。

（2）散热型材　一般用于专业的功率放大器中，它是用铝镁合金挤压而成，可根据电路需要对型材进行任意切割，一般 10cm 长的散热型材可耗散 60W 左右的热量，有条件的音响爱好者在制作功率放大器时最好使用散热型材。

3. 有源音响内置放大器的安装

（1）整机地线的接法　一般有两种连接方法，即串联一点接地法和并联一点接地法。

1）所谓串联一点接地法连接是将各级放大电路按先后顺序将接地点汇集于一条总的地线上，然后在一端接地（机器的外壳），如图 10-31 所示。

这种方法较适合于印制电路板，此时电路板上应分别给出输入和输出的地线点。由于任何接地线都有电阻存在，当放大器中的电流流过时会产生一定的压降，从而产生干扰，故接地的电阻应尽可能小。至于在电路的输入端还是输出端接地，可根据实际试机决定，如果只是对于抑制自激而言，就将接地点设在电路的输出端。

2）并联一点接地法。各电路的地电位只与该电路的地电流和地线的电阻有关，这对避免各级放大电路的地电流的耦合，减少干扰是很有利的。但是这种接地方法也有一些缺点，由于功率放大器有几级放大电路，故接地线较多，而接地线较长会产生较大的分布电感，对重放信号的高频瞬态响应有一些影响。并联一点接地法如图 10 – 32 所示。

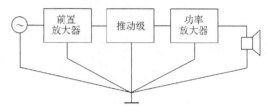

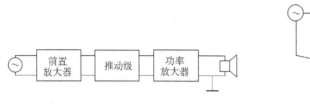

图 10 – 31　串联一点接地法　　　　　　　图 10 – 32　并联一点接地法

在放大器的制作过程中，出现低频自激大都是由于接地不良所致，这一点需特别注意。另外，功率放大器中金属屏蔽线的接地也需要注意，一般不宜将金属屏蔽线的两端均接于前后级的电路地上，这样会使金属屏蔽层形成地电流的通路，而产生噪声，通常的做法是将金属屏蔽层的一端接地，且接于后级放大电路的地上。

（2）元器件的装配要求　我们所装的内置放大器共 52 只元器件，其中电阻 24 只、电容 16 只、整流二极管 4 只、发光二极管 1 只、电位器 2 只、散热器 1 块、集成电路 4 只。另外还有 M3 螺钉 6 只和 13 条短接线，螺钉为固定散热器所用。

以上各元器件除了 4 只整流二极管采用卧式装法，其余元器件均为直立式安装。有源音箱印制电路板和后面板接线图如图 10 – 38 和图 10 – 39 所示。

（3）元器件焊接要求　焊接时按照先焊接短跳线，再焊接电阻、电容、整流管、电位器的顺序，最后焊 TDA2030A。焊接 TDA2030A 前须先把 TDA2030A 用螺钉固定在散热片上，否则在最后装散热片时螺钉很难固定。TDA2030A 与散热片接触的部分涂上少量的散热脂，以利散热。焊接时必须注意焊接质量，焊接质量的好坏对于功率放大器工作的可靠性有很大的影响。手工焊接是利用电烙铁实现金属之间牢固连接的一项工艺技术。这项工艺看起来很简单，但要保证高质量的焊接却是相当不容易的。因为手工焊接的质量受诸多因素的影响及控制，必须大量实践，不断积累经验，才能真正掌握这门工艺技术。

4. 有源音响的调试与检测

（1）调试　本功率放大电路板调试特别简单，电路板焊好电子元器件后，要仔细检查电路板有无焊错的地方，特别要注意有极性的电子元器件，如电解电容、整流二极管，一旦焊反即有烧毁元器件之险，请特别注意。

接上变压器，放大器的输出端先不接扬声器，而是接万用表，最好是数显的，万用表置于 DC ×2V 档。功放板上电后要注意观察万用表的读数。在正常情况下，读数应在 30mV 以内，否则应立即断电检查印制电路板。若万用表的读数在正常的范围内，则表明该功放板功能基本正常，最后接上音箱，输入音乐信号，上电试机，旋转音量电位器，音量大小应该有变化，旋转低音旋钮，低音音箱的音量大小应该有变化。

（2）有源音箱内置放大器的检测　有源音箱内置放大器制作完成后，我们需要对功率放大器的性能指标进行检测，以确定所制作的功率放大器的技术指标是否达到预定的数值。

检测功率放大器需要一些设备，如信号发生器、音频电压表、失真度检测仪、示波器等。测试时需注意功放的输出端子不接音箱，改接负载电阻 R_L。电阻的阻值与功放的输出阻抗 Z 相同，电阻的功率应大于或等于功放额定输出功率的 3 倍以上。音频信号发生器的输出阻抗应小于或等于被测功放的输入阻抗，以防止功放输入阻抗过小时影响输入信号的频率稳定度。测量时所有仪器、设备应按额定供电电压供给（一般为 220V/50Hz），以保证测量精度，若电网电压不稳，应加接交流稳压器。

1）额定输出功率（又称标称功率）的检测。它是指放大器在额定电源电压、额定输入信号电平时以一定的失真度要求来确定的。具体的检测电路如图 10 - 33 所示。

R_L 为 8Ω 的负载电阻（应能承受规定的功率）。测量时，调整信号源的频率和输出幅度，给放大器输入一个 1000Hz、0.775V 的正弦信号。缓慢开大功放的相应音量旋钮，观察示波器的输出波形刚好不失真时，停止调节音量钮。读取音频电压表的电压指示值（有效值）U_o，并通过公式 $P = U_o^2/R_L$ 计算该放大器的额定输出功率。在此基础上，将功放的音量旋钮开至最大，还可以增大输出功率，那就是最大输出功率。

2）频率特性的检测。指放大器对不同音频频率的放大特性，范围在 20~20000Hz 之间。理想的放大器应对这个范围内的所有频率具有完全相同的放大作用。如果功放在输入不同频率的音频信号时，其输出电压比较一致，则频率特性平稳。频率特性的不均匀性用分贝表示。它是以频率为 1000Hz 时输出电压对其他频率下输出电压比值的对数形式来表示，即频率为 f_{Hz} 的信号相对在某一频率上的电平为 $f_{Hz}(dB) = 20lg$（f_{Hz} 输出电压/1kHz 输出电压）。因此，频率为 1000Hz 信号的基准电平为 0dB。对于放大器，在 20~20000Hz 的频率范围内，所有频率的相对电平应在 ±1~±3dB 之间，相对电平数的绝对值越小，放大器的频率特性越好，频率失真越小。测试电路如图 10 - 34 所示。

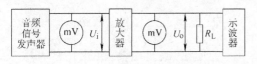
图 10 - 33　额定输出功率检测电路

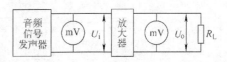
图 10 - 34　频率特性测试电路

测量时先将音频信号发生器调至 1000Hz 输出 775mV 信号给放大器。调整放大器音量钮，使输出电压为额定输出电压的 70%（额定功率的 50%），在测量中要保持音量钮固定不动。在 20~20000Hz 的频率范围内，从低到高改变信号发生器的输出频率（保持 U_i 不变），隔几十至几百赫兹逐点记下功放的输出电压 U_o，并填入表 10 - 2 对应格内。

表 10 - 2　频率特性曲线

输入频率/Hz	20	50	100	200	400	600	800	1k	2k	4k	6k	8k	10k	12k	14k	16k	18k	20k
输出电压 U_o/mV																		
相对电平/dB																		

将输入电压 U_i 依次代入公式 $f_{Hz}(dB) = 20lg$（f_{Hz} 输出电压/1kHz 输出电压），求出所有测试频率点的相对电平，填入表 10 - 2 对应格内。

绘制频率特性曲线。在对数坐标上，按照表 10 - 2 算出的"相对电平"数据与输入频率的对应关系，逐点连线做出频率特性曲线。该曲线即反映了被测放大器的频率响应特性，它越平越直，说明频率特性越好。

3）信噪比（S/N）的检测。信噪比（S/N）是放大器额定输出电压（或额定输出功率时的输出电压）与输出噪声电压的比值（用对数表示）。检测时先测得额定输出电压 U_o，然后撤去信号源，在放大器输入端并接一只 6kΩ 电阻（电阻装在接地屏蔽盒里，代替信号源内阻）。此时，音频电压表指示的值即为输出噪声电压 U_n。用下式计算，便可求出信噪比：

$$S/N = 20\lg\ (U_o/U_n)$$

4）失真度的检测。当音频信号通过放大器时，输出信号与输入信号的波形并不完全相同，这就叫失真。失真度的大小，常用失真度系数来描述，即用输出信号中各次谐波合成电压的有效值与基波电压的有效值之比来表示，其数值可由失真度测试仪直接读出。

测量电路如图 10-35 所示，测量时所有测试仪器的外壳要接地，以防其他干扰窜入后影响检测精度。测量过程按照额定输出功率的测量方法，从放大器的输入端分别送入 20Hz、100Hz、1000Hz、5000Hz、10000Hz、15000Hz 等不同频率的正弦信号，将放大器逐次调到额定输出功率值（或额定输出电压），并调节失真度仪分别测出各个频点的失真度系数 γ。取其中最大值 γ_1，然后撤下信号源，测出信号源失真度 γ_2，再用下式算出 THD 值：

$$\mathrm{THD} = \sqrt{\gamma_1^2 - \gamma_2^2}$$

另外我们一般以 1000Hz 的失真度系数为基准，与其他频点的数据相比较。差别大，说明放大器在整个音频段内的失真度不均衡。差别小，说明放大器在整个音频段内的失真度比较平衡。

5）输入阻抗的检测。输入阻抗 R_i 为放大器输入端的等效阻抗，检测电路如图 10-36 所示。

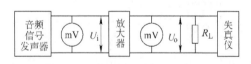

图 10-35　失真度测量电路

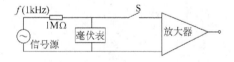

图 10-36　输入阻抗 R_i 检测电路

测量时先给信号源串联一只 1MΩ 电阻，使之变成高内阻信号源，用音频电压表测得其空载电压 U_1（所用电压表内阻应足够高，最好采用数字表，否则误差大），然后闭合 S 将该信号源接入放大器输入端。这时，毫伏表读数降至 U_2，再用下式进行计算即可：

$$R_i = [U_2/(U_1 - U_2)] \times 1\mathrm{M\Omega}$$

6）输出阻抗及阻尼系数的检测。输出阻抗（也称输出电阻或输出内阻）指放大器输出端的等效阻抗，即从输出端向放大器看进去的阻抗，其测试电路图 10-37 所示。

通过开关 S 在放大器输出端接入 8Ω 的负载 R_L，输入 1kHz 信号，使放大器达到额定输出功率状态，测得此时的输出电压 U_1。再打开 S，撤掉负载电阻 R_L，测出放大器的空载输出电压 U_2，即可用下式计算输出阻抗：

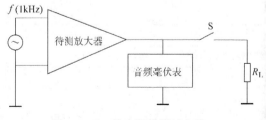

图 10-37　输出阻抗测试电路

$$R_0 = (U_2/U_1 - 1)R_L$$

然后再用下式计算出功率放大器的阻尼系数 DF，即

$$DF = R_L/R_0$$

5. 有源音箱的故障分析

自己动手制作的有源音箱，由于技术、所选元器件、装配工艺等原因，很容易出现一些故障，轻则功率放大器不能正常工作，重则烧坏功率放大器件，下面就有源音箱常见故障的检查排除作一介绍。

（1）完全无声。即扬声器中没有任何声音，它与声音小的故障是有区别的，其故障部位一般在扬声器、电源电路和放大电路，常见的原因有以下几种：

1）无工作电压。直流电源无输出、电源熔丝熔断均会造成无电压，这可用万用电表检查。如果交流有输入，但直流无输出，应检查整流部分的元器件和接线有无断路。如果是熔丝熔断，则要先找出熔断的原因，当有短路情况（如 TDA2030 击穿）时，应把短路故障排除后，才能再次通电。

常见的短路原因有 TDA2030 短路击穿或滤波电容器因耐压不够而击穿、印制电路板碰线等。

由于 TDA2030 散热片上连的是负电源，一旦与正电源和地线短路后会引起短路故障，因此，我们在安装前最先检查它和地线、正电源的绝缘。另外，在焊接 TDA2030 的引脚时，也要注意别让焊锡流到散热片与引出脚之间。

在印制电路板中，集成电路的各引脚之间的距离较小，如果电路板不好或集成电路的引脚焊接时不注意，就会造成短路。另外，拿到印制电路板之后，应检查一下印制电路板的铜箔面，是否有短路情况。

2）电路中断或短路。例如扬声器及其连接线断开或碰线，插头座接触不良、输入信号线断裂或短路、TDA2030 及其他电路元器件损坏都会使扬声器无声。如果是扬声器及放大器输出部分的故障，扬声器将会出现无声现象。如果是前级故障，则扬声器仍会发出轻微的噪声，此时转动音量、音调电位器，该噪声的大小会随之改变，反之则有可能故障部位在音量电位器以后的电路中。如果电路的直流工作状态正常，但是无声，则故障多由耦合电容器开路所引起。

3）自激。如果功率放大器出现很强的超音频振荡，就会把有用信号掩盖起来，因人耳听不到超音频，所以也好像是"无声"。此时用万用表交流电压档可测量到放大器的输出电压，用示波器时还可观察到输出波形，功放集成块发热严重。一般该故障不易出现，如出现该故障的排除办法是消除高频自激。

（2）元器件发热　当自己装配的放大器的电路元器件焊接错误、元器件选择不符合要求、电路自激、装配与调整不当时，均会使功率放大器的元器件发热甚至烧毁。

1）最常见的是 TDA2030 击穿，此时若功率放大器直流电源接有熔丝，将立即熔断。如果没有熔丝，因通过大电流，元器件就会很快发烫，时间一长便烧毁。若通电后发现放大器元件发热或冒烟应立即关闭电源，排除故障。

2）整流管或滤波电容器的极性接反，也会被击穿，使放大器出现大电流。我们在通电调试功率放大器之前，一定要检查它们的极性。

3）正在调试中的放大器，功放输出集成电路 TDA2030 的散热器发热是正常现象。但如

果温度很高，烫到连手也不能触摸的程度，就是不正常了。散热器发烫说明集成电路耗散功率明显增大，此时应断开电源，检查 TDA2030 的周边元器件是否有损坏或位置装错，电源电压是否正常，发热的集成电路散热器要垫上云母片、聚酯薄膜等绝缘垫片，垫片两面最好涂上导热的硅脂。故障排除后才能通电使用。

（3）放大器自激　放大器出现自激振荡，是自制功率放大器最常见的故障。自激的形式大致有两种：一是接通电源后马上出现连续自激，这多是所用元器件不当或布线、焊接上的错误所引起；二是有信号输入时才自激，并且其振荡大小与波形会随音量控制旋钮的调节位置以及负载扬声器的接入情况而变化。后一种自激往往涉及电路内的多种因素，需要花费较多时间才能查出产生的原因。自激的故障现象有：

1）散热器和一些电阻发烫。

2）扬声器里出现振荡叫声，如果自激振荡的频率不再超音频，便可以从扬声器里听到振荡叫声，并可根据振荡频率的高低来判断自激产生的原因，如通过导线之间的感应或通过电源内阻的有害耦合等。

3）音量较大时出现啸叫声。这是一种有条件的自激，即信号较大时才把自激诱发出来，信号幅度减小后，自激也随之消失。此故障多由接地不良或印制电路板布线不当所引起。这类潜在故障往往被忽视，等到播放大音量的音乐试听时，轻微的自激还会被误认为是放大器的失真。

4）重放声音带有拖尾。放大器的频率特性不均匀，频响曲线在某段频率出现突出的尖峰，便会使节目信号在该频率附近激起一段减幅振荡（振铃现象），听起来像是节目信号的背后附有拖尾。如果变压器的容量不够，电源内阻便增大。在开机时或强信号输出之后会出现减幅振荡，听起来也好像声音带有拖尾。实际直流电源的内阻决不会等于零，况且因滤波电解电容器的容量限制，以及电容器内（包括连接导线）感抗成分的存在，使低频和高频时的电源内阻更加升高。功率放大器的输出电流通过直流电源的内阻时，将产生相应的电压降。如果前、后级共用一电源，该电压降就将经过电源内阻耦合到前级，形成低频（俗称汽船声）或高频的自激振荡，有时还会出现高频调制于低频的间歇振荡。

抑制自激的方法有：①前、后级各用独立的电源供给；②加强退耦措施；③采用稳压电源；④减短电源输出接往功放级的连接线；⑤采用无感电解电容器作为滤波电容器。可在滤波电容器的两端，以及输出级集电极与地之间加接 $0.1 \sim 1\mu F$ 的涤纶薄膜电容器作高频通路，以降低高频时的电源内阻。

如果放大器的输入线（或元件）与输出线、电源线相邻太近，通过它们之间的寄生电容、寄生电感（互感）就会产生耦合，轻则使扩音机的高频特性不规则，重则形成高频自激振荡。要防止这类自激发生，装配时要注意：输入接线决不要靠近输出线和电源线，更不要捆扎在一起。如果前级输入线的长度超过 5cm，最好用金属屏蔽线。通过大电流的输出线、电源线要粗而短。绘制印制电路板时也要注意上述原则，宁可用跨接线也不要让印制导线绕大弯。检修功率放大器时，如果拨动放大器的输入、输出线，自激振荡的情况会跟着改变，便可判定是这一类自激。

放大器的高频自激往往与反馈有关。因此，抑制高频自激的途径便是设法降低放大器的高频增益、设法减小输出信号的相位滞后、设法拉开各放大级的高频上限频率间隔，以破坏高频自激的幅值条件和相位条件：

常见的做法有：①电容滞后补偿。②电容超前补偿。如果在反馈电阻上并上一个小容量的电容器，即可把输出端提取的高频反馈信号的相位提前，从而抑制高频自激。③负载阻抗补偿。为了保证功率放大器的安全运行，一般均在其输出端接上 RC 阻抗补偿网络，用以补偿扬声器的感抗成分。当负载扬声器的阻抗为 8Ω 时，补偿网络的 R 常取 10Ω、C 取 $0.047 \sim 0.15\mu F$，此时，补偿网络对 $1000kHz$ 以上的超高频才有衰减作用。由于该网络能抵偿扬声器的电感分量，使放大器的实际负载阻抗在高频时并无明显增高，再加上该网络对超高频的衰减作用，使得放大器在通频带以外的高频增益下降，所以从抑制高频自激的角度来考虑，该网络是很有效的。

为了使扬声器导线的分布电容不至于带来高频不稳定因素，我们还可以在功率放大器的输出端串接一个 RL 并联网络，用以防止容性负载对放大器的影响。

（4）重放声音小　造成功率放大器重放声音小的原因要有以下几点：

①信号源输出弱；②放大器的增益不够；③功率放大器输出功率偏小；④扬声器效率低。

对于信号源及扬声器的故障，可用替换的办法迅速判断出来，另外，由于橡皮边扬声器的效率较低，它比普通扬声器声小也是正常的。

功率放大器增益不够，还是最大输出功率不足，可以用加大输入的方法来判断。例如把声音信号直接接往放大器的输入端，如果音量够大，就说明功放机的输出功率足够，只是放大器的增益低。反之，如果加大输入后只会引起失真，音量并无显著增大，就是功率放大器的输出有问题了。

如果功率放大器的最大输出功率达不到设计要求，可按下述步骤检查：

1）首先检查大信号输出时的电源电压是否足够，如果不够，输出功率必然不足，这时应从电源方面检查原因。

2）电源电压足够，但最大输出功率不足，则是功率放大电路的电源电压利用系数偏低，应检查与利用系数有关的元器件。

3）增益不够还可适当调整 TDA2030 的反馈电阻的阻值，但不能使放大器产生自激。

（5）重放声音失真　指功率放大器还未达到最大功率输出时就产生明显的失真。功率放大器的前置放大和功率放大部分出现故障，都有可能引起失真。我们所装的放大器由于用了集成功放电路，在出厂时已经经过测试，所以除了补偿欠妥要调整补偿电容外，此故障一般不会产生。

（6）重放噪声大　对于交流噪声大的故障，可首先检查一下电源的滤波电容是否存在故障。若是集成电路功率放大器，可用电压检查法检查一下功率放大器的输出端的直流工作电压是否正常，以确定是否为功率放大集成电路的内部电路原因而产生噪声。

1）如果交流噪声不是太大，可用一只 $2200\mu F$ 的电容（注意其耐压值）并接于电源滤波电容的两端进行试机。

2）如果某一个声道有重放噪声，可检查一下功能转换开关是否接触不良。

3）对于在转动音量电位器而出现的噪声，可用无水酒精清洗音量电位器，或更换一只新的音量电位器。

有源音箱 PCB 如图 10 - 38 所示，有源音箱接线图如图 10 - 39 所示。

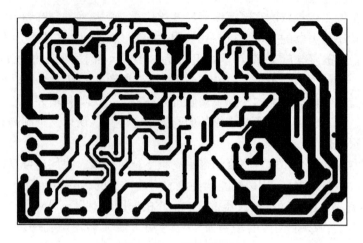

图 10 - 38　有源音箱 PCB

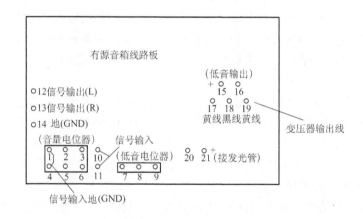

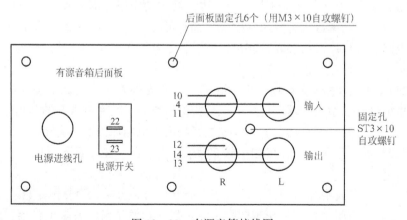

图 10 - 39　有源音箱接线图

注：电源进线一头接电源开关上 22 号接头，另一头和 23 号接头一起分别连接变压器一次侧输入线（交流 220V 输入端）。

习　　题

1. 参照原理图，在印制电路板上标出各元器件的位置，并用各元器件的电路符号予以表示（短接线用直线表示）。

2. 参照原理图，列出有源音箱的元器件表，并写出各元件的参数。

3. 参照原理图，说出图中各元器件的作用、电路组成及工作原理。

4. 测量、记录、整理测试数据。根据表 10 – 2 画出放大器的频响曲线。

5. 写出在安装、调试过程中所遇到的问题及故障并对其进行分析。

第 11 章　LED 球泡灯的制作

11.1　LED 灯具介绍

随着能源危机以及环境污染等问题的日益严重，LED 作为绿色光源，以其节能、环保、高可靠性等特点得到越来越多的关注，并将代替传统照明设备成为第四代照明光源。由于 LED 自身的光电特性，需要采用专用的驱动电源进行驱动。为了与 LED 光源节能环保、寿命长、高可靠性等优势相匹配，就需要研究设计一款高效率、高可靠性的 LED 驱动电源。

LED 灯具主要包括 LED 固态光源、LED 恒流驱动、散热器、灯具标准接口和光学系统。

11.2　LED 驱动制作

11.2.1　LED 驱动介绍

由于 LED 芯片具有 PN 结的非线性、单向导电性，使得原始电源一般都不能直接给 LED 供电。因此，要用 LED 作为照明光源就要解决电源转换问题。大功率 LED 实际上是一个电流驱动的低电压单向导电性器件，LED 驱动器应具有直流控制、高效率、过电压保护、负载断开、小型化及简便易用等特性。因此，为 LED 供电的电源变换器的设计必须注意以下事项：

1）LED 是单向导电性器件，因此为 LED 供电需采用直流电流或者脉冲电流供电。

2）LED 是一个 PN 结的半导体器件，只有当加在 LED 上的电压值超过门限电压时，LED 才会充分导通。大功率 LED 正常工作时的管电压降是 3～4V。

3）LED 的伏安特性是非线性的，因此流过 LED 的电流与其两端的电压不成比例。

4）LED 是负温度系数的 PN 结，温度升高 LED 的管电压降会降低，因此 LED 不能直接用电压源驱动，必须采用限流措施，否则 LED 的电流会随着工作温度的升高而越来越大，最后使得 LED 损坏。

5）LED 的光通量和流过 LED 的电流的比值是非线性的。LED 的光通量随着流过 LED 的电流增加而增加，却不成正比，越到后来光通量越少。因此，应该使 LED 工作在一个发光效率比较高的电流值下。另外，LED 的功率也是有限的，不能超过其额定功率工作；同时，由于生产工艺和材料特性方面的差异，同样型号的 LED 管电压降及 LED 内阻也不一样，这就导致 LED 工作时管电压降不一致，再加上 LED 势垒电势具有负的温度系数，因此 LED 不能直接并联使用。

LED 驱动器具有以下特性：

1）采用 LED 的 U—I 曲线来确定产生预期正向电流所需要向 LED 施加的电压，以及稳定式驱动器。但目前不提倡采用该驱动方式。

2）宜采用恒流源驱动。由于 LED 是电流驱动的器件，同时其亮度与正向电流成比例关系，因此 LED 首选的驱动方法是利用恒流源驱动。恒流源驱动方式可以消除正向电压变化所导致的电流变化，因此 LED 亮度恒定。

3）高效率。LED 是节能环保新一代光源，因此驱动 LED 的电源应该具备与之匹配的高效率才能使 LED 照明灯具整体的效率得到提高，真正达到节能环保的目的。

4）过电压保护。在恒流工作的 LED 驱动器需要具有过电压保护功能，无论负载为多少，恒流电源都可以产生恒定的输出电流。如果电源检测到过大的负载电阻或者负载断开的话，输出电压可以提高到超出 IC 或其他分立电路元件的额定电压范围内。过电压保护的方法可以采用输出采样电阻进行监视也可以在 LED 芯片上并联稳压管，如果输出电压过高，电流就会流过稳压管而保证 LED 仍然是恒流驱动。

同时 LED 驱动器还应具有负载断开、小型化、简便易用、高可靠性及高寿命等特征，这样才可以真正满足 LED 照明具有的高可靠性、高寿命、节能环保的优势。

1.2.2 5W 球泡灯驱动原理介绍

PT6981 是一款高精度的非隔离降压 LED 恒流驱动芯片，适用于 AC 85V ~ AC 265V 全电压输入范围的非隔离降压型 LED 恒流驱动电源。PT6981 内部具有高精度的电流检测和恒流电路，能实现高精度的 LED 恒流输出和优异的线电压调整率。芯片工作在电感电流临界模式下，LED 输出电流不随电感量和 LED 输出电压的变化而变化，实现优异的负载调整率。

PT6981 内部集成 500V 功率晶体管，并采用源极驱动方式，芯片的工作电流很低，无须辅助绕组检测和供电，只需要很少的外围元件，即可实现优异的恒流特性，极大地节约了系统成本和体积。

PT6981 集成多种保护功能，以保证系统的稳定和可靠，包括 LED 开路/短路保护、CS 电阻短路保护、芯片供电欠电压保护、芯片温度智能控制等。

1. 特点
- 内部集成 500V 功率晶体管。
- 电感电流临界模式。
- 无须辅助绕组检测和供电。
- 芯片超低工作电流。
- 宽输入电压。
- ±5% 输出电流精度。
- LED 开路/短路保护。
- CS 电阻短路保护。
- 芯片供电欠电压保护。
- 芯片温度智能控制。
- 自动重启动功能。
- 采用 SOP8 封装。

2. 应用
- LED 球泡灯、PAR 灯。
- LED 荧光灯。

- 其他 LED 照明。

3. 引脚说明

引脚架构如图 11 – 1 所示，引脚说明见表 11 – 1。

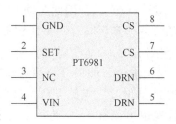

图 11 – 1　引脚架构

表 11 – 1　引脚说明

引脚编号	引脚名称	说　　明
1	GND	芯片地
2	SET	LED 开路保护电压设置端，通过连接电阻到地来设置
3	NC	无连接，必须悬空
4	VIN	芯片供电引脚
5，6	DRN	内部高压功率晶体管漏极端
7，8	CS	电流采样端，在功率晶体管导通时检测电感的峰值电流

4. 工作原理

PT6981 工作在电感电流临界模式，非常适用于非隔离降压型 LED 驱动电源。系统工作在电感电流临界模式，能够实现高精确度的 LED 恒流控制而不需要任何的闭环控制。PT6981 内部集成 500V 功率晶体管，而且不需要辅助绕组检测和供电，只需要很少的外围器件就能达到优异的线性调整率和负载调整率。

当系统上电后且 VIN 引脚电压超过芯片开启阈值后，芯片内部控制电路开始工作。此时功率晶体管开始导通，流过电感的电流开始斜坡上升，同时电流流过 CS 电阻并在 CS 引脚上产生一个正向的斜坡电压。当 CS 引脚的电压达到峰值电流检测阈值电压时，功率晶体管将关断。功率晶体管关断后，流过电感的电流开始斜坡下降，当电感电流下降到零时，功率晶体管再一次导通。这样的开关过程将周期地重复下去，从而实现对输出电流的恒流控制。

5. 恒流控制

PT6981 逐周期检测电感的峰值电流。CS 连接到峰值电流比较器的输入端，与 400mV 阈值电压进行比较，当 CS 电压达到比较阈值时功率晶体管关断，得到的电感峰值电流（mA）为

$$I_{\text{PEAK}} = \frac{400}{R_{\text{CS}}} \tag{11 – 1}$$

其中，R_{CS} 为电流采样电阻阻值。芯片工作在电感电流临界模式，则 LED 输出电流为电感峰值电流（mA）的一半，即

$$I_{\text{LED}} = \frac{I_{\text{PEAK}}}{2} \qquad (11-2)$$

6. 电感选择

PT6981 工作在电感电流临界模式，当功率晶体管导通时，电感电流从零开始上升至峰值，导通时间为

$$T_{\text{ON}} = \frac{L I_{\text{PEAK}}}{V_{\text{BUS}} - V_{\text{LED}}} \qquad (11-3)$$

式中，L 为电感量；I_{PEAK} 为电感峰值电流；V_{BUS} 为整流后的母线电压；V_{LED} 为输出 LED 电压。当功率晶体管关断后，电感电流从峰值开始下降到零，关断时间为

$$T_{\text{OFF}} = \frac{L I_{\text{PEAK}}}{V_{\text{LED}}} \qquad (11-4)$$

因此，可以得到电感的计算公式为

$$L = \frac{L_{\text{LED}}(V_{\text{BUS}} - V_{\text{LED}})}{f_{\text{osc}} I_{\text{PEAK}} V_{\text{BUS}}} \qquad (11-5)$$

式中，f_{osc} 为系统工作频率，在电感 L 选定后，系统工作频率随母线电压的升高而升高。

PT6981 分别设置了电感的退磁消隐时间和最长退磁时间，分别为 $4.5\mu s$ 和 $240\mu s$。由 T_{OFF} 的计算公式可知，如果电感 L 很小时，T_{OFF} 会小于芯片的退磁消隐时间，系统将工作在电感电流断续模式，此时 LED 输出电流会偏离设计值；而当电感 L 很大时，T_{OFF} 会超出芯片的最长退磁时间，系统将工作在电感电流连续模式，此时 LED 输出电流也会偏离设计值。因此，需要选择合适的电感 L，使系统工作在合适的频率范围内。

7. 开路保护电压设置

当系统发生 LED 开路的异常情况时，系统不断地对输出电容进行充电，则输出电压会逐渐上升。因此需要限定发生 LED 开路时的输出电压值，以保证输出电容在 LED 开路时不会被损坏。PT6981 集成 LED 开路保护电压设置功能，可以通过 SET 引脚电阻的设置来设定所需要的 LED 开路保护电压。

当 LED 开路发生时，输出电压会逐渐上升，同时电感的退磁时间会逐渐减少。因此可以根据所需要设定的 LED 开路保护电压来计算电感退磁时间 T_{OVP}，即

$$T_{\text{OVP}} = \frac{V_{\text{CS}} L}{R_{\text{CS}} V_{\text{OVP}}} \qquad (11-6)$$

式中，V_{CS} 是 CS 电流检测阈值；V_{OVP} 是所需要设定的开路保护电压值。

此时，通过 T_{OVP} 时间来计算 SET 引脚的电阻值，从而确定 LED 开路发生时电感的最短退磁时间，也限定了 LED 开路时的输出电压。SET 引脚的电阻值（$k\Omega$）为

$$R_{\text{SET}} \approx 15 T_{\text{OVP}} \times 10^6 \qquad (11-7)$$

LED 开路保护发生时，系统会反复重启动，故需要在输出端并联一个电阻来消耗系统反复重启动所产生的能量。5W 的 LED 球泡灯的原理图如图 11-2 所示。

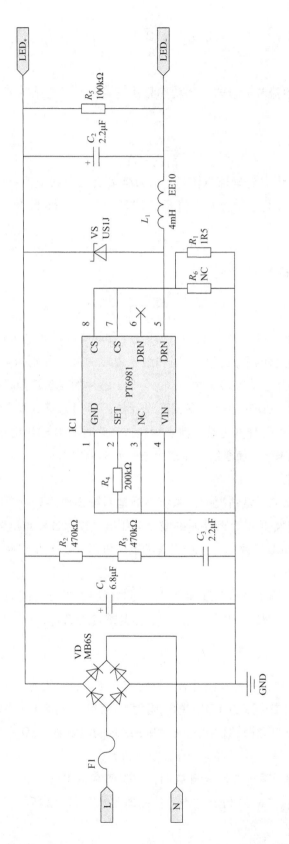

图11-2 LED球泡灯原理图

11.2.3　5W 球泡灯驱动电路

球泡灯物料清单见表 11-2，制作流程见表 11-3。

表 11-2　球泡灯物料清单

序　号	名　称		规　格	数　量	位　置
1	驱动部分	贴片电阻	100k 0805 5%	1	R_5
2			200k 0805 5%	1	R_4
3			1.5R 0805 1%	1	R_1
4			470k 1206 10%	2	R_2、R_3
5		贴片电容	2.2μF/25V 0805	1	C_3
6		恒流芯片	PT6981 SOP8	1	IC1
7		贴片桥堆	MB6S SOP4	1	VD
8		贴片稳压管	US1J SMA	1	VS
9		插件电解电容	6.8μF/400V 8mm×12mm	1	C_1
10			2.2μF/400V 6mm×12mm	1	C_2
11		电感	EE10 4mH	1	L_1
12		PCB	18.5mm×28mm, 1.2mm 厚	1	
13	灯板部分	灯板	φ38mm 10 珠 5730	1	
14	外壳	灯杯	A60	1	
15		灯罩	PC 罩 A60 大角度	1	
16		铝板	φ38mm	1	
17		螺钉	2.6mm×6mm	2	
18		线材	白线 35mm　26 号	2	
19			红黑线 50mm　26 号	2	

NC：R6

表 11-3　制作流程

序号	物料名称	部件类型	用量	元器件标号	工段	注意事项	备　注
1	恒流芯片	PT6981 SOP8	1	IC1	SMT	注意方向；注意连焊；焊盘焊锡过多堵住	
2	贴片桥堆	MB6S SOP4	1	VD	SMT	注意方向；注意焊盘焊锡过多堵住	
3	贴片电阻	1.5R 0805 1%	1	R_1	SMT		贴片检查
4		200k 0805 5%	1	R_4	SMT		
5		470k 1206 10%	2	R_2、R_3	SMT		
6		100k 0805 5%	1	R_5	SMT		
7	贴片电容	2.2μF/25V 0805	1	C_3	SMT		
8	贴片稳压管	US1J/600V/1A SMA	1	VS	SMT	注意方向	

（续）

序号	物料名称	部件类型	用量	元器件标号	工段	注意事项	备　注
9	插件电解电容	2.2μF/400V 6mm×12mm	1	C_2	手插	注意方向；卧式安装	插件检查
10	插件电解电容	6.8μF/400V 8mm×12mm	1	C_1	手插	注意方向；卧式安装	
11	电感	EE10 4mH	1	L_1	手插	注意方向	
12		26AWG　35mm×1.4mm	2		装配	拨线短头焊接电路板	
13	硅胶线	26AWG　40mm×1.4mm（红黑）	2		装配	LED$_+$（V_+）接红线；LED$_-$（V_-）接黑线	
14	灯板	ϕ38mm/5730×10	1		装配		
15	铝板	ϕ38mm×5mm	1		装配		
16	螺钉	BA2.6mm×6mm	2		装配	灯板和铝板注意正反面安装；灯板和铝板对齐	点亮测试
17	灯头	E27	1		装配		
18	5W塑包铝外壳	ϕ48mm×44mm	1		装配		
19	灯头螺钉		1		装配		整灯检查

1. 球泡灯组装

1）把 LED 驱动输出线穿过灯板中间孔，红线焊接 LED 灯板正极，黑线焊接 LED 灯板负极。

2）把 LED 驱动器装入塑包铝外壳，主要线路板插入塑包铝外壳槽内。

3）把 LED 灯板卡入塑包铝外壳内。

4）LED 驱动器输入 N 线卡入灯头侧面，L 线穿过灯头中间孔，并用灯头螺钉锁住。

5）用灯头卡卡住灯头，组装完毕。

2. 球泡灯电参数测试

测试 LED 灯泡的启动电压、功率因数、输入电流（AC 220V 输入）、输出功率等参数，并计算出效率。图 11 - 3 为测试框图。

图 11 - 3　测试框图

通过测试平台测试数据并填入表 11 - 4。

表 11 – 4　测试数据

输入电压/V	90	120	150	180	210	240	270
输入电流/A							
功率因数（λ）							
输出功率/W							
效率（η）							

备注：$\eta = \dfrac{输入电流 \times 输入电压}{输出功率}$。

第12章　逆向工程——LED 球泡灯

逆向工程也称反向工程，一般是指从现有产品中提取其所有的信息或设计数据，并仿制出该产品，也称这种方法为反向设计。

逆向工程即有它合理的地方，也有它被诟病的地方。尤其是近年来，随着世界联系的日益广泛，信息沟通的方便快捷，知识产权的保护愈发显得重要。而逆向工程恰恰是在这方面受到批评。

要说明的是现在的逆向工程或反向工程，不仅仅是仿制一个产品，而是要明白产品背后的设计原理、设计思路以及设计方法。

逆向工程或反向工程，说得简单一点其实就是模仿。模仿其实是人类的本能，我们从小就在模仿他人，在学习他人行为中长大。

逆向工程在很多领域内都有应用，小到鞋面的设计，大到汽车、飞机，从硬件到计算机软件。不知大家在安装应用软件的时候，是否留意到在注意事项中，就有一条禁止反汇编这样一条警示。

二战中，苏联就利用降落在其境内的美国的 B - 29 轰炸机，在 Tu - 4 飞机的研发中成功地利用了逆向工程技术。

有鉴于产品有可能被逆向工程，现在在许多产品的设计中，专门增加了防止被逆向工程的设计，以增加仿制的难度。

下面我们就电子产品，尤其是 PCB 的逆向工程问题，以 LED 灯控制电路板为例，做一简单介绍。

12.1　LED 灯的逆向工程

下面我们就以 LED 灯为例就电路方面的逆向工程（在这领域也俗称 PCB 抄板），作一简单的介绍。这里我们再次强调：这是作为学习他人设计的一种方法，仅作为人才培养或技术学习的一个手段。他人的知识产权理应得到尊重和保护。我们这里强调的是学习，故利用某些软件进行 PCB 抄板的方法这里不涉及。

我们的目的是要从 PCB 还原出电路图，弄明白电路的结构和原理。

第一步要做的事情是拆开 LED 灯，取出 PCB，如图 12 - 1 所示。（注意，图中有两根白色导线没有连接好）这两根白线分别连在 L、N 处，它们是连接到 LED 灯的外壳上的，所以很容易知道两根线中，一根是火线（连接 PCB 上标 L 的地方，在 PCB 中间位置），一根是零线或地线（连接 PCB 上标 N 的地方）。

图 12 - 1　焊有元器件的 LED 电路板

这种 PCB 我们称为双面板，双面板一般在印制电路板的正反两面布线，焊接简单的双面板一般只有一层放置电子元器件，这一层称为顶层，在顶层还会印有元器件名称、符号、引脚等。相应地，另外一面称为底层，除了单面、双面板之外，还有多层板，一般为 2 的偶数倍。多层板要复杂许多，在此我们不进行讨论。

第二，我们再来看一下 PCB 上的元器件，粗略看一下有两个大的电容，很明显，稍微有一点电子元器件常识的人都知道这是两个电解电容，有两块 IC 和还有一个类似电感或变压器的一个元件，还有 8 个其他元器件。这 8 个元器件都非常小，有点看不太清楚，它们属于表面贴装技术（SMT, Surface Mount Technology）中的表面贴装元器件，也称表面组装器件或层状元器件。这种元器件的技术特点是引脚焊点不只用于顶层，也可用于底层，且焊点也没有穿孔。

PCB 中的接地线、电源线要比信号线粗、宽，有时候会粗宽很多，通常就宽度而言：

地线 > 电源线 > 信号线

这主要是为了减小地线和电源线的电阻，线越粗（宽）也就意味着导线电阻（即 PCB 上的铜膜连线电阻）越小。这样可以减小自激的可能性。所以我们看 PCB 时一般很粗或很宽的敷铜线的地方就是电源或地，通常地线又比电源线更宽（或更粗）。

在大致看了 PCB 之后，一般先对 PCB 进行拍照，现在用手机拍照十分方便。拍照是为了防止我们出错，如记错，就会把一些相似的元器件的位置或者把一些相似的元器件本身搞混了。再把 PCB 上的所有元器件或大部分元器件拆除后，把 PCB 清洗一下就得到原始的、没有焊元器件的 PCB。上面一般印有全部元器件的符号，如图 12 - 2 所示。为了方便，这里用新的 PCB。而对于单面板，由于焊孔都是穿透的，只需把挡住连线的元器件去掉即可。

在正式画电路图之前，为了防止出错，一般要画一张表，一张电路元器件及其连接关系见表 12 - 1。IC 引脚见表 12 - 2。最好标出它的参数值。

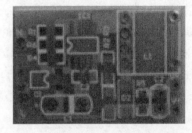

图 12 - 2　没焊元器件的 LED 电路板

表 12 - 1　电路元器件及其连接关系

元器件标号	一端	另一端
R_1	地	R_6，IC 引脚 7、8
R_2	V_+	R_3
R_3	R_3	C_3，IC 引脚 4
R_4	地	IC 引脚 2
R_5	V_+	V_-
R_6	地	R_1，引脚 7、8
C_1	V_+	地
C_2	V_+	V_-
C3	地，IC 引脚 1、3	R_3，IC 引脚 4
L_1	V_-	VS$_+$，IC 引脚 5
VS	V_+	IC 引脚 5
VD	V_+	V_-，L、N

表 12 - 2　IC 引脚

引脚号	连接端
1	地
2	R_2
3	地
4	C_3，R_3
5	VS$_+$，L_1
6	悬空
7	R_1，R_6
8	R_1，R_6

上面两张表完全可以合并。当然熟练之后，这两张表不画也是可以的。但对于初学者而言，这一步工作一定要做。

第三，在完成上述的准备工作后，就可以开始剖析 PCB 了。

对 PCB 的电路的分析（剖析）与一般的读电路图的方法是相似的。一般有以下 3 种办法：

1）从输入端开始，到输出端，一般情况下就是从左到右。

2）从输出端开始，到输入端，即从右到左。

3）从你最熟悉的部分开始，并结合自己的特点或前面两种方法进行。

下面我们就从左到右（从输入到输出）的顺序读此 PCB。一边仔细查看 PCB 上元器件的连接关系，一边在纸上画出来。

要着重强调的是：读 PCB 要注意两点，即耐心和细心，尤其是刚开始的时候。当然电路基础好也很重要。

12.2　逆向工程电路

从 PCB 上看，火线 L 直接与器件 DL 的一端——左下角相连，中线 N 通过一条细细的，看上去有点像长城一样的线连到 DL 的左上角。我们知道，电子电路一般在直流电工作状态。这是因为二极管、晶体管（包括 MOS 管）都需要一个直流偏置。故 DL 极有可能就是整流桥堆，所以可以推断此电路为如图 12-3 所示的电路。

继续往下读：DL（注意该器件的对准口）的输出的其中一引脚（右下角）接到 C_1，而 C_1 为电解电容，有正负之分，而该引脚，接在 C_1 正极，而 C_1 的负极经 C_3 的其中一引脚之后，又与 DL 的另一引脚（右上角）相连，即大电容，也就是电解电容 C_1 接在整流桥堆 DL 的两端，这就是我们非常熟悉的整流电路如图 12-4 所示。

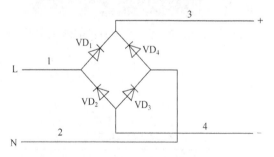

图 12-3　整流桥堆电路图

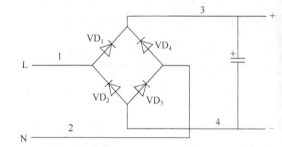

图 12-4　整流电路图

现在，我们把 C_1 两端的电压看成是电源电压，则电源的正负极就知道了。

随后我们就进一步根据连接关系，一步一步地读图：电源的正极一直连接 R_2、VS、R_5 和另一电解电容 C_2 的正极，且 C_2、R_5 是并联的。C_2 的正负极就是 LED 的正负极，即 PCB 右下角标有 V_+、V_- 的地方。需要注意的是 PCB 底层，即 PCB 背面还有一段连线，把 C_2 的负极与 L_1 的一端相连。R_2、R_3 串联（其实相当于一个电阻），R_3 的另一端连到 L_1 的另一端（并与 VS 的另一端相连），并连到 IC 的引脚 5。另一边，电源负极或地（PCB 上 VD 的右角）连接 R_1、R_4、R_6 及 C_3 的一端，并同时连到 IC 引脚 1、3。也就是说，这些端点都接地。

很明显，C_3 接在地，即 IC 3 脚和 IC 4 脚之间。其余的连接，这里就不再一一介绍了，请大家自己完成。读取的整个电路图如图 12 – 5 所示。

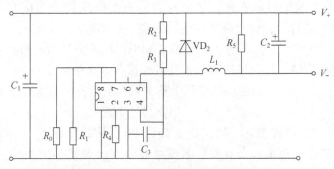

图 12 – 5　读取的整个电路图

在读图过程中有两处要注意的地方：一是电感有 6 个引脚，但我们从 PCB 中可以看出其中 4 个引脚是连在一起的，另外 2 个引脚也是连在一起的，也就是说事实上只有 2 个引脚，所以不管里面的具体结构怎么样，从外部特性来看，它只是一个电感，而不是变压器或者别的功能元件，至于它的内部究竟是什么，最后我们可以拆开来看，以弄明白为什么要这样，弄明白它的设计意图。二是在 PCB 底部有一条铜连线。

基本的电路图画出来之后，要核对一下整个电路的元器件数目，是否与之前的表一致，同时还要核对一下每个元器件与其他元器件的连接关系，如果都对了那么大致没有什么问题了。

电路图画出来之后，我们还要看一下是否符合电路原理图。这时我们就需要知道 PCB 上元器件的工作原理，电阻、电容等比较简单，网上搜一下就可以知道，IC 器件也一样。在元器件上面有型号等，网上也可以搜到，并且一般生产该 IC 的厂家都附有该器件的典型应用电路图。图 12 – 6 就是从搜索到的网页下载的 PT6981 的典型应用电路图。

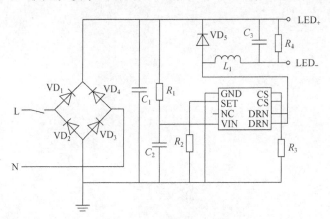

图 12 – 6　PT6981 的典型应用电路图

如果熟悉英语，看英语网站更好：http://www.alldatasheet.com/view.jsp？Searchword = PT698。由此，可以知道这是德州仪器的产品。

将前面自己根据 PCB 画的电路图与上面厂家提供的典型应用电路图对照一下可以看出几乎完全相同，仅有的差别是从 PCB 导出的电路多了几个电阻，但这几个电阻是串并联的，是可以合并的（图 12 – 5 的 R_3 相当于图 12 – 6 的 $R_0//R_1$，R_1 相当于 $R_2 + R_3$，R_2 相当于 R_4；而图 12 – 5 的 C_2 相当于图 12 – 6 的 C_3，C_3 相当于 C_2），所以两张图其实是完全一样的。

从上面的过程中，我们可以看到，如果我们早一点在网上找到 IC 的典型应用电路图，则在 PCB 读取电路图的过程，会有事半功倍的效果。

在产品开发中，有些厂家为了防止他人盗窃知识产权或仿制相同的产品，会把一些主要 IC 产品上的标志信息除掉。这时可以有以下几种办法获取这些信息。

一是上网查找，产品较新的话，最好是上英文网，包括各种专业性的相关论坛以及专业性的社交媒体等。

二是如果不怕该 IC 器件损坏，则可以去掉该 IC 产品的外封装，一般正规的，大的 IC 生产厂家都会在硅芯片上刻有本企业的厂名或企业的 logo 及产品的型号，据此我们可以找到相关产品的技术资料。有关 IC 本身的逆向工程问题，此处不再叙述。

以上我们简要地介绍了电路逆向工程中的主要部分，即从 PCB 到电路图的过程。在此我们再次强调一下这主要是为了学习参考及提高个人的知识水平而为，别人的知识产权应该得到尊重和保护。

第13章 单片机数字时钟的制作

时钟是现代文明的标志之一，正是有了时钟，人类社会才得以建立一套关于时间刻度的标准来指导人类生活。随着科技的不断进步，时钟设计的种类也在不断发生变化，由最初的自然时钟"日出日落"到现在种类繁多的电子时钟。然而现在大多数的时钟需要经常更换电池，有的时钟需要外接电源，如果一旦电池没电或者外接电源无法供电时，时钟就会停止计时，这无疑给我们的生活带来了不便。本章内容基于8051单片机，利用美国DALLAS公司推出的DS1302时钟芯片进行简易时钟的制作，将能够较为完美的解决断电后时钟无法计时的问题。

13.1 基于8051单片机的简易时钟的特点

电子时钟作为一种应用非常广泛的日常计时工具，可以对小时、分钟进行计时。设计并制作一款基于51单片机的简易时钟不但能够增强自己对于51单片机学习的兴趣和理解能力，同时能够通过简单的DIY设计来为自己的生活增加便利。

本系统采用STC89C52单片机作为核心，其具有功耗低的优点，能在3V的低电压下工作，电源电压可选用3~5V电压供电。采用美国DALLAS公司推出的DS1302时钟芯片来作为实时时钟芯片，为本系统提供准确详细的小时、分钟等时间信息。同时采用四位八段共阳数码管进行直观的数字显示，可以同时显示小时、分钟等信息，并且具有时间调整、闹钟设置和调整以及秒表计时等功能。

13.2 基于8051单片机的简易时钟制作的系统框架设计

本节是以实时时钟芯片DS1302和STC89C52单片机为主要研究对象，着重进行51单片机控制系统的设计研究和如何读取DS1302内部时钟信息的研究。主要内容包括：①时分显示；②时分调整；③秒表计时；④闹钟定时（小时和分钟）；⑤音乐闹钟。

采用STC89C52作为主控单片机，时钟模块选用DS1302作为时钟芯片，显示模块选用四位八段数码管，设置部分选用按钮电路。该系统框图如图13-1所示。

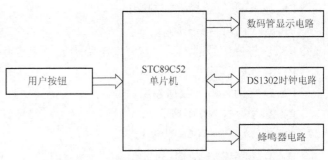

图 13-1 51 单片机时钟电路系统框图

13.3 基于 8051 单片机的简易时钟电路设计

13.3.1 单片机最小系统设计

本系统以 STC89C52 单片机为核心，选用 11.0592MHz 的晶振，使得单片机有合理的运行速度，起振电容为 33pF 对振荡器的频率高低、振荡器的稳定性和起振的快速性影响较合适，复位电路采用上电复位。

STC89C52 单片机最小系统原理图如图 13 – 2 所示。

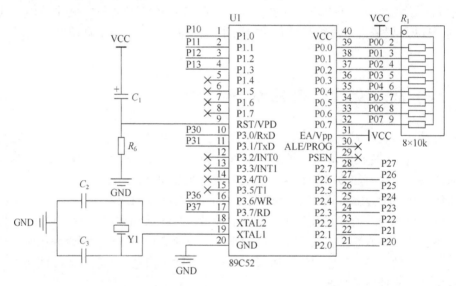

图 13 – 2　STC89C52 单片机最小系统原理图

单片机引脚介绍：

P1.0：蜂鸣器控制口，采用无源蜂鸣器，单片机通过该 IO 口输出 PWM 波控制其发出声音。

P1.1：模式选择键控制端口。

P1.2：数据位选择键控制端口。

P1.3 ~ P1.7：NC 引脚。

RST：复位信号输入源，与外围电路构成（上电）复位电路。

P3.0：RxD，串行数据输入口。

P3.1：TxD，串行数据输出口。

P3.2 ~ P3.5：NC 引脚。

P3.6：数据调整键控制端口。

P3.7：确定键控制端口。

XTAL2：连接外部 11.0592MHz 晶振。

XTAL1：连接外部 11.0592MHz 晶振。

GND：接地端口。

P2.0 ~ P2.7：八段数码管的数据源输入端口。

PSEN：NC 引脚。

ALE/PROG：NC 引脚。

P0.4 ~ P0.7：数码管位选端控制端。

P0.0：DS1302 的 RST 口控制。

P0.1：DS1302 的 IO 口控制。

P0.2：DS1302 的 SCLK 引脚控制。

VCC：接 +5V 直流电压。

13.3.2 DS1302 时钟芯片电路

DS1302 时钟芯片电路原理图如图 13 - 3 所示。

DS1302 引脚功能介绍：

VCC2：芯片主电源，接 +5V 直流电压。

X1：连接外部 32.768kHz 晶振。

X2：连接外部 32.768kHz 晶振。

GND：接地。

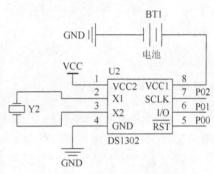

图 13 - 3   DS1302 时钟芯片电路原理图

$\overline{\text{RST}}$：复位端，数据传输过程中，必须被制高电平。

I/O：串口数据输入输出端。

SCLK：串行时钟，在每个 SCLK 上升沿时数据被输入，下降沿时数据被输出，一次只能读写一位。

VCC1：备用电源，在系统断电后继续维持 DS1302 芯片工作。

13.3.3 共阳八段数码管

1. 动态扫描原理

动态扫描原理是通过分时轮流控制各个数码管的 COM 端，使各个数码管轮流受控显示。将所有数码管的 8 个显示笔画"a、b、c、d、e、f、g、dp"的同名端连在一起，另外为每个数码管的公共极 COM 增加位选通控制电路，位选通由各自独立的 I/O 线控制。当单片机输出字形码时，所有数码管都接收到相同的字形码，但究竟是哪个数码管会显示出字形，取决于单片机对位选通 COM 端电路的控制，所以只要将需要显示的数码管的选通控制打开，该位就显示出字形，没有选通的数码管就不会亮。通过分时轮流控制各个数码管的 COM 端，就使各个数码管轮流受控显示，这就是动态驱动。在轮流显示过程中，每个数码管的点亮时间为 1 ~ 2ms，由于人的视觉暂留现象及发光二极管的余辉效应，尽管实际上各个数码管并非同时点亮，但只要扫描的速度足够快，给人的印象就是一组稳定的显示数据，不会有闪烁感。动态显示和静态显示的效果是一样的，并能够节省大量的 I/O 端口，而且功耗更低。

2. 四位八段数码管电路

四位八段共阳数码管电路原理图如图 13 - 4 所示。

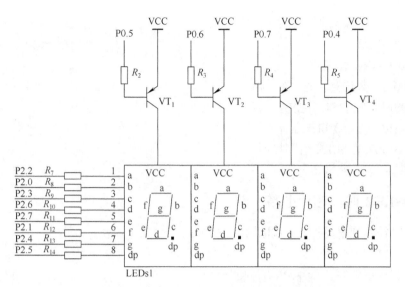

图 13-4　四位八段共阳数码管电路原理图

13.3.4　蜂鸣器的设计

本次实验采用无源蜂鸣器，工作原理为：当单片机输出给蜂鸣器一个 PWM 波时，晶体管导通驱动蜂鸣器发出声音。蜂鸣器电路原理图如图 13-5 所示。

本次实验闹钟方案采用蜂鸣器振动作为闹钟铃声，响铃时间为 1min。

13.3.5　按钮调整电路

按钮电路原理图如图 13-6 所示。

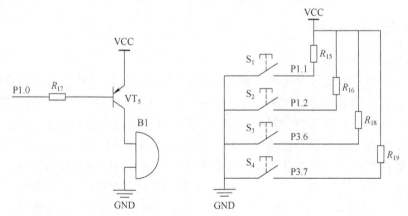

图 13-5　蜂鸣器电路原理图　　　　图 13-6　按钮电路原理图

13.3.6　电源模块设计

电子钟的电源为 5V 直流电源，采用 USB 转 DC 线通过手机充电宝或者是手机充电器、计算机 USB 口进行供电。原理图如图 13-7 所示。

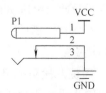

图 13-7　电源模块原理图

13.3.7 物料清单

表 13 - 1 为简易时钟物料清单。

表 13 - 1 简易时钟物料清单

元器件名称	型 号	规格	数量	位 置
8051 单片机	STC89C52RC	直插	1	U1
DS1302 芯片	DS1302N	直插	1	U2
四位八段数码管	HS410561K - 32	直插	1	LEDs1
无源蜂鸣器	阻抗 16Ω	直插	1	B1
晶振	11.0592M HC - 49S	直插	1	Y1
晶振	32.768M HC - 49S	直插	1	Y2
纽扣电池	CR2032 - 3V	直插	1	BT1
纽扣电池插座	CR2032 - 3V	直插	1	BT1
微动开关	立式 4 引脚 6mm × 6mm × 5mm	直插	4	$S_1 \sim S_4$
晶体管	8550	直插	5	$VT_1 \sim VT_5$
排阻 9 引脚	10kΩ	直插	1	R_1
IC 底座	DIP - 8	直插	1	U2
IC 底座	DIP - 40	直插	1	U1
电阻	470Ω 1/8W 5%	直插	8	$R_7 \sim R_{14}$
电阻	1kΩ 1/8W 5%	直插	5	$R_2 \sim R_5$、R_{17}
电阻	10kΩ 1/8W 5%	直插	5	R_6、R_{15}、R_{16}、R_{18}、R_{19}
电解电容	10μF 16V 9mm × 11mm	直插	2	C_1、C_6
瓷片电容	33pF	直插	2	C_2、C_3
瓷片电容	104	直插	2	C_4、C_5
USB 转 DC 电源头线	配对 DC - 005 5.5mm × 2.1mm		1	
火牛电源头	DC - 005 5.5mm × 2.1mm	直插	1	P1
排针		直插	4	JP1

13.4 软件设计流程图

13.4.1 主程序流程

　　主程序首先进行自检,如果显示的时间在正常范围内,则正常启动,否则进行初始化。自检完成后打开中断,然后执行扫描闹钟、键盘。当模式键按下时,执行时钟模式选择设置,设置完成后退出,时钟进行实时更新。主程序流程图如图 13 - 8 所示。

13.4.2　时间设定及修改流程

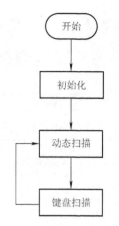

　　设置按钮一为"选择"键,在时钟模式和闹钟模式下,每按下一次,数据闪烁相应后移一位;在秒表模式下,则为"功能切换"键,进入秒表模式。时钟模式和闹钟模式下,按钮二为数据"+"键,按钮三为数据"-"键,按钮四为"确定"键。秒表模式下,按钮二为"启动/暂停"键,按钮三为"清零"键,按钮四为"退出"键。

　　开机后时钟正常启动,当按下"选择"键时,时钟暂停,第一位数据闪烁,闪烁数据为时钟小时的十位,此时按下按钮二该数加1,按下按钮三该数减1,按下按钮四保存当前时间数据并退出。若未按下按钮四时再次按下按钮一,第二位数据闪烁,依次类推,时间数据"小时:分钟"四个数据全部遍历一遍后开始遍历闹钟数据,直至某次按下"确定"键保存数据并退出。此时,再次按下"选择"键,重新开始遍历时间数据。

图 13 - 8　主程序流程图

　　通过模式选择键选择时间设置模式。时间设置一旦确定则同时更改 DS1302 内部的时钟。因为 DS1302 由外部电源供电,所以每次电子时钟供电后时钟总是显示实时时间,而不是初始化后的时间。时间设定及修改流程如图 13 - 9 所示。

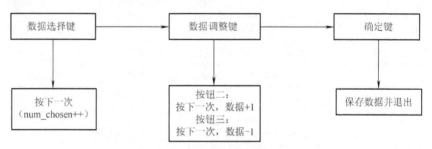

图 13 - 9　时间设定及修改流程图

13.4.3　闹钟设定及修改流程

　　与时间设置功能步骤相同,通过选择键选择闹钟时间数据,并通过按钮二和按钮三进行数据调整,按钮四进行保存数据并退出。闹钟模块同样设计有掉电存储模块,所以每次重新上电后的闹钟都会显示为上一次设置的数据,如果没有进行设置,则显示初始值"08:00"。

13.4.4　秒表计时功能流程

　　通过选择键选择秒表模式。秒表模式下,按钮二为"启动/暂停"键,按钮三为"清零"键,按钮四为"退出"键。按下按钮二后,秒表启动,计数时长为59秒99。再次按下按钮二秒表暂停,此时如果按下按钮三,秒表计时数据清零。再次按下按钮二,秒表重新启动,计时数据由暂停时的数据开始计时。按下按钮四,秒表数据清零退出当前界面,返回时间显示界面。图 13 - 10 所示为秒表工作流程图。

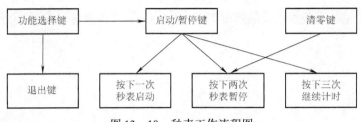

图 13 - 10　秒表工作流程图

13.4.5　程序在线下载流程

1. 准备工作

下载程序前应先在计算机上安装 USB 转串口 CH430 驱动、Keil μVision4 软件，以及 STC - ISP 下载软件。USB 转串口 CH430 驱动和 Keil μVision4 安装过程不再赘述，STC - ISP 下载软件可以直接打开使用。

2. HEX 文件生成

第 1 步：打开 Keil μVision4 软件，创建工程：Project→New μVision Project，如图 13 - 11 所示。

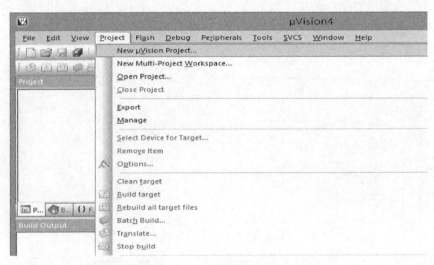

图 13 - 11　Keil 软件使用介绍 1

第 2 步：创建一个文件夹保存该工程相关的文件，给工程项目命名，单击"保存"按钮，如图 13 - 12 所示。

第 3 步：选择芯片类型，我们使用的是 STC89C52RC 单片机，所以选择 Atmel→ AT89C52，STC 和 AT 单片机只是厂商不同，内核相同，如图 13 - 13 所示。

选择完对应的芯片之后，单击"OK"按钮，出现一个窗口，如图 13 - 14 所示。这个窗口是 51 单片机的启动代码，可要可不要都行。这里我们单击"否"按钮，因为编译器在编译文件时，会自动添加启动代码。

第 4 步：创建 C 语言文件。如图 13 - 15 所示，单击箭头所指的图标按钮，将写好的代码复制、粘贴在该文件内并保存文档。

图 13 – 12　Keil 软件使用介绍 2

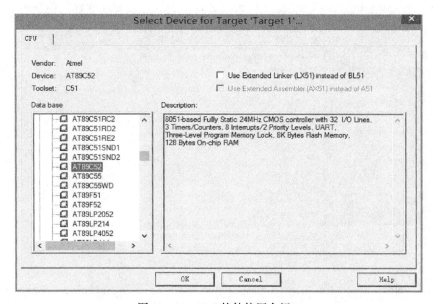

图 13 – 13　Keil 软件使用介绍 3

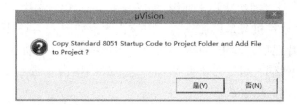

图 13 – 14　Keil 软件使用介绍 4

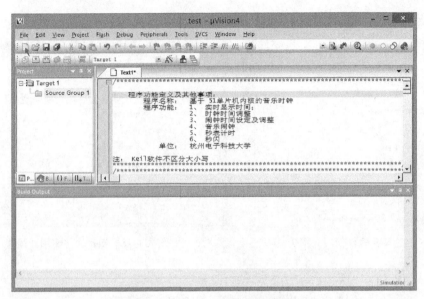

图 13 – 15　Keil 软件使用介绍 5

保存文档时扩展名一定要是 C（C 语言文件）或者 ASM（汇编文件），文件和工程项目保存在同一个文件夹中，如图 13 – 16 所示。

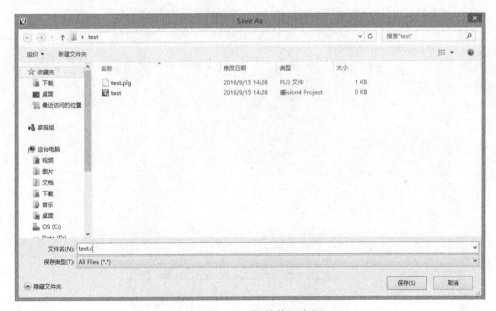

图 13 – 16　Keil 软件使用介绍 6

第 5 步：添加 C 文件。按照图 13 – 17、图 13 – 18 所示将 C 文件添加入工程中。

第 6 步：设置工程参数和输出 HEX 文件。首先，单击图 13 – 19 中箭头所指的图标按钮，打开如图 13 – 20 所示的对话框，单击 "Target" 选项卡，将箭头所指的 "24.0" 改为 "11.0592"，单击 "OK" 按钮。然后，在 "Output" 选项卡中，勾选 "Create HEX File" 复选项，单击 "OK" 按钮。最后，依次单击图 13 – 22 中箭头所指的图标按钮进行翻译，完成后如图 13 – 23 所示。

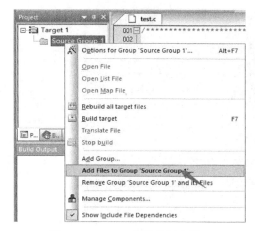

图 13 – 17　Keil 软件使用介绍 7

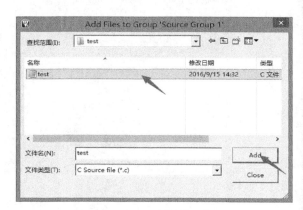

图 13 – 18　Keil 软件使用介绍 8

图 13 – 19　Keil 软件使用介绍 9

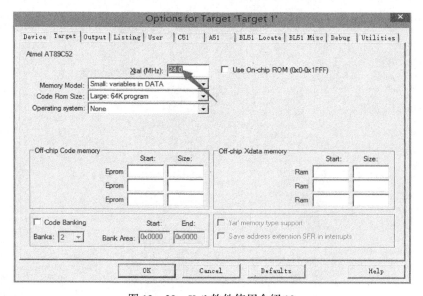

图 13 – 20　Keil 软件使用介绍 10

3. 下载程序

下载程序选用 STC 公司的官方 STC – ISP 下载软件,如图 13 – 24 所示。以下是软件使用说明。

第 1 步:芯片型号的选择。单片机背面有型号的标注,选择相对应的型号,在这里我们选择 STC89C52RC,如图 13 – 25 所示。

第 2 步:COM 选择。版本不同的 STC – IS 如有不能自己扫描 COM 的,须打开计算机设备管理器→端口号进行查看,选择相对应的 COM 口。

图 13 – 21　Keil 软件使用介绍 11

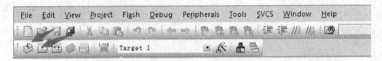

图 13 – 22　Keil 软件使用介绍 12

```
Build Output
Build target 'Target 1'
compiling test.c...
linking...
Program Size: data=51.0 xdata=0 code=1817
"test" - 0 Error(s), 0 Warning(s).
```

图 13 – 23　Keil 软件使用介绍 13

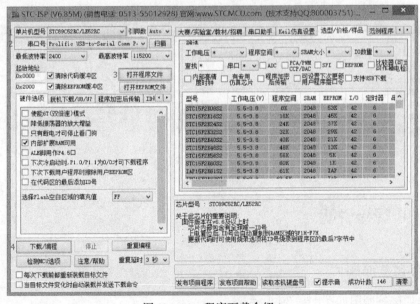

图 13 – 24　程序下载介绍 1

第 3 步：打开需要下载到单片机的 HEX 文件。

第 4 步：单击"下载"按钮，会出现如图 13 - 26 所示的提示。

图 13 - 25　程序下载介绍 2　　　　　　图 13 - 26　程序下载介绍 3

正在检测目标单片机，然后板子重新打开电源上电，重新上电后会出现如图 13 - 27 所示的提示。

等待握手之后，会出现操作成功的提示，如图 13 - 28 所示。

图 13 - 27　程序下载介绍 4　　　　　　图 13 - 28　程序下载介绍 5

这时说明 HEX 文件已经下载到单片机中，并正在运行。

官方的 STC - ISP 还有很多很强大的功能，使用时可以单击上面的功能选择项，包括定时器计算、波特率计算、软件延时计算、范例程序等，如图 13 - 29 所示。有兴趣的可以去了解一下。

图 13 - 29　程序下载介绍 6

13.5　PCB 焊接说明

13.5.1　焊接参照图

PCB 及焊接参照图如图 13 - 30 所示。

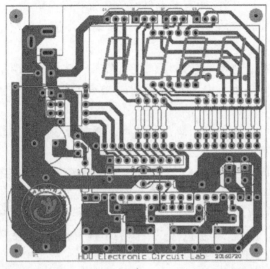

a)

b)

图 13 – 30　PCB 及焊接参照图

13.5.2　PCB 焊接方法及其注意事项

1）焊接时，应首先焊接电阻、跳线等高度较低的元器件。因为本次实验所采用的元器件都为直插封装的元器件，因此所有元器件都应放置在没有焊盘的一面。

2）焊接跳线时，将一端跳线焊接好后再拉紧跳线焊接另一端，焊接出的跳线应该拉直且贴近 PCB。

3）学习色环读数法，将电阻按照阻值进行分类，然后将电阻的两端各弯 90°，分别插入 PCB 相应的焊盘中。将所有电阻焊接完成后用尖嘴钳将过长的导线剪掉。电阻无正负区分。

4）排阻有 9 个引脚，有一个引脚是公共脚。表面有字的一面朝向自己，第一个引脚就是公共引脚（公共引脚接 VCC），如图 13 – 31 所示。

5）焊接瓷片电容时应注意区分它们的位置，小的瓷片电容标有 33 在 C_2、C_3 位置，大的瓷片电容标有 104 在 C_4、C_5 位置，$10\mu F$ 电解电容分别在 C_1、C_6 位置，焊接时首先焊接瓷片电容，然后焊接 C_1 位置的电解电容，最后焊接 C_6 位置的电解电容。注意电解电容有正负极之分，长引脚一端为正极，有灰色标识一侧为负极如图 13 – 32 所示。焊接时应对准正负极，PCB 上有阴影部分为负极。瓷片电容无正负极区分。

图 13 – 31　排阻引脚图

图 13 – 32　瓷片电容和电解电容参考图

6）焊接芯片底座时应注意方向，PCB 上有缺口左侧部分为引脚 1 端口。焊错方向容易导致芯片插错。

7）晶体管 8550 焊接时根据弧形面朝向一致原则，或如图 13 – 33 所示根据 E、B、C 引脚的排列顺序。按钮、晶振、DC 点源头焊接时无特殊要求。

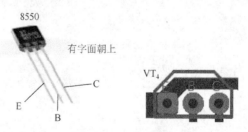

图 13 – 33　晶体管 8550 参考图及 PCB 示意图

8）无源蜂鸣器有正负极之分，长脚为正极，或根据元器件上的"＋"号标记。

9）数码管焊接时应注意带有小数点一侧应靠近电阻方向。

第 14 章　MP3 音乐播放器的制作

随着电子技术的不断发展，MP3 音乐播放器这种单一功能的电子设备逐渐被智能手机这种具有复杂功能的电子设备所替代。各个电子厂商几乎都退出了这种音乐播放设备的研发、生产。然而，MP3 的出现正是电子设备由简单向复杂过渡过程中的一个阶段性的产品。它的设计实现既需要一定的技术基础，但又不至于太复杂。按照电子设备发展的规律，在电子设备发展的历史长河中摘出有特殊意义的一些电子设备的设计过程，对电子设计工程师的培养很有帮助。MP3 播放器的出现与处理器的发展密不可分。

14.1　音乐播放器的发展及其特点

音乐播放器的发展历程见表 14 - 1。

表 14 - 1　音乐播放器的发展历程

留声机	1877 年由爱迪生发明	原理：在唱盘上，声音振动由一条波浪起伏的轨道或沟槽来实现，当唱针沿着沟槽移动，针尖随沟槽波动而轻微的振动。这个振动通过机械装置传送到一个振动膜上，膜将其放大并散发在空气中
录音机	1898 年由波尔森发明	原理：录音机的记忆结构称为磁带，它以硬磁性材料为载体，利用磁性材料的剩磁特性记录声音信号，记录信号为模拟信号，容量较小。放音时磁带匀速通过磁头，利用电磁感应原理磁头拾取信号，信号经放大后驱动扬声器，发出声音
CD 机	1982 年，第一台 CD 机由索尼公司生产	原理：CD 机记录信息的载体为光盘，光盘盘面上按照规则刻蚀凹坑。信息读出为串行的数字信号，经过解调、同步、纠错等处理加到数/模（D/A）转换器，变换成模拟的声音信号输出
MP3 播放器	1998 年 Saehan 公司推出第一台 MP3 播放器	原理：MP3 播放器其实就是一个功能特定的小型计算机，由显示器、存储器、微控制器或数字信号处理器构成。存储的信息为数字信息，数模转换后驱动扬声器

音乐播放器的发展经历了由记忆模拟信号向记忆数字信号的转变，容量由小变大，体积由大变小，伴随着电子技术的发展不断进步。MP3 播放器的出现与半导体集成技术密不可分。掌握 MP3 播放器的设计可以窥探电子世界无尽的魅力，能够让学习者清楚数字电路与模拟电路之间的接口，为更深入的学习电子技术打下坚实的基础。

14.2　MP3 音乐播放器设计

本节介绍基于微控制器的 MP3 音乐播放器设计流程。MP3 的构成部件有显示器、存储器、微控制器 MCU（Microcontroller Unit）或数字信号处理器 DSP（Digital Signal Processing）、数模转换电路以及功率放大电路。

14.2.1 音乐文件存储格式及音频比特率

音乐文件存储格式分为无损音频压缩编码格式和有损音频压缩编码格式，有损或无损是相对 CD 音质音乐来定义的，CD 音质一般使用 44.1kHz 采样率、16bit 分辨率录音。无损压缩音质优秀，音乐采样信号 100% 的保存，没有任何信号丢失，缺点是压缩率较低，文件占用存储空间较大。APE、FLAC 无损压缩文件和 CD 原文件之间是一个可逆无损的过程。有损压缩在保持基本音频信号的基础上剔除部分数据或降低采样率或降低分辨率来实现的，能在解压缩后得到与原音质差别不大的音乐感受。

1. 常用无损音频压缩编码格式

APE（Monkey's Audio）无疑是一个很著名的无损压缩格式，在国内已经应用得比较广泛了。它的压缩率相当优秀，而且效率高、速度快，综合能力绝对属于当今的佼佼者。

FLAC（Free Lossless Audio Codec）是一个非常成熟的无损压缩格式，该格式的源码完全开放，而且几乎兼容所有的操作系统。它的编码算法相当成熟，已经通过了严格的测试，而且据说在文件点损坏的情况下依然能够正常播放（损坏部分以静音代替）。该格式不仅有成熟的 Windows 制作程序，还得到了众多第三方软件的支持。此外该格式是唯一的已经得到硬件支持的无损格式。另外 FLAC 不支持任何版权保护（防复制）方法。

TAK（Tom's Audio Kompressor）是一种新型的无损音频压缩格式，产于德国，流行程度正在上升。非开源，但作者表示会在适当的时候开源。最新版本是 2.0，采用高版本压缩的 TAK 已经不能被低版本的所识别。

2. 常用有损音频压缩编码格式

WMA：WMA（Windows Media Audio）是微软公司推出的与 MP3 格式齐名的一种新的音频格式。由于 WMA 在压缩比和音质方面都超过了 MP3，更是远胜于 RA（Real Audio），即使在较低的采样频率下也能产生较好的音质。一般使用 Windows Media Audio 编码格式的文件以 WMA 作为扩展名，一些使用 Windows Media Audio 编码格式编码其所有内容的纯音频 ASF 文件也使用 WMA 作为扩展名。

WMA – Lossles：WMA – Lossless 是微软公司开发的一种高压缩率的无损格式，不同于普通的有损 WMA 格式，但是文件扩展名仍然是 WMA。WMA – Lossless 的全称是 Windows Media Audio Lossless，也是 WMA 系列的一部分，由于 WMA – Lossless 的压缩率很高（相对于 FLAC、APE，但是 6 级的 FLAC 比 WMA – Lossless 压缩率更高，但是解码速度不够，且编码过程也更耗费时间），压缩比可达到 3：1，编码后最高可以达到音频源（不压缩的 WAV）的 1/3。

MP3：Layer3 音频文件。MPEG（Moving Picture Experts Group）在汉语中译为动态图像专家组，特指动态影音压缩标准。MPEG 音频文件是 MPEG1 标准中的声音部分，也叫 MPEG 音频层，它根据压缩质量和编码复杂程度划分为三层，即 Layer1、Layer2、Layer3，且分别对应 MP1、MP2、MP3 这三种声音文件，并根据不同的用途，使用不同层次的编码。MPEG 音频编码的层次越高，编码器越复杂，压缩率也越高，MP1 和 MP2 的压缩率分别为 4：1 和 6：1 ~ 8：1，而 MP3 的压缩率则高达 10：1 ~ 12：1，也就是说，一分钟 CD 音质的音乐，未经压缩需要 10MB 的存储空间，而经过 MP3 压缩编码后只有 1MB 左右。不过 MP3 对音频信号采用的是有损压缩方式，为了降低声音失真度，MP3 采取了 "感官编码技术"，即编码时先对音频文件进行频谱分析，然后用过滤器滤掉噪声电平，接着通过量化的方式将剩下的每一位打散排列，最后形成具有较高压缩比的 MP3 文件，并使压缩后的文件在回放时能够达到比较接近原声源的声音效果。

3. 音频比特率

采样频率：即采样率，指记录声音时每秒的采样个数，它用赫兹（Hz）来表示。采样精度：指记录声音幅值所占用的位宽，它以位（bit）为单位，同模/数转换器的采样精度。采样精度常用范围为 8~32bit。声音通道：即声道数（1~8 个）。

音频文件的比特率与采样率和采样深度直接相关，采样率越高、采样深度越大音频文件的比特率越高。常用音频文件播放比特率有：MP3 格式 196kbit/s、128kbit/s，FLAC 格式大于 320kbit/s。音频比特率 = 采样频率×采样精度×声音通道数。

14.2.2 播放器硬件搭建

一般 MP3 播放器包括显示、音频存储、解码和控制等部分。组成 MP3 播放器的方案根据选择的器件不同有多种方案，此处选择控制芯片 PIC18F45K20、存储载体 SD 卡、解码芯片 VS1053B、NOKIA7110 显示屏。

1. VS1053B 芯片

VS1053B 芯片是由单片 Ogg Vorbis/MP3/WMA/ACC/MIDI 音频解码器，及 IMA ADPCM 解码器和用户加载的 Ogg Vorbis 编码器组成的，如图 14-1 所示。它包含了一个高性能、有专利的低功耗 DSP 处理器内核 VSDSP 和一个工作数据存储器，还包含供用户应用程序和任何固化解码器一起运行的 16KiB⊖ 指令 RAM、0.5KiB 多的数据 RAM、串行的控制和输入数据

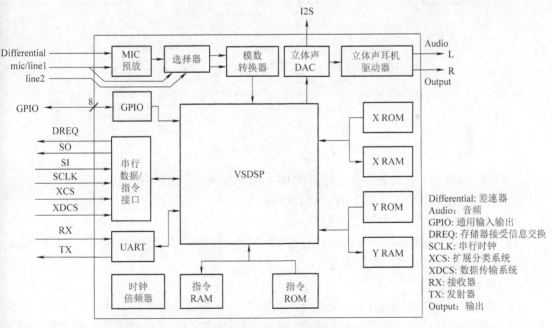

图 14-1　VS1053B 芯片

⊖　1KiB = 2^{10}B。

接口、最多八个可用的通用 I/O 引脚、一个 UART、一个优质的可变采样率立体声 ADC ("咪头""线路 1""线路 1 + 咪头"或线路 2)、立体声的 DAC、一个耳机功放及一个公共电压缓冲器。

作为一个系统的从属器件，VS1053B 总是通过一个串行输入总线来接收它的输入比特流，如图 14 - 2 所示。该输入流被解码后始终会通过数字音量控制器送至一个 18bit 超采样率的、多比特的 Σ - δ 型高精度 DAC。此解码器是通过一个串行控制总线来控制的。除了基本的解码功能之外，它还可以增加特殊功能，向 DSP 功能之类等到用户的 RAM 存储器中。

特性：

1）立体声耳机驱动器可以驱动一个 30Ω 的负载。

2）可扩展外部 DAC 的 I2S 接口。

3）分离的模拟、数字、I/O 供电电源。

4）低音和高音控制。

5）支持 MP3 和 WAV 的数据流（5 ~ 384kbit/s），如图 14 - 2 所示。

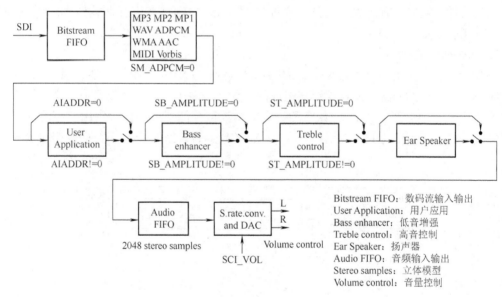

图 14 - 2　VS1053B 数据流

6）"咪头/线路 1"的输入信号可实现 IMA ADPCM 编码（立体声）。

7）特殊应用可使用 SPI FLASH 存储器引导。

8）过零交叉侦测和平滑的音量调整。

封装：LPQFP - 48 是一个无铅和符合 RoHS 标准的封装。尺寸为 7mm × 7mm × 1.4mm，大约与一角硬币尺寸相当，非常小巧。

2. 开发环境介绍

MPLAB 集成开发环境（IDE）是综合的编辑器、项目管理器和设计平台，适用于使用 Microchip 的 PIC 系列单片机进行嵌入式设计的应用开发和 dsPICTM 数字信号控制器，基于 Windows 操作系统的集成开发环境，如图 14 - 3 所示。软件安装包可在 Microchip 公司的网站下载，网址是 http://www.microchip.com/development - tools/。

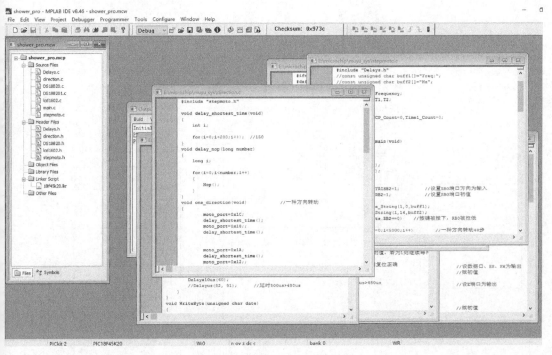

图 14 - 3　MPLAB 8.3 开发软件

3. 硬件接口设计

该设计在硬件上分为 6 个模块：微控制器 PIC18F45K20、解码模块 VS1053B、存储模块 SD 卡、控制按钮、USB 接口和显示屏 NOKIA7110。电路图如图 14 - 4 所示。当前 Windows 操作系统下常用的电路设计软件有 Altium 公司的 Altium Designer、英国 Labcenter Electronics 公司的 Proteus 软件。

以 PIC 单片机为核心构建系统的各部分之间的连接如图 14 - 4 和图 14 - 5 所示，使用 Proteus 电路设计软件进行电路原理图及 PCB 图制作。

该系统使用 PIC18F45K20 内部接口 SPI 与 VS1053B 进行通信，下面介绍其引脚连接情况。

RD6：VS1053B 的中断请求引脚。当 VS1053B 内部数据已处理完毕，需要新的数据时，将 DREQ 拉高。STM32 根据这个信号来给 VS1053B 发送新的数据流。

RC3：PIC18F45K20 内部接口 SPI 的时钟（SCK）信号线。

RC5：已连接到 PIC18F45K20 内部接口 SPI 的主输入从输出（SO）信号线。这里 PIC18F45K20 是主设备，VS1053B 是从设备。数据流的传输方向是从 VS1053B 传输给 PIC18F45K20。主要用于读取 VS1053B 的一些状态和内部寄存器值，比如寄存器测试返回的内部寄存器的值。

RC4：PIC18F45K20 内部接口 SPI 的主输出从输入（SI）信号线。这里 PIC18 F45K20 是主设备，VS1053B 是从设备。数据流方向是从 PIC18F45K20 传输给 VS1053B，主要传输给 VS1053B 一些控制命令、MP3/WMA 数据流等。

RC2：低电平有效，如果拉低该引脚，那么通过 SPI 传输的是控制信号。控制信号包括读写 VS1053B 的内部寄存器、对 VS1053B 进行初始化、设置左右声道音量等。

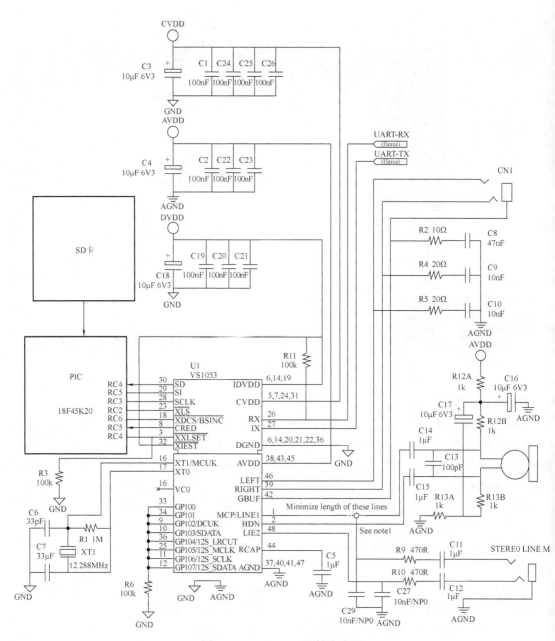

图 14 - 4　VS1053B 硬件接线图

RD6：低电平有效，如果拉低该引脚，那么通过 SPI 传输的是数据信号。例如在向 VS1053B 传输 MP3/WMA 的数据流时需要拉低该引脚。

RD4：低电平有效，拉低该引脚则硬件复位 VS1053B。

4. 软件设计

MP3 软件设计使用 MPLAB IDE，它是综合的编辑器和项目管理器；基于 Windows 平台，适用于 PICmicro 系列单片机和 dsPICTM 数字信号控制器。该系统的工作流程为：控制器从 SD 卡中读取 MP3/WMA 数据，并将所读取的数据流通过 SPI 总线发送给 VS1053B 解码器，解码后输出到负载。LCD 显示屏用于显示 MP3 的文件名、播放状态等。按钮控制音乐播放状态及系统工作方式。

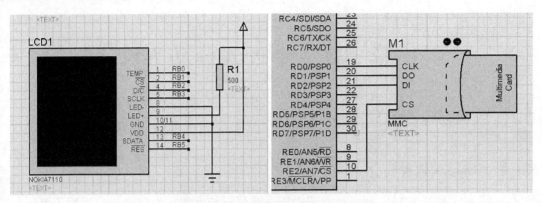

图 14 - 5   SD 卡、显示屏原理图

表 14 - 2 中只列出了必需的软件程序模块，具体程序代码请参考《PIC18 系列单片机原理及 C 语言开发》和 VS1053B 数据手册。

表 14 - 2   软件程序模块

序　号	程序模块	功　　能
1	IRQ	系统中断处理程序
2	FAT16	FAT16 格式文件配置表
3	LCD_DRIVER	NOKIA7110 显示屏驱动程序
4	SD_DRIVER	SD 卡读写程序，依赖于 SPI 驱动程序
5	SPI	SPI 通信驱动程序
6	BUTTON	按钮驱动程序
7	VS1053_DRIVER	VS1053B 解码器驱动程序，依赖于 SPI 驱动程序
8	MUSIC	音频播放控制程序，依赖以上驱动程序

本章提出了一种 MP3 播放器的设计方案，使用 PIC 开发工具 MPLABIDE 实现了该方案的原型。该方案既可以实现 MP3 音乐播放又可作为单片机实验的一个参考方案，对单片机设计实验及音乐播放器设计具有一定的参考性。另外，本系统综合使用了 PIC 处理器的多个外围接口及软件设计，可供读者学习参考并用于实现更加复杂的系统。

第15章 数字钟 Proteus 仿真设计

15.1 数字钟电路原理图设计

15.1.1 Proteus 软件简介

Proteus ISIS 是英国 Labcenter 公司开发的电路分析与实物仿真软件。它运行于 Windows 操作系统，可以仿真、分析各种模拟器件和集成电路，该软件的特点是：

1）实现了单片机仿真和通用模拟电路仿真器（SPICE）电路仿真相结合。具有模拟电路仿真、数字电路仿真、单片机及其外围电路组成的系统的仿真、RS232 动态仿真、I^2C 调试器、SPI 调试器、键盘和 LCD 系统仿真的功能；具有各种虚拟仪器，如示波器、逻辑分析仪、信号发生器等。

2）支持主流单片机系统的仿真。目前支持的单片机类型有 68000 系列、8051 系列、AVR 系列、PIC12 系列、PIC16 系列、PIC18 系列、Z80 系列、HC11 系列以及各种外围芯片。

3）提供软件调试功能。在硬件仿真系统中具有全速、单步、设置断点等调试功能，同时可以观察各个变量、寄存器等的当前状态，因此在该软件仿真系统中，也必须具有这些功能；支持第三方的软件编译和调试环境，如 Keil C51 uVision2 等软件。

4）具有强大的原理图绘制功能。

总之，该软件是一款集单片机和 SPICE 分析于一身的仿真软件，功能极其强大。

Proteus 系统包括电路原理图设计、电路原理仿真与印制电路板设计两个主要程序三大基本功能。其电路原理仿真功能，不仅有分离元件、小规模集成器件的仿真功能，能用箭头与颜色表示电流的方向与大小，而且有多种带 CPU 的可编程序器件的仿真功能；不仅可作电路原理、模拟电路、数字电路实验，而且可作单片机与接口实验，特别是可为课程设计与毕业设计提供综合系统仿真。

15.1.2 绘制原理图

Proteus ISIS 的工作界面是一种标准的 Windows 界面，如图 15 – 1 所示。包括标题栏、主菜单、标准工具栏、绘图工具栏、状态栏、对象选择按钮、预览对象方位控制按钮、仿真进程控制按钮、预览窗口、对象选择器窗口、图形编辑窗口。

（1）将所需元器件加入对象选择器窗口　单击对象选择器图标按钮 P，如图 15 – 2 所示。

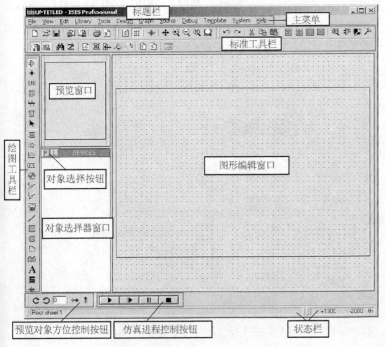

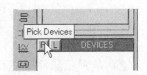

图 15 – 1　Proteus ISIS 的工作界面　　　　　　　图 15 – 2　对象选择器图标按钮

弹出 "Pick Devices" 对话框，在 "Keywords" 文本框中输入 AT89C51，系统在对象库中进行搜索，并将搜索结果显示在 "Results" 中，如图 15 – 3 所示。

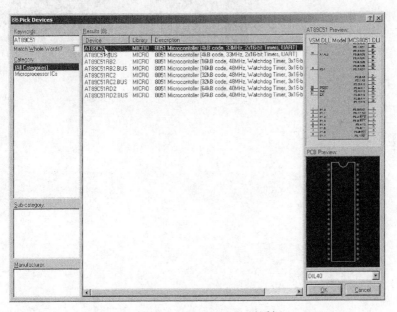

图 15 – 3　"Pick Devices" 对话框

在 "Results" 栏的列表项中，双击 "AT89C51"，则可将 "AT89C51" 添加至对象选择器窗口。

按照相同的方法，依次取出所需元器件。在对象选择器窗口中，若单击 AT89C51，在预览窗口中，可见到 AT89C51 的实物图，如图 15 - 4 所示；若单击 7SEG - MPX8 - CA - BLUE 或 BUTTON，在预览窗口中，可见到 7SEG - MPX8 - CA - BLUE 或 BUTTON 的实物图，如图 15 -4所示。此时，我们注意到在绘图工具栏中的元器件按钮 处于选中状态。

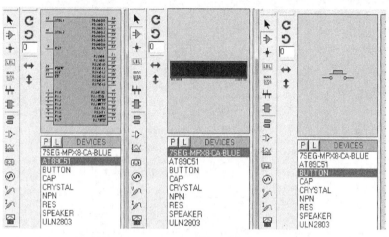

图 15 - 4　预览实物图

（2）放置元器件至图形编辑窗口　在对象选择器窗口中，选中 7SEG - MPX8 - CA - BLUE，将鼠标置于图形编辑窗口该对象的欲放位置单击鼠标左键，该对象被完成放置。同理，将其他元器件放置到图形编辑窗口中，如图 15 - 5 所示。

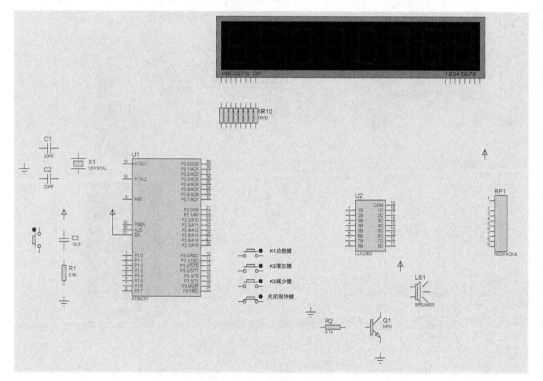

图 15 - 5　元器件放置图

（3）元器件之间的连线　Proteus 的智能化可以在你想要画线的时候进行自动检测。下面，我们来操作将电阻 R1 的上端连接到 LED 显示器的 A 端。当鼠标的指针靠近 R1 上端的连接点时，跟着鼠标的指针就会出现一个"×"号，表明找到了 R1 的连接点，单击鼠标左键，移动鼠标（不用拖动鼠标），将鼠标的指针靠近 LED 显示器的 A 端的连接点时，跟着鼠标的指针就会出现一个"×"号，表明找到了 LED 显示器的连接点，同时屏幕上出现了粉红色的连线，单击鼠标左键，粉红色的连线变成了深绿色，同时，线形由直线自动变成了90°的折线，这是因为我们选中了线路自动路径功能。

Proteus 具有线路自动路径功能（WAR），当选中两个连接点后，WAR 将选择一个合适的路径连线。WAR 可通过使用标准工具栏里的"WAR"命令按钮来关闭或打开，也可以在菜单栏的"Tools"下拉菜单中找到这个图标。

同理，我们可以完成其他连线。在此过程的任何时刻，都可以按"Esc"键或者单击鼠标的右键来放弃画线。数字钟电路图如图 15 – 6 所示。

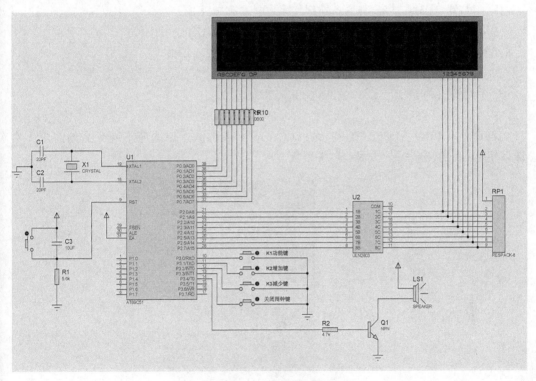

图 15 – 6　数字钟电路图

至此，我们便完成了数字钟电路图的绘制。

15.2　数字钟电路原理

　　数字钟是采用数字电路实现对"时""分""秒"数字显示的计时装置。数字钟的精度、稳定度远远超过老式机械钟。基于单片机设计的数字钟，是以 AT89C51 芯片为核心设计制作的一个简易的电子时钟，通过单片机使电子钟具有调节显示时分秒的功能。它由 5V

直流电源供电，通过 LED 数码管精确显示时间、调整时间，从而达到学习、设计、开发软/硬件的目的。数字钟以其小巧、价格低廉、走时精度高、使用方便、功能多、便于集成化而受广大消费的喜爱，因此得到了广泛的使用。

数字钟的功能要求如下：

1）时间显示在 LED 数码管上，时分秒显示格式：SS – FF – MM。

2）闹钟功能。

3）按键调整时间功能，分别为功能选择键 K1、数值增大键 K2、数值减小键 K3。

4）闹钟响铃、整点报时功能。

15.2.1　AT89C51 简介

AT89C51 为 8 位微控制器，8 位指的是微控制器内部数据总线或寄存器一次处理数据的宽度。主要特性如下：

程序存储器 ROM：内部 4KB，外部最多可扩展至 64KB。

数据存储器 RAM：内部 128B，外部最多可扩展至 64KB。

4 组可位寻址的 8 位输入/输出端口，即 P0、P1、P2、P3。

一个全双工串行口，即 UART；两个 16 位定时器/计数器。

5 个中断源，即 INT0、INT1、T0、T1、TXD/RXD。

111 条指令码。

AT89C51 有 PDIP、PQFP/TQFP 及 PLCC 三种封装形式，以适应不同产品的需求，本次设计采用 PDIP 封装形式，如图 15 – 7 所示。

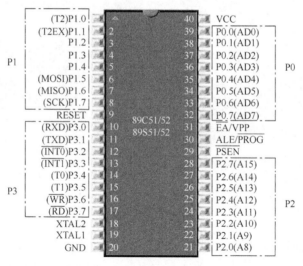

图 15 – 7　AT89C51 PDIP40 封装

15.2.2　单片机最小系统

单片机最小系统是指用最少的元件组成的单片机可以工作的系统。对 51 系列单片机来说，最小系统一般包括以下四部分：电源电路、晶振电路、复位电路、存储器设置电路。

1. 电源电路

电路都需要电源，这里首先将 40 引脚接 VCC，也就是 +5V 电压，20 引脚接地。

2. 晶振电路

89S51 内部已具备振荡电路，只要将 GND 引脚上方的两个引脚（即 19、18 引脚）连接简单的石英振荡晶体（Crystal）即可。至于 89S51 的时钟脉冲频率，目前 MCS-51 芯片的工作频率已大为提升，例如 Atmel 公司的 89C51 的工作频率为 0～24MHz，而华邦电子（Winbond）提供了 40MHz 的版本，未来必然还会有更高频率的版本。尽管如此，目前还是采用 12MHz 时钟脉冲。如果不再设计一个振荡电路，则可按图 15-8 所示连接即可。如果要自行设计一个振荡电路则可按图 15-9 所示连接。

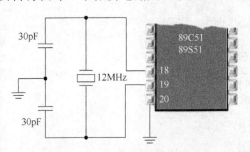

图 15-8　使用内部振荡电路

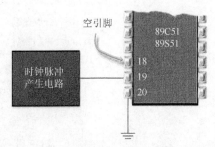

图 15-9　使用外部时钟脉冲产生电路

3. 复位电路

89S51 的复位引脚（Reset）是第 9 引脚，当此引脚连接高电平超过两个机器周期（1 个机器周期包含 12 个时钟脉冲）时，即可产生复位的动作。以 12MHz 的时钟脉冲为例，每个时钟脉冲为 $1/12\mu s$，两个机器周期为 $2\mu s$。因此，我们可在第 9 引脚上连接一个可让该引脚上产生一个 $2\mu s$ 以上的高电平脉冲，即可产生复位的动作，如图 15-10 所示。

电源接上瞬间，电容器 C 上没有电荷，相当于短路，所以第 9 引脚直接接到 VCC，即 89S51 执行复位动作。随着时间的增加，电容器上的电压逐渐增加，而第 9 引脚上的电压逐渐下降，当第 9 引脚上的电压降至低电平时，89S51 恢复正常状态，称为"Power On Reset"（自动复位）。在此使用 $10k\Omega$ 电阻器、$10\mu F$ 电容器，其时间常数远大于 $2\mu s$，所以第 9 引脚上的电压可保持 $2\mu s$ 以上的高电平，足以使系统复位。当然，只要时间常数大于 $2\mu s$ 即可，而不一定要使用 $10k\Omega$ 电阻器、$10\mu F$ 电容器。

通常，我们还会在电容器两端并接一个按钮开关，如图 15-11 所示，此按钮开关就是一个手动的 Reset 开关（强制 Reset）。

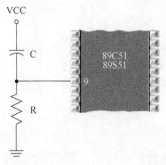

图 15-10　Power On Reset 电路

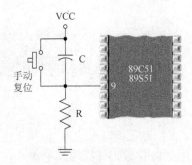

图 15-11　手动复位电路

4. 存储器设置电路

最小系统的最后一个部分是存储器的设置，如果把 31 引脚（$\overline{\text{EA}}$）接地，则采用外部存储器；如果把 31 引脚（$\overline{\text{EA}}$）接 VCC，则采用内部存储器。在本次设计中，采用内部存储器，所以把 31 引脚与 40 引脚及 VCC 相连接。整个最小系统电路如图 15 – 12 所示。

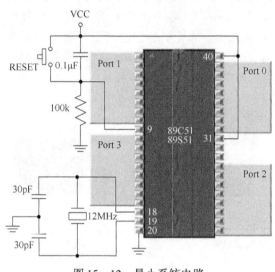

图 15 – 12   最小系统电路

15.2.3   数字钟的工作原理

基于 89C51 单片机的数字钟电路组成如图 15 – 6 所示。

1. 显示电路

七段 LED 数码管是七个 LED 组合而成的显示装置，可以显示 0 ~ 9 这 10 个数字，如图 15 – 13 所示。

基本上，七段 LED 数码管可分为共阳极与共阴极两种，共阳极就是把所有 LED 的阳极连接到公共端 com，而每个 LED 的阴极分别为 a、b、c、d、e、f、g 及 dp（decimal point）；同样的，共阴极就是把所有 LED 的阴极连接到公共端 com，而每个 LED 的阳极分别为 a、b、c、d、e、f、g 及 dp，如图 15 –14 所示。

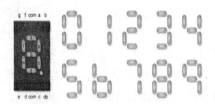

图 15 – 13   七段 LED 数码管

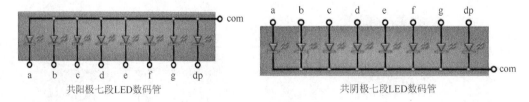

图 15 – 14   七段 LED 数码管的结构

七段 LED 数码管模块是把多个位数的七段 LED 数码管封装在一起，其中各位数的 a 引脚都连接到 a 引脚，b 引脚都连接到 b 引脚，c 引脚都连接到 c 引脚……而每个位数的公共端引脚是独立的。市面上常见的七段 LED 数码管模块有两位数、3 位数、4 位数、6 位数等，以 4 位数七段 LED 数码管模块为例，如图 15－15 所示。

图 15－15 4 位数七段 LED 数码管模块（左图为正面图，右图为背面图）

用单片机驱动 LED 数码管有很多方法，按显示方式分，有静态显示和动态显示。静态显示是显示驱动电路具有输出锁存功能，单片机将要显示的数据送出后不再控制 LED，直到下次显示时再传送一次新的显示数据。静态显示的数据稳定，占用 CPU 时间少。动态显示要 CPU 时刻对显示器件进行刷新，显示数据有闪烁感，占用 CPU 时间多。这两种显示方式各有利弊：静态显示虽然数据显示稳定，占用很少的 CPU 时间，但每个显示单元都需要单独的显示驱动电路，使用的电路硬件较多；动态显示虽然有闪烁感，占用的 CPU 时间多，但使用的硬件少，能节省线路板空间。动态显示方案具备一定的实用性，也是目前单片机数码管显示中较为常用的一种显示方法，本设计采用动态显示方案。

动态扫描显示是单片机中应用最广泛的一种显示方式，其接口电路是把所有 LED 显示器的 8 个笔划段 a～d、dp 的同名端连在一起，而每一个数码管的公共端 com 是各自独立地受 I/O 线控制。CPU 向字段输出口送出字形码时，所有显示器接收到相同的字形码，但究竟是哪个显示器亮，则取决于 com 端，而这一端是由 I/O 控制的，可以自行决定何时显示哪一位。而所谓动态扫描就是指采用分时的方法，轮流控制各个显示器的 com 端，使各个显示器轮流点亮。在轮流点亮扫描过程中，每位显示器的点亮时间是极为短暂的，约 1ms，由于人的视觉暂留现象及发光二极管的余辉效应，尽管实际上各位显示器并非同时点亮，但只要扫描的速度足够快，给人的印象就是一组稳定的显示数据，不会有闪烁感。

动态扫描方式驱动多个并接的七段 LED 数码管时，驱动信号包括显示数据与扫描信号，显示数据是所要显示的驱动信号编码，与驱动单位七段 LED 数码管一样；扫描信号就像是开关，用以决定驱动哪一个位数。扫描信号也分成高电平扫描与低电平扫描两种，与电路结构有关。若低电平信号使所驱动的位数显示，称之为低电平扫描；若高电平信号使所驱动的位数显示，称之为高电平扫描。一般低电平扫描较常见。

显示电路如图 15－16 所示。LED 显示模块选择共阳极七段 LED 数码管，采用动态扫描的方法进行显示，扫描信号采用低电平扫描方式。显示模块需要实时显示当前的时间，即时、分、秒，因此需要 6 个数码管，另需两个数码管来显示"－"，时的十位和个位分别显示在第一个和第二个数码管，分的十位和个位分别显示在第四个和第五个数码管，秒的十位和个位分别显示在第七个和第八个数码管，其余数码管显示"－"。

电路中的 ULN2803 芯片（8 路 NPN 达林顿晶体管阵系列）特别适用于低逻辑电平数字电路（如 TTL、CMOS 或 PMOS/NMOS）和较高的电流/电压要求之间的接口。ULN2803 的设计与标准 TTL 系列兼容，而 ULN2804 最适于 6～15V 高电平 CMOS 或 PMOS。ULN2803 输入引脚为高电平，则输出引脚被拉低；输入引脚为低电平或悬空，则输出引脚为高阻态。在此电路中用来驱动 LED 数码管。

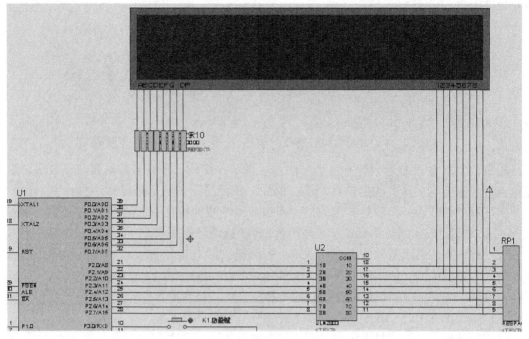

图 15 – 16 动态扫描方式驱动 LED 数码管显示电路

2. 按键电路

按键电路用四个按键来实现，K1 功能键用来选择需要调节的功能，包括时、分、秒、闹钟时、闹钟分、闹钟秒；K2 增加键用来增加所调节的时间；K3 减少键用来减少所调节的时间；K4 关闭闹钟键用来关闭闹钟。独立按键右边 4 个引脚连接到一起并且由硬件直接接地，当单片机检测到低电平时，认为按键被按下。

当用手按下一个键时，如图 15 – 17 所示，往往按键在闭合位置和断开位置之间跳几下才稳定到闭合状态；在释放一个键时，也会出现类似的情况，这就是抖动。抖动的持续时间随键盘材料和操作员而异，不过通常总是不大于10ms。很容易想到，抖动问题不解决就会引起对闭合键的识别。用软件方法可以很容易地解决抖动问题，这就是通过延迟 10ms 来等待抖动消失，这之后，再读入键盘码。

3. 扬声器驱动电路

在微处理电路上的发声装置称为蜂鸣器（buzzer），蜂鸣器类似小型扬声器。市售蜂鸣器分为电压型与脉冲型两类，电压型蜂鸣器送电就会发出声响，其频率固定；脉冲型蜂鸣器必须加入脉冲才会发出声响，且其声音的频率就是加入脉冲的频率，在此就是使用脉冲型蜂鸣器。89C51 驱动蜂鸣器的信号为各种频率的脉冲，其驱动方式采用高电平驱动，也就是输出 1 时，蜂鸣器吸住，输出 0 时，蜂鸣器放开。而其驱动电路就非常简单，如图 15 – 18 所示，

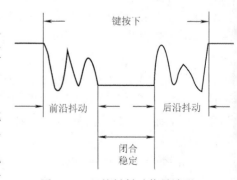

图 15 – 17 按键抖动信号波形

不管使用哪个端口都可以，且驱动电流足以使晶体管输出饱和。当端口输出 0 时，CPU 内部的 FET 不导通，所以，$i_b = 0$、$i_c = 0$，蜂鸣器放开；当端口输出 1 时，CPU 内部的 FET 导通，可通过较大电流（数毫安），所以，i_b 很大，i_c 当然会很大，蜂鸣器将被吸住。

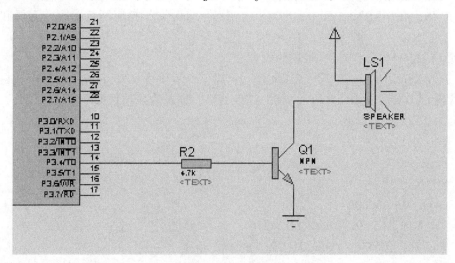

图 15 – 18　低电平驱动蜂鸣器

15.3　数字钟电路仿真调试

15.3.1　Proteus 调试方法

　　Proteus 提供了比较丰富的测试信号用于电路的测试，这些测试信号包括模拟信号和数字信号。对于单片机硬件电路和软件的调试，Proteus 提供了两种方法：一种是系统总体执行效果，一种是对软件的分步调试以看具体的执行情况。

　　对于系统总体执行效果的调试方法，只需要执行“debug”菜单下的“execute”菜单项或按“F12”快捷键启动执行，用“debug”菜单下的“pause animation”菜单项或按“Pause”键暂停系统的运行；或用“debug”菜单下的“stop animation”菜单项或按“Shift + Break”组合键停止系统的运行。其运行方式也可以选择工具栏中的相应工具进行。

　　对于软件的分步调试，应先执行“debug”菜单下的“start/restart debugging”菜单项，此时可以选择“step over”“step into”和“step out”命令去执行相关程序（可以用快捷键“F10”“F11”和“Ctrl + F11”），执行的效果是单句执行、进入子程序执行和跳出子程序执行。在执行了“start /restart debugging”菜单项后，在“debug”菜单的下面要出现仿真中所涉及的软件列表和单片机的系统资源等，可供调试时分析和查看。

15.3.2　Proteus 软件与 Keil μVision 的结合

　　对于初次使用 Proteus 软件可能还不知道如何设置，现在把设置步骤简介如下，仅供参考（本节只讨论在单机上结合，在两个联网机器使用由于篇幅限制不在此讨论）。

　　1）如果 KeilC 与 Proteus 均已正确安装在 C：\Program Files 的目录中，把 Proteus 安装目

录中的 VDM51. dll（C：\ProgramFiles\LabcenterElectronics\Proteus6\Professional\MODELS）文件复制到 Keil 安装目录的 C51\BIN 目录中。

2）编辑 C51 中的 tools. ini 文件，加入 TDRV1 = BIN \ VDM51. DLL（" PROTEUS VSM MONITOR – 51 DRIVER"），其中"TDRV1"中的"1"要根据实际情况写，不要和原来的重复。

步骤 1）和 2）只需在初次使用时设置。

3）进入 KeilC uVision2 开发集成环境，创建一个新项目（Project），并为该项目选定合适的单片机 CPU 器件（如 Atmel 公司的 AT89C51），以及为该项目加入 KeilC 源程序。

源程序如下：

```c
#include < reg51. h >
#define    SEG    P0
#define    SCANP P2
#define    count_M1    50000
#define    TH_M1    (65536 – count_M1)/256
#define    TL_M1    (65536 – count_M1)%256
int count_T0 = 0;
#define count_M2 100
#define TH_M2    (256 – count_M2)
#define TL_M2    (256 – count_M2)
char count_T1 = 0;
char code TAB[10] = {0xc0,0xf9,0xa4,0xb0,0x99,0x92,0x82,0xf8,0x80,0x90};
char code NTAB[11] = {0x40,0x79,0x24,0x30,0x19,0x12,0x02,0x78,0x00,0x10,0xbf};
char disp[8] = {0xc0,0xc0,0xbf,0xc0,0xc0,0xbf,0xc0,0xc0};
char ndisp[8] = {0xc0,0xc0,0xbf,0xc0,0xc0,0xbf,0xc0,0xc0};
char wei[8] = {0x7f,0xaf,0xdf,0xef,0xf7,0xfa,0xfd,0xfe};
char seconds = 55;
char m = 59;
char h = 0;
char scan = 0;
char i = 0;
char flag;
char nseconds = 0;
char nm = 0;
char nh = 0;
sbit K1 = P3^0;
sbit K2 = P3^1;
sbit K3 = P3^2;
sbit K4 = P3^3;
sbit speaker = P3^4;
```

```
void delay(int);
main()
{
  IE = 0x8a;
  TMOD = 0x01;
  TH0 = TH_M1; TL0 = TL_M1;
  TR0 = 1;
  TH1 = TH_M2; TL1 = TL_M2;
  TR1 = 1;
  speaker = 0;
  while(1)
{
    if(K1 ==0)
    {
        delay(200);
        flag ++;
        if(flag ==7)flag =1;
    }
    if(K2 ==0)
    {
        delay(200);
        switch(flag)
    {
        case 1:if(seconds <59) seconds ++;else seconds =0;break;
        case 2:if(m <59) m ++;else m =0;break;
        case 3:if(h <23) h ++;else h =0;break;
        case 4:if(nseconds <59)nseconds ++;else nseconds =0;break;
        case 5:if(nm <59)nm ++;else nm =0;break;
        case 6:if(nh <23)nh ++;else nh =0;break;
    }
    }
    if(K3 ==0)
    { delay(200);
        switch(flag)
    {   case 1:if(seconds >0) seconds --;else seconds =59;break;
        case 2:if(m >0) m --;else m =59;break;
        case 3:if(h >0) h --;else h =23;break;
        case 4:if(nseconds >0)nseconds --;else nseconds =59;break;
        case 5:if(nm >0)nm --;else nm =59;break;
```

```
            case 6 : if( nh > 0 ) nh -- ; else nh = 23 ; break ;
    }
    }
    if( ( m == nm ) && ( seconds == nseconds ) && ( h == nh ) )
    {
        speaker = 1 ;
    }
    if( K4 == 0 )
    {
        speaker = 0 ;
    }


    if( ( m == 0 ) && ( seconds == 0 ) && ( nh ! = h ) )
    {
        speaker = 1 ;
        delay( 2000 ) ;
        speaker = 0 ;
        delay( 2000 ) ;
    }
    if( ( m == 0 ) && ( seconds == 0 ) && ( nh == h ) )
    {
        speaker = 1 ;
    }
}
}
void T0_1s( void )interrupt 1
{
    TH0 = TH_M1 ; TL0 = TL_M1 ;
    if( ++ count_T0 == 20 )
    {
        count_T0 = 0 ;
        seconds ++ ;
        if( seconds == 60 )
        {
            seconds = 0 ;
            m ++ ;
            if( m == 60 )
            {
                m = 0 ;
```

```
                    h ++ ;
                    if( h == 23 )
                         h = 0;

              }

     }
}

     disp[ 0 ] = TAB[ seconds% 10 ];
     disp[ 1 ] = TAB[ seconds/10 ];
     disp[ 2 ] = 0xbf;
     disp[ 3 ] = TAB[ m% 10 ];
     disp[ 4 ] = TAB[ m/10 ];
     disp[ 5 ] = 0xbf;
     disp[ 6 ] = TAB[ h% 10 ];
     disp[ 7 ] = TAB[ h/10 ];
     ndisp[ 0 ] = NTAB[ nseconds% 10 ];
     ndisp[ 1 ] = NTAB[ nseconds/10 ];
     ndisp[ 2 ] = 0xbf;
     ndisp[ 3 ] = NTAB[ nm% 10 ];
     ndisp[ 4 ] = NTAB[ nm/10 ];
     ndisp[ 5 ] = 0xbf;
     ndisp[ 6 ] = NTAB[ nh% 10 ];
     ndisp[ 7 ] = NTAB[ nh/10 ];
}
void T1_2ms( void ) interrupt 3
{
     TH1 = TH_M2; TL1 = TL_M2;
     if( ++ count_T1 == 2 )
     {
          count_T1 = 0;
          if( flag < = 3 )
          {
               if( ++ scan == 8 ) scan = 0;
               SEG = 0xff;
               SCANP = wei[ scan ];
               SEG = disp[ scan ];
          }
          else
          {
               if( ++ scan == 8 ) scan = 0;
```

```
            SEG = 0xff;
            SCANP = wei[ scan ];
            SEG = ndisp[ scan ];
        }
    }
}
void delay( int x)
{
    int i,j;
    for( i = 0 ;i < x;i ++ )
    for( j = 0 ;j < 120 ;j ++ );
}
```

4）单击"Project→Options for Target"选项或者单击工具栏的"Options for Target"按钮，在弹出的窗口中单击"Debug"按钮，打开如图 15 - 19 所示的对话框。

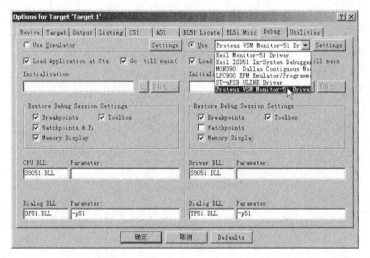

图 15 - 19　"Options for Target 'Target 1' "对话框

在该对话框中右栏上部的下拉菜单里选中"Proteus VSM Monitor—51 Driver"选项，并且还要单击"Use"前面的单选按钮。

再单击"Settings"按钮，设置通信接口。在"Host"文本框中填入"127.0.0.1"，如果使用的不是同一台计算机，则需要在这里添上另一台计算机的 IP 地址（另一台计算机也应安装 Proteus）。在"Port"文本框中填入"8000"，如图 15 - 20 所示，单击"OK"按钮即可完成设置。最后将进行工程编译，进入调试状态，并运行。

5）Proteus 的设置：选择 Debug→Use Remote Debug Monitor，如图 15 - 21 所示。此后，便可实现 KeilC 与 Proteus 的连接调试。

6）KeilC 与 Proteus 的连接仿真调试：单击仿真运行"开始"按钮 ▶，能清楚地观察到每一个引脚的电平变化，红色代表高电平，蓝色代表低电平，如图 15 - 22 所示。在 LED 显示器上显示时间，并可调节时间，以及设置闹钟及响铃。

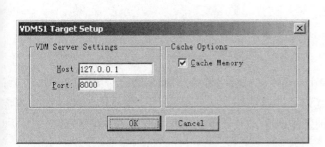

图 15 – 20 "Setting" 设置界面

图 15 – 21 Proteus 设置界面

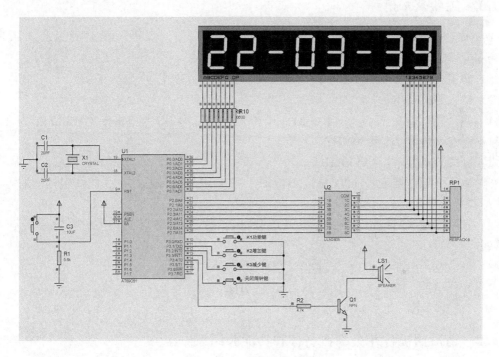

图 15 – 22 数字钟仿真图

第16章　常用电子仪器的使用

16.1　CS-4125A型双踪示波器

CS-4125A型双踪示波器具有20MHz带宽、双通道输入、双踪显示、全新的FIX功能；具有高灵敏度、高精度、高速扫描、宽频带、连续切换式衰减以及双踪显示等特点；能非常直观地观察各种电信号的波形、能高精度地测量出其波形的周期和电压的峰峰值等，是一种用途十分广泛的多功能电子测量仪器。

16.1.1　主要技术指标

1）灵敏度：垂直最高灵敏度为1mV/div即1mV/格。水平扫描时间最高灵敏度为0.2μs/div即0.2μs/格。

2）精度：垂直灵敏度和水平扫描时间的精度均在±3%以内。

3）输入阻抗：$(1\pm2\%)$MΩ约22pF。

4）频带宽度：在1mV/div和2mV/div档位，频宽为DC至5MHz（-3dB），从5mV/div起各档位频宽为DC至20MHz。

5）断续扫描频率：约150kHz。

6）垂直灵敏度档位：1mV/div~50V/div，按1-2-5步进，共13档（包括外加输入倍率×10档）。

7）水平扫描时间档位：0.2μs/div~0.5s/div，按1-2-5步进调整，共21档（包括扫描扩展档）。

8）最大输入电压：$800V_{pp}$或400V（DC+AC峰值）。

9）工作电源：$220\times(1\pm10\%)$V，50~60Hz。

10）消耗功率：最大30W。

16.1.2　前后面板各开关旋钮名称和功能介绍

1. 前面板各开关旋钮和功能介绍

CS-4125A型双踪示波器前面板如图16-1所示，下面根据该图中的标号介绍各开关旋钮的名称和功能作用。

①为示波管显示屏，用于显示各种波形。

②为电源开关（POWER），将此电源开关按下即为接通示波器电源，再按一次即为断开示波器电源。

③为电源指示灯，当电源接通时指示灯点亮。

④为校准信号输出端，该端输出$1V_{pp}$正极性，频率约为1kHz的方波信号，用于示波器的校准。

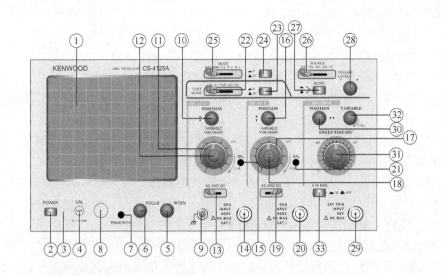

图 16-1 CS-4125A 型双踪示波器前面板图

⑤为亮度旋钮（INTENSITY），用于调整所显示的扫描亮线或波形的亮度。顺时针旋转亮度增加，逆时针旋转亮度减少。

⑥为聚焦旋钮（FOCUS），用于调整波形的清晰度，以提高测量精度。

⑦为轨迹旋转旋钮（TRACE ROTA），用于调整水平扫描线的倾角。

⑧为刻度照明旋钮，便于在阴暗处观察波形或摄影。该旋钮仅配于 CS-4125A 型双踪示波器中。

⑨为安全接地端子，机壳接地以防外壳带电。

⑩、⑯为垂直位移旋钮（POSITION），分别用于调整左右两个通道的波形或扫描线在屏幕中的垂直位置，在 X~Y 状态下⑯号旋钮起到 X 轴方向位移作用。

⑪、⑰为垂直灵敏度调节档位开关（VOLTS/DIV），分别用于设定 CH_1、CH_2 两个通道的垂直灵敏度，以适应各种幅度大小不同的波形的测量和观察。此档位开关可在 1-2-5 级数之间切换，共有 12 级档位。最小为 1mV/div，最大为 5V/div。在 X~Y 状态下⑰号开关则成为 X 轴衰减器。

⑫、⑱为垂直灵敏度微调旋钮（VARIABLE），分别用于 CH_1、CH_2 的垂直衰减调整，能在所在的范围内对 VOLTS/div 作连续调节。顺时针旋转到（底）CAL 位置时得到已经校准的值。对电信号的电压幅度进行测量时一般都应旋到该位置。

⑬、⑲为输入耦合方式选择开关（AC-GND-DC），简称耦合开关。分别用于 CH_1、CH_2 通道的输入信号的耦合方式选择。该板键开关向左处于 AC 位置为交流耦合，板键开关居中置于 GND 位置时表示输入信号接地，此时可设定零电位时扫描线的参考位置，板键开关向右置于 DC 位置时为直流耦合。

⑭、⑳为通道 1、通道 2 输入端（CH_1、CH_2 INPUT），分别用于通道 1、通道 2 的信号输入。在 X~Y 状态下则分别成为 Y 轴、X 轴的输入端。

⑮、㉑为平衡调整钮（BAL），分别用于 CH_1、CH_2 通道的 DC 平衡调整。

㉒为垂直工作方式开关（VERT MODE），用于选择垂直作用方式如下：

1）处于 CH$_1$ 位置时，显示 CH$_1$ 通道的输入信号。

2）处于 CH$_2$ 位置时，显示 CH$_2$ 通道的输入信号。

3）处于 ALT 位置时，每次交替显示 CH$_1$ 及 CH$_2$ 的输入信号。

4）处于 CHOP 位置时，扫描信号与 CH$_1$ 和 CH$_2$ 通道输入信号的频率无关，而以内部 150kHz 的扫描信号在两通道间断续切换显示两个通道输入的信号。一般用于低频信号的观察与测量。

5）处于 ADD 位置时，显示 CH$_1$ 与 CH$_2$ 输入信号的合成波形（CH$_1$ + CH$_2$），但在㉓号按键设定为反相（INV）状态时，则显示 CH$_1$ 与 CH$_2$ 输入信号之差（CH$_1$ - CH$_2$）。

㉓为 CH$_2$ 极性开关（CH$_2$ INV），当按下此开关时，CH$_2$ 输入信号极性被反相。

㉔为 X ~ Y 控制开关，当按下此开关时，则㉒号工作方式开关设定变为无效，而 CH$_1$ 变为 Y 轴，CH$_2$ 变为 X 轴，成为 X ~ Y 轴示波器。

㉕为触发方式选择开关（MODE），可供选择的选择方式如下：

AUTO（自动）由输入触发信号起动扫描，若无输入信号时则显示扫描亮线。信号波形不稳定时，需调节㉘号旋钮。

NORM（常态）由输入触发信号起动扫描，但与自动不同的是，若无触发信号则不会显示扫描亮线。

FIX（自动）自动将同步电平（LEVEL）加以固定，此时的同步电平与㉘号触发电平旋钮无关。

TV - FRAME 将复合映像信号的垂直同步脉冲分离出来与触发电路结合。

TV - LINE 将复合映像信号的水平同步脉冲分离出来与触发电路结合。

㉖为触发信号源选择开关（SOURCE），用以选择触发信号的来源。该开关必须与㉒号开关配合使用，触发信号源的几种配合方式如表 16 - 1 所示。

表 16 - 1　触发信号源几种配合方式

㉒号工作方式开关选择位置	㉖号触发信号源选择开关应选档位和作用方式
CH$_1$	CH$_1$
CH$_2$	CH$_2$
ALT	由 CH$_1$ 及 CH$_2$ 交替作用
CHOP	CH$_1$
ADD	CH$_1$ 和 CH$_2$ 的合成信号

1）CH$_1$（通道 1 触发）选择触发信号源为 CH$_1$ 的输入信号。

2）CH$_2$（通道 2 触发）选择触发信号源为 CH$_2$ 的输入信号。

3）LINE（电源触发）选择触发信号源为商用电源的电压波形。

4）EXT（外触发）选择㉙号外触发输入端子（TRIG）中的触发信号源。

㉗为触发极性开关（SLOPE），用以选择触发扫描信号的极性。未按下此开关时，表示选择触发信号的上升沿触发；按下此开关时，表示选择触发信号的下降沿触发。

㉘为触发电平开关（LEVEL），用以调节触发电平的幅度，以便被测波形稳定显示。

㉙为外触发输入端子（EXT TRIG），将外触发信号源从该端引入示波器内部电路中。

㉚为水平位移旋钮（POSITION），用以调节所显示波形的水平（即左右）位置。在 X ~ Y 状态下时成为 X 轴的位置调节钮。

㉛为扫描时间选择开关（SWEEPTIME/DIV），用以选择相应的扫描时间，以适应测量不同频率的信号。可在 0.2μs/div ~ 0.5s/div 之间以 1 - 2 - 5 级数调整，共有 20 种档位。当㉜号扫描微调旋钮顺时针旋到底（CAL 位置）时则成为校准的指示值。

㉜为扫描时间微调旋钮（VARIABLE）即扫描时间微调器，可在㉛号开关各段之间作连续调节，此钮顺时针旋到底为已被校正的指示值。

㉝为扫描扩展开关（×10MAG），按下此开关，则显示波形由屏幕中间向左右扩大 10 倍。实际计算或读数时需除以 10。

2. 后面板装置介绍

CS - 4125A 型双踪示波器的后面板如图 16 - 2 所示。

①Z 轴输入连接器（Z AXIS INPUT）为外部亮度调节端子，电压为正时其亮度减弱，反之亮度增强。

②通道 1 输出端（CH₁ OUTPUT）为 CH₁ 的垂直输出端子，其输出为 AC，可连接计数器以测定频率。

③为电源电压设定记号，选定该示波器正确的工作电源。

④为熔丝座，内装示波器的输入电源的保护熔丝，以防内部电路短路而过电流。

⑤为电源插座，作为连接示波器的 AC 工作电源之用。

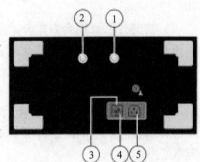

图 16 - 2　CS - 4125A 型双踪示波器的后面板图

3. 示波器输入探头连线

CS - 4125A 型示波器的输入探头连线实物示意图如图 16 - 3 所示。

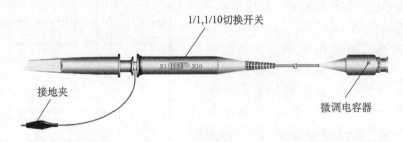

图 16 - 3　CS - 4125A 型示波器输入探头连线实物示意图

示波器输入探头连线主要由插座、微调电容器、输入倍率开关（切换开关）、接地夹、探针以及相应的导线组成。插座用于连接示波器的信号输入端，输入倍率开关用于扩展输入电压幅度的测量范围，接地夹作为输入信号的接地线。探针为输入被测信号的连接点。

4. 使用注意事项

1）示波器机箱上禁止放置其他仪器和各种物品，以防阻塞通气散热孔而引起机内温度过高而损坏。

2）千万不能把指针式的磁性万用表放在示波器上，由于万用表的磁铁会造成示波器不能正常使用。

3）示波器两个通道的最大输入电压峰峰值不能超过 800V，直流电压加交流电压的总和不能超过 400V；外触发输入端的电压峰峰值不能超过 84V，直流电压加交流电压的总和不能超过 42V。

16.1.3　操作使用方法

例 16 -1　检测示波器自身的校准信号。

1）按下②号电源开关，同时③号电源指示灯点亮。

2）旋转调节⑤号亮度旋钮于适中位置（结合观察扫描亮线进行）。

3）将⑪号垂直灵敏度调节档位开关旋到 0.2V/div 位置，再将⑫号垂直灵敏度微调旋钮顺时针转到底。

4）将⑬号输入耦合方式开关拨到 DC 位置。

5）将㉒号垂直工作方式开关和㉖号触发信号源选择开关都拨到 CH₁ 通道位置。

6）将㉕号触发方式选择开关拨到 FIX（自动）位置。

7）将㉔号 X ~ Y 控制开关置于弹出位置。

8）将㉗号触发极性开关置于弹出位置即上升沿触发位。

9）将㉛号扫描时间选择开关旋到 0.2ms/div 位置，并将㉜号扫描时间微调旋钮顺时针旋到底。

10）插上探头连线插座于⑭号的通道 1 输入端，并将该连线上的输入倍率开关拨到 ×1 位置，再将探针连线接到④号的校准信号输出端。

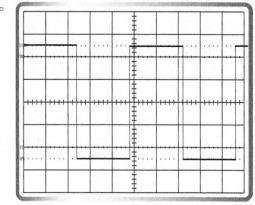

11）旋转调节⑩号垂直位移旋钮和㉚号水平位移旋钮，使所显示的方波在垂直和水平方向处在便于观察的位置，并适当旋转⑥号聚焦旋钮，使示波器所显示的方波尽量清晰，示波器显示的校准信号波形如图 16 -4 所示。

读出方波电压幅值在 Y 轴上所占的格数为（5 ± 3%）div，方波周期在 X 轴上所占的格数为（5 ± 3%）div，从而可计算出方波电压幅值为 5div × 0.2V/div = 1V，计算出方波周期应为 5div × 0.2ms/div = 1ms，与示波器校准信号输出幅值、周期的标称值是相符合的。

图 16 - 4　示波器显示的校准信号波形

例 16 -2　检测信号发生器输出的频率为 10kHz 左右、电压幅度有效值为 1V 左右的正弦波信号的周期 T 和电压峰峰值 V_{pp}，以选择 CH₂ 通道为例。

1）按下②号电源开关，同时③号电源指示灯点亮。

2）旋转调节⑤号亮度旋钮于适中位置（结合观察扫描亮线进行）。

3）将⑰号垂直灵敏度调节档位开关旋到 0.5V/div 的位置，再把⑱号垂直灵敏度微调旋钮顺时针旋到底。

4）将⑲号输入耦合方式开关拨到 AC 位置。

5）将㉒号垂直工作方式开关和㉖号触发信号源选择开关全部拨到 CH₂ 通道位置。

6）将㉕号触发方式选择开关拨到 FIX（自动）位置。

7）将㉔号 X ~ Y 控制开关置于弹出位置。

8）将㉗号触发极性开关置于弹出位置即上升沿触发位。

9）将㉛号扫描时间选择开关旋到 20μs/div 的位置，并将㉜号扫描时间微调旋钮顺时针旋到底。

10）插上探头连线的插座于⑳号通道 2 输入端，并将该连线上的输入倍率开关拨到 ×1 位置，再将连线的接地夹接到信号发生器输出线的黑色夹子上，连线的探针与信号发生器输出线的红色夹子相接。

11）旋转调节⑩号垂直位移旋钮和㉚号水平位移旋钮，使所显示的正弦波在垂直和水平方向处在便于观察的位置，并适当旋转⑥号聚焦旋钮，使所显示的正弦波尽量清晰。

12）示波器显示的正弦波波形如图 16 – 5 所示。根据该图可以读出正弦波电压峰峰值在 Y 轴上所占的格数为 D_1（6div），正弦波周期在 X 轴上所占的格数为 D_2（5div 左右）。

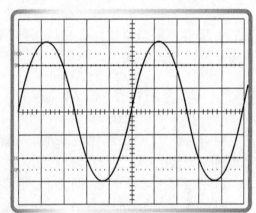

13）计算出所测正弦波的电压峰峰值：

$$V_{pp} = D_1 \times 0.5V/div$$

计算出所测正弦波的周期

$$T = D_2 \times 20μs/div$$

则所测正弦波的频率

$$f = 1/T$$

例 16 – 3 用示波器的两个通道同时观察测量基本放大器的输入和输出正弦波的电压峰值 V_{ip} 和 V_{oLp}，以及正弦波的频率 f。

设基本放大器输入信号的电压有效值 V_i 约

图 16 – 5 示波器显示的正弦波波形

为 7mV，信号频率 f 为 1kHz 左右，基本放大器的电压放大倍数的绝对值为 175 倍。

1）按下②号电源开关，同时③号电源指示灯点亮。

2）旋转调节⑤号亮度旋钮至适中位置（结合观察扫描亮线进行）。

3）分别将⑪号和⑰号垂直灵敏度开关旋到 5mV/div 和 0.5V/div 档位。再将⑫号和⑱号的垂直灵敏度微调旋钮顺时针旋到底。

4）将⑬号和⑲号的输入耦合方式选择开关拨到 AC 位置。

5）将㉒号垂直工作方式开关拨到通道的交替即 ALT 位置，再将㉖号触发信号源选择开关拨到最左边的 CH_1 和 CH_2 交替作用位置。

6）将㉕号触发方式选择开关拨到 FIX（自动）位置。

7）将㉔号 X ~ Y 控制开关置于弹出位置。

8）将㉗号触发极性开关置于弹出位置即上升沿触发位。

9）将㉛号扫描时间选择开关旋到 0.2ms/div 位置，并将㉜号扫描时间微调旋钮顺时针旋到底。

10）把两根探头连线的插座分别插入⑭号的通道 1 输入端和⑳号的通道 2 输入端，并将两根连线上的输入倍率开关拨到 ×1 位置，再把两根连线的接地夹接在基本放大器的公共地线端或者两台信号发生器的黑夹子上，然后把连接通道 1 的连线探针与基本放大器的信号输入端相接或者与输出 $V_i = 7mV$ 的信号发生器相接。最后把连接通道 2 的连线探针与基本放大器的输出端相接或者与输出 $V_i = 1200\text{mV}$ 的信号发生器相接。

11）旋转调节⑩号垂直位移旋钮和㉚号水平位移旋钮，使所显示的正弦波在垂直和水平方向处在便于观察的位置，并适当旋转⑥号聚焦旋钮，使所显示的正弦波尽量清晰。

12）示波器双通道测量正弦波所显示的波形如图 16 - 6 所示。

13）根据所显示的波形图，读出通道 1 输入的正弦波电压峰峰值在 Y 轴上所占的格数为 D_1（约为 4div）；读出通道 2 输入的正弦波电压峰峰值在 Y 轴上所占的格数为 D_2（约为 6.8div）；读出正弦波一个周期在 X 轴上所占的格数为 D_3（约为 5div）。根据读数计算出所需的测量结果为

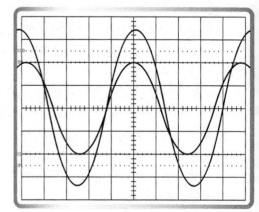

图 16 - 6　示波器双通道测量正弦波时所显示的波形

$$V_{\text{ip}} = (D_1/2) \times 5\text{mV/div}$$
$$V_{\text{oLp}} = (D_2/2) \times 0.5\text{V/div}$$
$$f = 1/T = 1/(D_3 \times 0.2\text{ms/div})$$

例 16 - 4　用示波器观察记录电子节能灯桥式整流滤波电路的输出波形，并测出其纹波电压的峰峰值 V_{pp}。

1）按下②号电源开关，同时③号电源指示灯点亮。

2）旋转调节⑤号亮度旋钮于适中位置（结合观察扫描亮线进行）。

3）将⑪号垂直灵敏度调节档位开关旋到 5mV/div 档位，再将⑫号垂直灵敏度微调旋钮顺时针转到底。

4）将⑬号输入耦合方式选择开关拨到 AC 位置。

5）将㉒号垂直工作方式开关和㉖号触发信号源选择开关都拨到 CH$_1$ 通道位置。

6）将㉕号触发方式选择开关拨到 FIX（自动）位置。

7）将㉔号 X ~ Y 控制开关置于弹出位置。

8）将㉗号触发极性开关置于弹出位置即上升沿触发位。

9）将㉛号扫描时间选择开关旋到 5ms/div 档位，并将㉜号扫描时间微调旋钮顺时针旋到底。

10）断开隔离变压器的输入电源，将电子节能灯的电源输入端与隔离变压器的输出端相接。但隔离变压器的输出电压应大于被测电子节能灯的启辉电压和小于 242V（有效值），也可用调压器进行调节得到所需电压。

11）把探头连线的插座插入⑭号的通道 1 输入端，并将连线上的输入倍率开关拨到 ×1 位置，再把探头连线的接地夹和探针分别与整流滤波电路的输出端相接，经检查前面的所有操作和连线都正确无误之后，接通隔离变压器输入电源，如有必要再调节调压器得到所需的电源电压。

12）旋转调节⑩号垂直位移旋钮和㉚号水平位移旋钮，使所显示的波形在垂直和水平方向处在便于观察的位置，并适当旋转⑥号聚焦旋钮，使所显示的波形尽量清晰。

13）记录画出示波器显示屏上所显示的波形于图 16 -7 中。

14）读出纹波电压在显示屏 Y 轴上所占的格数为 D，则所测纹波电压 $V_{pp} = D \times 5\text{mV/div}$。

例 16 - 5　用示波器测出电子节能灯高频振荡电路的输入波形（集电极与发射极两点之间的波形），并算出所测的振荡频率 f 的值。

1）按下②号电源开关，同时③号电源指示灯点亮。

2）旋转调节⑤号亮度旋钮于适中位置（结合观察扫描亮线进行）。

3）将⑪号垂直灵敏度调节档位开关旋到 5V/div 档位，再将⑫号垂直灵敏度微调旋钮顺时针转到底。

4）将⑬号输入耦合方式选择开关拨到 DC 位置。

5）将㉒号垂直工作方式开关和㉖号触发信号源选择开关都拨到 CH₁ 通道位置。

6）将㉕号触发方式选择开关拨到 FIX（自动）位置。

7）将㉔号 X ~ Y 控制开关置于弹出位置。

8）将㉗号触发极性开关置于弹出位置即上升沿触发位。

9）把㉛号扫描时间选择开关旋到 10μs/div 档位，并将㉜号扫描时间微调旋钮顺时针旋到底。

10）断开隔离变压器的输入电源，将电子节能灯的电源输入端与隔离变压器的输出端相接。但隔离变压器的输出电压应大于被测电子节能灯的启辉电压和小于 242V（有效值），也可用调压器进行调节得到所需电压。

11）把探头连线的插座插入⑭号的通道 1 输入端，并将连线上的输入倍率开关拨到 ×10 位置，再把探头连线的接地夹和探针分别与发射极和集电极相连接。经检查前面的所有操作和接线都正确无误之后，接通隔离变压器的输入电源。

12）旋转调节⑩号垂直位移旋钮和㉚号水平位移旋钮，使所显示的方波在垂直和水平方向处在便于观察的位置，并适当旋转⑥号聚焦旋钮，使所显示的波形尽量清晰。

13）记录画出示波器显示屏上所显示的电子节能灯高频振荡电路输出波形于图 16 - 8 中。

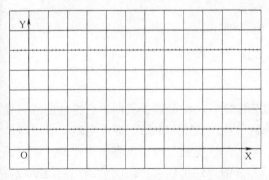

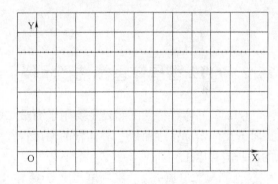

图 16 - 7　记录电子节能灯桥式整流滤波电路输出波形　　图 16 - 8　记录电子节能灯高频振荡电路输出波形

14）根据所显示的波形读出所测波形在 X 轴上所占的格数为 D（约为 3 ~ 8div），则所测的振荡频率 $f = 1/T = 1/(D \times 10\mu\text{s/div})$。

例 16 - 6　用示波器测画出带记忆功能的调光台灯的振荡触发波形（集成块 1 引脚和 8 引脚间的波形），并算出所测振荡频率 f，正确的测画步骤和操作方法如下：

1）按下②号电源开关，同时③号电源指示灯点亮。

2）旋转调节⑤号亮度旋钮于适中位置（结合观察扫描亮线进行）。

3）将⑪号垂直灵敏度调节档位开关旋到 0.5V/div 档位，再将⑫号垂直灵敏度微调旋钮顺时针旋到底。

4）将⑬号输入耦合方式选择开关拨到 AC 位置。

5）将㉒号垂直工作方式开关和㉖号触发信号源选择开关都拨到 CH$_1$ 通道位置。

6）将㉕号触发方式选择开关拨到 FIX（自动）位置。

7）将㉔号 X ~ Y 控制开关置于弹出位置。

8）将㉗号触发极性开关置于弹出位置即上升沿触发位。

9）把㉛号扫描时间选择开关旋到 0.2ms/div 的位置，并将㉜号扫描时间微调旋钮顺时针旋到底。

10）断开隔离变压器输入电源，将调光台灯的电源输入端与隔离变压器的输出端相接。但隔离变压器的输出电源必须为 $220(1 \pm 0.1)$V。

11）把探头连线的插座插入⑭号的 1 通道输入端，并将连线上的输入倍率开关拨到 ×1 位置，再把探头连线的接地夹和探针分别与调光台灯集成电路的 1 引脚和 8 引脚的节点相连。经检查前面的所有操作和接线都正确无误之后，接通隔离变压器的输入电源。

12）旋转调节⑩号垂直位移旋钮和㉚号水平位移旋钮，使所显示的方波在垂直和水平方向处在便于观察的位置，并适当旋转⑥号聚焦旋钮，使所显示的波形尽量清晰，然后将该波形记录测画于图 16 - 9 中。

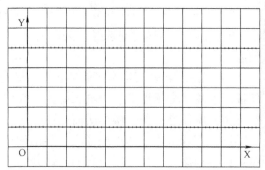

图 16 - 9　记录调光台灯振荡触发波形

13）根据所显示的波形读出波形一个周期在 X 轴上所占的格数为 D，则所测的振荡频率

$$f = 1/T = 1/(D \times 0.2\text{ms/div})$$

16.2　QT2 型晶体管特性图示仪

QT2 型晶体管特性图示仪主要用于测量二极管的输入特性曲线、反向击穿特性曲线、稳压管的反向击穿特性曲线、晶体管的输出特性曲线、电流放大倍数 β、穿透电流、各电极间的反向击穿电压，如 V_{CBO}、V_{EBO}、V_{CEO}、V_{CER}、V_{CES} 等。还能测量场效应晶体管的漏源电流 I_{DS}、饱和漏源电流 I_{DSS}、夹断电压 V_p、跨导 G_m 等参数。还可以测量晶闸管的正向阻断峰值电压 P_{EV}、正向漏电流 I_{PF}、反向阻断峰值电压 P_{RV}、反向漏电流 I_R、控制极可触发电压 V_{GT}、控制极可触发电流 I_{GF}、正向电压降 V_F 等。该仪器在半导体器件参数及曲线测试方面功能齐全、图形清晰直观，是晶体管参数和特性测试的理想仪器。

16.2.1　主要技术指标

1. 集电极扫描电源

1）输出电压与档位：分 0 ~ 10V、0 ~ 50V、0 ~ 100V、0 ~ 500V 4 档正向或者负向连

续可调。

2）输出电流平均值：0 ~ 10V 档 20A、0 ~ 50V 档 10A、0 ~ 100V 档 5A、0 ~ 500V 档 0.5A。

3）功耗限制电阻：0 ~ 100kΩ，按一、二、五进制分 20 档可调，各档电阻值误差不大于 10%。

4）具有 NPN 管和 PNP 管的正负极性控制方式。

5）二极管测量装置的输出电压为 0 ~ 3kV。

6）二极管测量装置的最大输出电流为 5mA。

2. 基极阶梯信号

1）阶梯电流范围：1 ~ 200mA/级，按一、二、五进制分 17 档可调，各档误差不大于 5%。

2）阶梯电压范围：0.05 ~ 1V/级，按一、二、五进制分 5 档可调，各档误差不大于 5%。

3）串联电阻：0 ~ 1MΩ，按一、二、五进制分 20 档可调，各档误差不大于 10%。

4）每族级数：0 ~ 10 级连续可调。

5）每秒级数：100 或 200。

6）阶梯作用：分正常、关、单次 3 档。

7）阶梯输入：分正常、零电压、零电流 3 档。

8）阶梯极性：分正（NPN 管）、负（PNP 管）两档。

3. Y 轴偏转因素

1）集电极电流范围（I_c）：1μA/div ~ 5A/div，按一、二、五进制分 21 档可调，各档误差不大于 3%。

2）二极管电流范围（I_D）：1 ~ 500μA/div，按一、二、五进制分 9 档可调，各档误差不大于 3%。

3）集电极及二极管电流倍率 ×0.5，误差不大于 10%。

4. X 轴偏转因素

1）集电极电源范围（V_c）：10mV/div ~ 50V/div，按一、二、五进制分 12 档可调，各档误差不大于 3%。

2）二极管电源范围（V_D）：分 100V/div、200V/div、500V/div 3 档可调，各档误差不大于 10%。

3）基极电压范围（V_{BE}）：10 ~ 1000mV/div，按一、二、五进制分 7 档可调，各档误差不大于 3%。

5. 工作参数

1）工作电源：220(1 ± 0.1)V，50Hz ± 2Hz。

2）消耗功率：一般情况为 80V·A，最大时 300V·A。

3）工作时间：连续工作 8h。

4）额定使用温度范围 10 ~ 40℃。

5）额定使用温度 80%（40℃）。

16.2.2 前后面板各开关旋钮名称和功能介绍

QT2 型晶体管特性图示仪的面板图如图 16 – 10 所示。

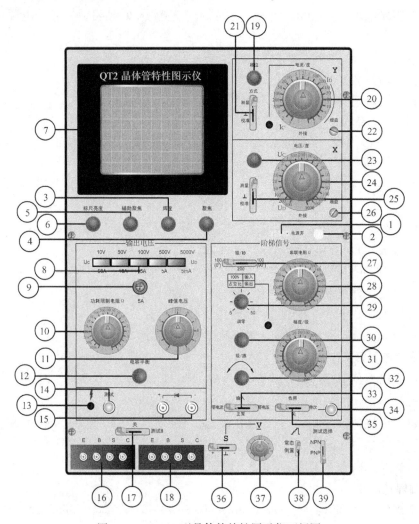

图 16 – 10　QT2 型晶体管特性图示仪面板图

1. 电源与显示部分

①为电源开关，按下此开关，仪器接通电源，②号指示灯点亮，反之为仪器关机。

②为电源指示灯，该灯点亮表示仪器通电工作。

③为辉度调节旋钮，调节示波管亮度，顺时针方向旋转为辉度增加，逆时针方向旋转为辉度减弱直至熄灭。当示波管显示屏上仅有小亮点时，千万不能把辉度调节旋钮调得太亮或者亮点过久地停留在某点，否则将损坏示波管荧光屏。

④为聚焦旋钮，调节所显示曲线或光点的清晰度。

⑤为辅助聚焦旋钮，配合聚焦旋钮，使所显示的曲线或光点更加清晰。

⑥为标尺亮度调节旋钮，为显示屏刻度标尺的灯光亮度调节。顺时针方向旋转为亮度增加，逆时针方向旋转为亮度减弱直至熄灭。

⑦为示波管显示屏，显示所测的曲线和参数。

2. 集电极扫描部分

⑧为电源档位开关，选择被测管的电压范围，从左到右各档位的电压范围为 0～10V、0～50V、0～100V、0～500V、0～3000V。

⑨为熔丝座，内装 5A 的集电极扫描电源熔丝管。

⑩为功耗限制电阻调节开关，用于调节串入晶体管集电极的功耗电阻，0～100kΩ 之间按一、二、五进制分 20 档进行调节。

⑪为峰值电压调节旋钮，用于调节集电极扫描电源输出电压，顺时针方向旋转电压增加，逆时针旋转电压减小直至为零。

⑫为电容平衡调节器，用于仪器内部的电容性电流调节，一般情况下不需调节。

⑬为高压指示灯，当⑧号电源档位开关置于 3kV 档位时该指示灯点亮，表示要特别注意高压危险。

⑭为高压测试键，当⑧号电源档位开关置于 3kV 档位，再按入此键，表示二极管测试端有高压输出。

⑮为二极管测量插孔的正负极，该孔右面为二极管的正极连接点（电源负极），左面为二极管的负极连接点（电源正极）。

3. Y 轴偏转部分

⑲为 Y 轴位移旋钮，用于控制光点或亮线的上下位移，以选择不同的基准位置。

⑳为电流档位选择开关，用于选择不同的集电极电流 I_C 或者二极管电流 I_D。I_C 的范围为 $1\mu A/\text{div}$～$5A/\text{div}$，共分为 21 档可调；I_D 的范围为 1～$500\mu A/\text{div}$（有红线指示），共分 9 档可调。

㉑为 Y 轴方式开关，用于选择"测量"、接地"⊥"及"校准"3 种显示方式，该开关拨到上方时选择测量显示方式，此时可根据⑳号电流档位选择开关所选的量程进行显示。当该开关拨到中间位置时，为选择接地"⊥"方式，即放大器输入端处于对地短接状态。当该开关拨到下方时为选择"校准"，其幅度为显示 10div 校准电压进行校准。

㉒为垂直偏转放大器增益调节旋钮，当出现一、二、五 3 档有一致的误差时可调该旋钮进行校准。

4. X 轴偏转部分

㉓为 X 轴位移旋钮，用于控制光点或亮线的水平即左右位移，以便选择不同的水平基准位置。

㉔为电压档位选择开关，供显示不同的集电极电压 V_C 和基极电压 V_{BE} 以及二极管的电压范围 V_D 之用。V_C 的范围为 $10mV/\text{div}$～$50V/\text{div}$，V_{BE} 的范围为 10～$100mV/\text{div}$。V_D 的范围为 $100mV/\text{div}$～$500V/\text{div}$。当此开关置于基极电流或基极电压档位时，把经过放大和校准后的阶梯信号送入 X 轴放大器。当此开关置于"外接"档位时，可供外接信号的显示。

㉕为 X 轴方式开关，当置于"测量"档位（上方）时，可根据电压档位开关所选的量程进行显示。当此开关置于"⊥"位置（中间）时，X 轴放大器输入端处于对地短接状态。当此开关置于"校准"位置（下方）时，X 轴放大器进行灵敏度校准，其幅度为显示 10div，其电压各档均自行转换达到在任何档位均有 10div 校准电压校准。

㉖为水平偏转放大器增益调节钮，当出现一、二、五 3 档有一致误差时调节此旋钮。

5. 基极阶梯信号部分

㉗为级/s 选择开关，此开关控制每一阶梯的时间。当此开关置于 100 级/s 时，每一阶段持续时间为 10ms；当此开关置于 200 级/s 时，每一阶段持续时间为 5ms。

㉘为串联电阻选择开关，在㉛号开关置于阶梯电压各档位时控制和调节阶梯信号至被测管之间所串联的电阻（0～1MΩ 之间接一、二、五进制分 20 档）。

㉙为占空比控制电位器，该电位器按入时为正常阶梯，此时，电位器的旋转与输出阶梯无关。当电位器拉出时红色指示灯发光，表示阶梯改为脉冲阶梯输出，其占空比根据电位器的变化而改变，变化范围改为 10%～40%。

㉚为调零电位器，调节阶梯起始电平之用。通常情况下，采用本机进行调零。其方法首先将⑳号电流档位选择开关或者㉔号电压档位选择开关置于"阶梯"档，并将㉑号 Y 轴方式开关置于"⊥"，调节移位光点置于某一位置，再将㉛号阶梯幅度/级控制开关置于电压/级的任意一级，拨动㉑号方式开关分别为接地"⊥"与测量位置，调节本电位器，使起始光点不发生变化，此时，即为阶梯起始电平调零。

㉛为阶梯幅度/级控制开关，包括阶梯电压和阶梯电流两种：阶梯电流 1μA～200mA 分别按一、二、五进制分 17 档可调；阶梯电压为 0.05V、0.1V、0.2V、0.5V 共 4 档可调，开关所指示的数值均为每一级的幅度。

㉜为阶梯级数调整电位器，该电位器逆时针旋到底为 0 级，顺时针旋转到最大为 10 级。

㉝为阶梯输入控制开关，该开关置于"正常"位置时，阶梯信号处于通路状态，即被测量管与阶梯信号接通。该开关置于左边的"零电流"时，使被测管基极开路，适宜对 I_{CEO} 测量。当该开关置于右边的"零电压"时，使被测管的基极对地短路，适用于对 I_{CBO} 的测量。

㉞为单次触发按钮，当㉟号阶梯作用开关置于"单次"档位时，每按一次此按钮，阶梯信号作用一次。

㉟为阶梯作用开关，该开关分"正常""关"和"单次"3 个档位。拨到"正常"档位时，使阶梯信号重复出现，作正常测试之用。拨到"关"档位时阶梯信号停止工作。当开关拨到"单次"档位时，阶梯信号根据㉞号单次触发按钮的作用出现，即㉞号按钮每按一次，阶梯信号出现一次，通常适用于被测管极限条件的瞬间测试。

6. 测试选择部分

⑯为 A 管 E、B、S、C 插孔，为插入不同需求的测试盒之用，该仪器配有 B 型、G 型、F 型等多种测试盒供选用。

⑰为测试管选择开关，该开关拨向左方为选择测量 A 管，拨向右方为选择测量 B 管，拨置中间位置为 A、B 管均被关断。

⑱为 B 管的 E、B、S、C 插孔，作用等同⑯号 A 管插孔。

㊱为 S 选择开关，该开关控制被测管屏极电压的正负极性及接地，拨到左边为正电压，拨到右边为负电压，拨到中间为接地，供各种不同测试的需要。

㊲为 S 电压调整电位器，可调节被测管屏极电压的大小（0～12V 范围内可调）。

㊳为阶梯极性选择开关，此开关可在 NPN、PNP 管统一控制的基础上使阶梯信号的极性单独进行控制，该开关置于"常态"时，阶梯信号的极性与表 16－2 相同；当开关置于"倒置"的情况下，阶梯信号的极性与表 16－2 相反。

表 16 – 2　阶梯信号的极性

开关位置	输　　　出			
	集电极电压	基极阶梯信号	测量象限	阶梯极性
NPN	+	+	第一象限	正常
PNP	−	−	第三象限	正常

㉟为测试选择开关（即 PNP 和 NPN 管极性控制开关），该开关可同时控制集电极电压、基极阶梯信号的极性以及测量象限（X、Y 光点的位置）。

16.2.3　操作使用方法

1. 测试前的注意事项

1）对被测管的主要直流参数进行了解，如集电极最大允许耗散功率 P_{CM}、集电极最大允许电流 I_{CM}，各电极的最高反向电压等。

2）被测管的极性与仪器上所选的极性（包括集电极电压极性、阶梯 、测量象限）必须一致。

3）⑧号电源档位开关和⑪号峰值电压调节旋钮都必须从小到大调到合适的档位和位置，不能超出被测管的极限电压值，每次在电源档位开关换档之前必须把⑪号旋钮调为最小即逆时针旋到底。

4）对被测管进行必要的估算，以选择合适的注入阶梯电流或电压，估算原则以不超过被测管的最大允许功耗。估算方法一般取被测管 β 为 100 级/族，为 10 级时在管子上承受的功率

$$P_o = I_D \times 10 \, 级 \times \beta V_{CE} < P_{CM}$$

5）在进行 I_{CM} 的测试时一般采用单次阶梯为宜，以免被测管的电流击穿。

6）在进行 I_C 或 I_{CM} 的测试中，应根据集电极电压的实际情况，测试时不应超过的最大电流如表 16 – 3 所示。

表 16 – 3　测试中不应超过的最大电流

电压档位	10V	50V	100V	500V	3kV
允许最大电流	50A	10A	5A	0.5A	5mA

2. 测试前的开机与调节

1）开启电源，把①号开关的左边按下，②号指示灯点亮，预热十分钟后进行测试，如果测量精度要求不高时，预热时间可大为减少（1min 即可）。

2）调节③号辉度调节旋钮、④号聚焦旋钮、⑤号辅助聚焦旋钮，使示波管显示屏上聚成一清晰的小光点或一条清晰的亮线。

3）旋转⑲号 Y 轴位移和㉓号 X 轴位移旋钮，使所显示的光点或亮线根据 PNP、NPN 管开关的选择处于右上方或左下方（即坐标的起始点）。

3. 测试范例

例 16 – 7　测画电子节能灯所用的 13002 型晶体管的输出特性曲线，并测量和计算出电流放大倍数 β 的值。

1）将⑰号测试管选择开关置于中间的关断位置。

2）把⑧号电源档位开关的 100V 档位按下。

3）调节⑪号峰值电压调节旋钮于 7 的位置。

4）将⑩号的功耗限制电阻调节开关旋置 2k 位置。

5）将⑳号电流档位选择开关旋到 200μA/div 位置。

6）将㉑号 Y 轴方式开关和㉕号 X 轴方式开关都拨到上方的测量位置。

7）将㉔号电压档位选择开关旋到 10V/div 位置。

8）将㉗号级/秒选择开关拨到中间的 "200" 档位。

9）将㉚号调零电位器逆时针旋到底。

10）将㉛号阶梯幅度/级控制开关旋到 2μA/级位置。

11）将㉜号阶梯级数（级/族）调整电位器顺时针旋到底（即 10 级）。

12）将㉝号阶梯输入控制开关拨到中间的 "正常" 档位。

13）将㉟号阶梯作用开关拨到左边的 "正常" 位置。

14）将㊳号阶梯极性开关拨到上方的 "常态" 档位。

15）将㊴号测试选择开关拨到上方的 "NPN" 管位置。将所测的晶体管 13002 的 E、B、C 三个电极引脚插入 A 管的对应插座中。

16）调节⑲号 Y 轴位移和㉓号 X 轴位移旋钮，使显示亮线的起始至于左下方的方格线交点处。将⑰号测试管选择开关拨到左边的 "测试 A" 档位。前面没有提到的（测试前的开机与调节中的 3 项操作除外）其他旋钮都不起作用，不必进行操作。

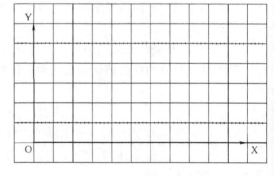

图 16 – 11　记录 13002 型晶体管
输出特性曲线

17）记录并测画出⑦号显示屏上所显示的 13002 型晶体管输出特性曲线于图16 – 11 中。读出曲线上第 10 级的

$$I_B = 10 \text{ 级} \times 2\mu A/\text{级} = 20\mu A$$

$$I_C = 5\text{div} \times 200\mu A/\text{div} = 1000\mu A$$

则

$$\beta = I_C / I_B = 1000\mu A/20\mu A = 50$$

例 16 – 8　9011 型晶体管集电极与发射极间（基极与发射极短接）击穿电压 V_{CES} 的测试。

1）将⑰号测试管选择开关拨到中间的关断位置。

2）把⑧号电源档位开关的 500V 档位按下。

3）将⑪号峰值电压调节旋钮逆时针旋到底。

4）将⑳号电流档位选择开关旋到 10μA/div 位置。

5）将㉝号阶梯输入控制开关拨到右边的零电压位置。

6）其他开关旋钮操作方法和位置同例 16 – 7。

7）将所测管的 E、B、C 三个电极插入测试管 A 的对应插座中。

8）将⑰号测试管选择开关拨到左边的 "测试 A" 档位。

9）把⑧号电源档位开关的 10V 档按下，并把⑰号开关拨到中间位置。

10）顺时针细心慢慢地调节⑪号峰值电压调节旋钮，同时注意⑦号显示屏上出现击穿电流后，立即停止调节⑪号旋钮。

11）读出所测的击穿电压 $V_{CES}=8\text{div}\times50\text{V/div}=400\text{V}$，记录并测画出其晶体管击穿电压曲线于图 16 – 12 中。

例 16 – 9　电子节能灯所用的双向二极管 DB_3 的触发电压 V_{DB} 的测试。

1）将⑰号开关拨到中间位置。

2）将⑧号电源档位开关的 50V 档按下。

3）将⑪号峰值电压调节旋钮逆时针旋到底。

4）将⑳号电流档位选择开关旋到 $2\mu\text{A/div}$ 档位。

5）将㉔号电压档位选择开关旋到 5V/div 档位。

6）其他测试开关和旋钮（⑪号旋钮除外）的操作同例 16 – 7。

7）将 DB_3 双向二极管的两个电极插入 A 管的对应的 C、E 电极中。

8）将⑰号测试管选择开关拨到左边。

9）细心慢慢地旋动⑪号旋钮，并观察到⑦号显示屏出现击穿电流后立即停止⑪号旋钮的旋动。

10）记录并测画出⑦号显示屏所显示的双向二极管 DB_3 击穿特性曲线于图 16 – 13 中，并读出 V_{DB} 的电压值，即

$$V_{DB}=8\text{div}\times5\text{V/div}=40\text{V}$$

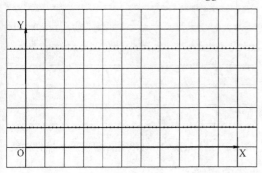 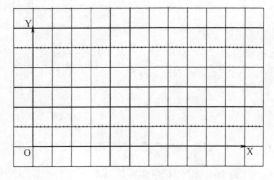

图 16 – 12　记录晶体管 C – E 极的击穿电压曲线　　图 16 – 13　记录双向二极管 DB_3 击穿特性曲线

例 16 – 10　1N4007 型二极管反向击穿电压的测试。

1）将⑪号峰值电压调节旋钮逆时针旋到底。

2）将二极管两边的引脚各剪短 10mm，打开二极管高压测试盒的安全盖，并按仪器面板上所标的极性位置装入所测的二极管，然后合上安全盖，最后把测试盒插入到⑮号插孔中。

3）把㉔号电压档位选择开关旋到 500V/div 位置。

4）把⑧号电源档位开关的 3000V 档位按下。

5）将⑳号电流档位选择开关旋到 $2\mu\text{A/div}$ 档位。

6）调节⑲号 Y 轴位移和㉓号 X 轴位移旋钮，使显示屏的亮点位于右上方的方格线的交点处。

7）除以上讲到的⑪号旋钮和⑭号按键之外，其他开关和旋钮的操作同例 16 – 7。

8）调节⑪号峰值电压调节旋钮（在数字 2～4 之间从小到大慢慢调节），先调到 2 的位置，再按下⑭号高压测试键，观察⑦号显示屏上出现的击穿电压波形，测读出击穿电压即可。

9）击穿电压 V_{DM} = X 轴的格（度）数 ×500V/div。如果没有击穿则稍增加⑪号旋钮的电压，再按⑭号键，不断反复测试寻找，直到完成测试，记录并画出 1N4007 型二极管的电压击穿特性曲线于图 16 - 14 中，按图测算出二极管的击穿电压 V_{DM} = 4.2div × 500V/div = 2100V。

例 16 - 11 测试 1N4148 型二极管的输入特性曲线。

1）把⑧号开关的 10V 档按下。

2）将⑪号旋钮反时针旋到底。

3）将⑳号开关旋到 500μA/div 档位。

4）将㉔号开关旋到 100mV/div 档位。

5）将⑩号开关接到 1kΩ。

6）将所测二极管的正负电极分别插入 F 测试盒的 C 和 E 电极孔中（并将测试盒插入到图示仪 A 管的插孔中）。

7）除⑪号旋钮和⑰号开关外，其他所有开关与旋钮的操作方法和位置同例 16 - 7。

8）将⑰号开关拨到左侧"测试 A"位置。

9）慢慢旋动⑪号峰值电压调节旋钮旋于 2～3 的位置。

10）记录并画出所显示的 1N4148 型二极管输入特性曲线于图 16 - 15 中。

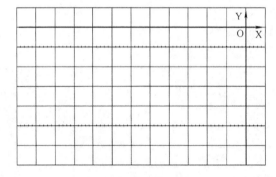
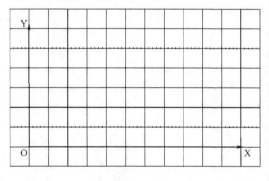

图 16 - 14　记录 1N4007 型二极管的电压击穿特性曲线　　图 16 - 15　记录 1N4148 型二极管输入特性曲线

例 16 - 12 1N4148 型二极管反向击穿特性曲线的测试。

1）将⑰号开关置于"关"位置。

2）将⑪号旋钮反时针旋到底。

3）将⑧号开关的 500V 档位按下。

4）将⑳号开关旋到 2μA/div 档位。

5）将㊴号开关拨到下方的"PNP"档位。

6）把⑦号显示屏上的光点用⑲号和㉓号位移旋钮调到显示屏的右上方的方格线交点处。

7）除⑰号开关和⑪号旋钮外，其他所有开关旋钮位置同例 16 - 10。

8）把⑰号开关拨到左边的"测试 A"位置。

9）慢慢旋动⑪号峰值电压调节旋钮于约"2"处。

10）记录测画出显示屏上所显示的 1N4148 型二极管反向击穿特性曲线于图 16 - 16 中，

则二极管的击穿电压为 $6\text{div} \times 20\text{V/div} = 120\text{V}$。

例 16 – 13 1N4744A 型稳压管稳压特性曲线的测试。

1) 将⑰号开关置于"关"位置。

2) 将⑪号旋钮反时针旋到底。

3) 将⑧号开关的 50V 档位按下。

4) 将⑳号开关旋到 1mA/div 档位。

5) 将㉔号开关旋到 2V/div 档位。

6) 将所测稳压管的正负电极分别接到 F 测试盒的 C 和 E 插孔中，并将测试盒插入图示仪的 A 管插孔中。

7) 把⑰号开关拨到左侧的"测试 A"档位。

8) 其他各旋钮开关的操作位置同例 16 – 12。

9) 慢慢调节⑪号峰值电压调节旋钮，观察到⑦号显示屏上出现击穿曲线（最大电流的绝对值小于 10mA）。

10) 记录测画出显示屏上所显示的 1N4744A 型稳压管的稳压特性曲线于图 16 – 17 中。

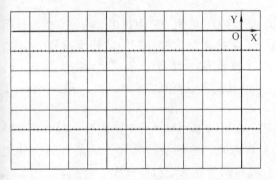

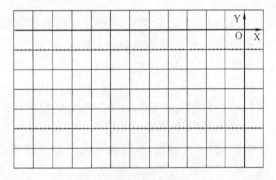

图 16 – 16　记录 1N4148 型二极管反向击穿特性曲线　　图 16 – 17　记录 1N4744A 型稳压管的稳压特性曲线

例 16 – 14 BT137 型反向晶闸管的 $V_A - I_F$ 曲线的测试。

1) 将⑰号开关置于中间的"关"档位。

2) 将⑧号开关的 10V 档按下。

3) 将⑪号峰值电压调节旋钮反时针旋到底。

4) 将⑳号开关旋到 100mA/div 档位。

5) 将㉔号开关旋到 200mV/div 档位。

6) 将⑩号功耗限制电阻调节开关旋到 2Ω 档位。

7) 将㉛号阶梯幅度/级控制开关旋到 0.5V 档位。

8) ㉑号、㉕号、㉗号、㉝号、㉟号、㊳号、㊴号开关的操作位置同例 16 – 7。把所测的晶闸管阳极、触发极、阴极的引脚分别插入 F 测试盒的对应的 C、B、E 插孔中，并将测试盒装入图示仪中。

9) 把⑰号开关拨到左侧的"测试 A"档位。

10) 调节⑲号和㉓号位移旋钮使光点于显示屏的左下方的方格线交点处。

11) 调节⑪号峰值电压调节旋钮，直到⑦号显示屏出现触发导通曲线。

12）记录测画出显示屏中所显示的 BT137 型反向晶闸管 $V_A - I_F$ 曲线于图 16 - 18 中。

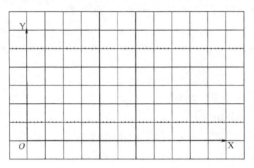

图 16 - 18　记录 BT137 型反向晶闸管 $V_A - I_F$ 曲线

13）从图中可读得该晶闸管触发导通后在工作电流为 500mA 时的对应导通工作电压为 0.95V。

16.3　TH2817 型 LCR 数字电桥

TH2817 型 LCR 数字电桥是一种测量电感 L、电容 C、电阻 R、阻抗 Z、品质因数 Q、损耗角正切 tanδ 等多种参数的高精度、宽测试范围的阻抗测量仪器。它能方便地选择 100Hz、120Hz、1kHz、10kHz、40kHz、100kHz 六种典型测试信号电平。能灵活地选择 0.1V、0.3V、1.0V 等 3 个测试信号电平。该仪器将强大的功能和优越的性能结合在一起，是生产线高速检验和实验室高精度测量的理想仪器。

该仪器的基本测量原理是电桥阻抗匹配原理，电桥内部测量单元电路主要由频率可变的正弦波信号发生器、测量电平调节器、精密的量程电阻、鉴相器、电荷平衡 A/D 转换器组成。所有测量、计算和功能控制、显示均在微处理器的控制下进行和完成。

16.3.1　主要技术指标

1. 测量参数

电阻 R、电容 C、电感 L、阻抗 Z 由显示器 A 显示，最大显示位数 5 位。损耗角正切值 tanδ（计算用 D 表示）、品质因数 Q 由显示器 B 显示，最大显示位数 5 位。该仪器提供串联和并联两种等效测量方式，其中 Z、D、Q 在两种测量方式下结果完全相同，而 C、L、R 在两种测量方式下其值有所不同，两者之间的转换关系如表 16 -4 所示。

表 16 -4　串联和并联等效电路间的相互转换关系

电路形式		损耗因子	串、并转换关系
C	R_P 与 C_P 并联	$D = \dfrac{1}{2\pi f C_P R_P} = \dfrac{1}{Q}$	$C_S = (1 + D^2) C_P$ $R_S = \dfrac{D^2}{1 + D^2} R_P$
	C_S 与 R_S 串联	$D = 2\pi f R_S C_S = \dfrac{1}{Q}$	$C_P = \dfrac{1}{1 + D^2} C_S$ $R_P = \dfrac{1 + D^2}{D^2} R_S$

（续）

电路形式	损耗因子	串、并转换关系
L （L_P 与 R_P 并联）	$D = \dfrac{2\pi f L_P}{R_P} = \dfrac{1}{Q}$	$L_S = \dfrac{1}{1+D^2} L_P$ $R_S = \dfrac{D^2}{1+D^2} R_P$
L_S 与 R_S 串联	$D = \dfrac{R_S}{2\pi f L_S} = \dfrac{1}{Q}$	$L_P = (1+D^2) L_S$ $R_P = \dfrac{1+D^2}{D^2} R_S$

2. 测试信号频率

测试信号波形为正弦波，其频率分为 100Hz、120.120Hz、1kHz、10kHz、40kHz、100kHz 共 6 种，频率准确度为 0.02%，需要注意的是 120.120Hz 在本书中都简称为 120Hz。

3. 测量显示范围

C：0.0001pF ~ 99999μF；L：0.00001μH ~ 99999H；R/Z：0.0001Ω ~ 99999MΩ；D/Z：0.0001 ~ 99999；D/Q：1 ~ 99999 × 10^{-6}；Δ：0.01% ~ 99999%。

4. 测量准确度

R：0.05%$(1 + R_X/R_{max} + R_{min}/R_X)(1 + Q_X)(1 + K_s + K_v + K_f)$

C：0.05%$(1 + C_X/C_{max} + C_{min}/C_X)(1 + D_X)(1 + K_s + K_v + K_f)$

L：0.05%$(1 + L_X/L_{max} + L_{min}/L_X)(1 + 1/Q_X)(1 + K_s + K_v + K_f)$

Q：$\pm 0.0005(1 + Z_X/Z_{max} + Z_{min}/Z_X)(Q_X + 1/Q_X)(1 + K_s + K_v + K_f)$

D：$\pm 0.0003(1 + Z_X/Z_{max} + Z_{min}/Z_X)(1 + D_X + D_X^2)(1 + K_s + K_v + K_f) + 0.0002$

其中，Q、D 为绝对误差，其余均为相对误差。下标为 X 的为该参数测量值，下标为 max 的为最大值、min 的为最小值，K_s 为速度误差因子，K_v 为电压误差因子，K_f 为频率误差因子。

测量速度误差因子 K_s：快速时 $K_s = 4$；中速时 $K_s = 1$；慢速时 $K_s = 0$。

测量电压误差因子 K_v：当 $V = 0.3$V 和 1.0V 时 $K_v = 0$，当 $V = 0.1$V 时 $K_v = 1.5$。

测试频率误差因子 K_f：当 $f = 100$Hz、120Hz、1kHz 时，$K_f = 0$；当 $f = 10$kHz 时，$K_f = 0.5$；当 $f = 40$kHz 时，$K_f = 2$；当 $f = 100$kHz 时，$K_f = 3$。

在量程为自动时影响准确度的测量参数最大值和最小值为

$$C_{min} = 150\text{pF}, \quad C_{max} = 80\mu\text{F}, \quad L_{min} = 0.32\text{mH/f}$$

$$L_{max} = 159\text{H/f}, \quad Z_{min} = 1.59\Omega, \quad Z_{max} = 1\text{M}\Omega$$

为了保证测量精度，在准确度校准时应在当前条件和测量工具的情况下进行可靠的开路和短路清"0"。

5. 测量速度

快速 10 次/s；中速 4.2 次/s；慢速 1.4 次/s。

16.3.2 仪器前后面板各装置名称及功能介绍

1. 前面板中各序号对应的名称及功能说明

TH2817 型 LCR 数字电桥的前面板示意图如图 16 – 19 所示。

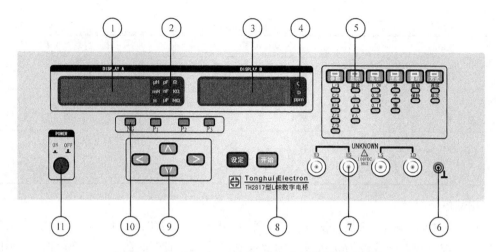

图 16 – 19　TH2817 型 LCR 数字电桥前面板示意图

①为显示器 A，也称主参数显示器，共有 5 位数，用于显示 R、C、L、Z 的测量结果，显示方式有直读、绝对误差 Δ、相对误差 Δ（％）3 种，也可用于参数设置时的信号指示等。

②为主参数单位指示器，由发光二极管和单位字母组成，显示直读和绝对误差 Δ 时的主参数单位，共有 Ω、kΩ、MΩ、pF、nF、μF、μH、mH、H 等 9 种单位。

③为显示器 B，也称副参数显示器，共可显示 5 位数字，用于显示 D、Q 的测量结果，也用于参数设置时的信息指示等。

④为副参数测量项目指示灯，用于显示副参数测量项目 Q、D 以及 ppm 方式。

⑤为功能状态指示器，由 6 只红色发光二极管和 19 只绿色发光二极管以及功能状态的文字、字母、数字、单位等组成。用于显示所选的测量参数（L/Q 或 C/D 或 R/Q 或 Z/Q 或 Z/D 中的一种）；显示所选的显示方式（显示器中的直读或 Δ 绝对误差或 Δ％ 相对误差或 V/I 电压/电流 4 种方式中的一种）；显示所选的测试信号电平（1.0V 或 0.3V 或 0.1V 中的一种）；显示所选的测量速度（快速或中速或慢速中的一种）；显示所选的量程选择方式（自动或保持中的一种）；显示所选的测量方式（连续或单次）。

⑥为接地端（GND），用于性能检测的屏蔽接地和安全接地。

⑦为测试端，测试时它为被测件提供完整的 4 端测量。HD 为电流测试高端，HS 为电压取样高端，LD 为电流激励低端，LS 为电压取样低端。使用时 HD 和 HS 接到被测件的一个引脚，LD 和 LS 接到被测件的另一个引脚。

⑧为商标和型号，指示本仪器的商标和型号。

⑨为键盘，由 ∧、∨、<、>、设定和开始共 6 个按键组成，仪器的所有功能状态均由此 6 个按键组成的键盘完成。

⑩为被测件分选指示灯，分选功能选择 ON 时，指示被测件的分选结果。分选共分为 4 档，NG 为不合格器件；P₁、P₂、P₃ 均为合格器件，但各档的误差有所不同（按需要设定的误差进行分档）。

⑪为电源开关，按下该开关在"ON"状态时为仪器接通 220V 电源，再按一下，该开关弹出处于"OFF"状态时为仪器断开电源。

2. 仪器后面板对应序号的名称及功能说明

TH2817 型 LCR 数字电桥的后面板示意图如图 16 – 20 所示。

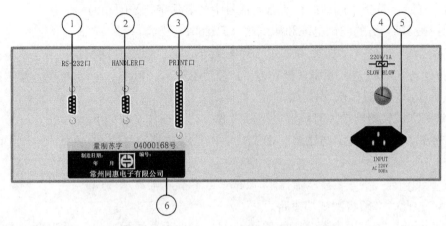

图 16 – 20 TH2817 型 LCR 数字电桥后面板示意图

①为 9 芯 RS – 232C 串行接口，仪器与外围设备的串行通信接口，所有参数设置、命令、结果输出均可由外围设备通过该接口完成。

②为 9 芯 HANDLER 分选接口，用于连接分选设备，以便实行被测件的分选。

③为 25 芯打印机接口插座，使打印机与该仪器相连接，将仪器设置情况、测量结果以及分选结果等输出到打印机。

④为熔丝座，内装 1A 熔丝管，以保护仪器。

⑤为三芯电源插座，用于连接 220V/50Hz 的仪器电源。

⑥铬牌，用于指示制造计量器具许可证号、使用电源、制造日期、出厂编号、生产厂家。

16.3.3 操作使用方法

1. 测试之前的准备工作

1）开机前需详细阅读、理解仪器的使用说明书或本教材中有关 TH2817 型 LCR 数字电桥的内容。

2）按仪器所需的工作电源连接和接通电源。

3）待仪器内部自检结束，预热 10min 后进行正常测量。

2. 电阻的简便测量方法

这里讲的简便测量方法是指采用 1kHz 的工作频率、串联等效方式，不需短路和开路清"0"的测试方法。绝大多数的电路都已足够满足要求。其测试方法如下：

待开机自检结束后，按 ▽ 键一次，然后在测试端接上被测电阻，在主参数显示器中读得被测电阻的阻值，在副参数显示器中读得品质因数 Q 即可。下面将以实例测量的方式介绍精确测量的方法。

3. 测试举例

例 16 – 15 13W 电子节能灯 6 只电阻的精确测量。

因为电子节能灯的振荡工作频率为 20kHz 左右，所以选择 10kHz 和 40kHz 两档频率，并用串联和并联两种等效方式测量，其余测试条件均按仪器自动设定的初始测量状态或结果进行。除仪器开机、自检、预热的步骤外，具体的测量步骤和操作方法如下（注：以下所有圆括号中显示字符是不闪动的，所有方括号中的显示字符是闪动的）：

1）选择接口合适的测试电缆和测试盒（TH26011 型）。

2）按 $\boxed{\vee}$ 键一次使 R/Q 灯点亮表示选择电阻 R 及品质因数 Q 的测量。

3）按"设定"键进入频率选择功能，B 显示器显示（FRE－－），再按 $\boxed{\wedge}$ 键选择 10kHz 的测试频率，A 显示器显示 ［10.000］。

4）将两测试夹相连接，对仪器进行短路清"0"，操作步骤如下：

①按 $\boxed{<}$ 键一次，A 显示器显示 ［OPEN］，B 显示器显示（CLr－－），表示当前正是准备开路清"0"状态。

②按 $\boxed{\wedge}$ 或 $\boxed{\vee}$ 键一次，A 显示器显示 ［Short］，B 显示器显示（CLr－－），表示选择准备短路清"0"，此时必须将测试端短路。

③按"开始"键仪器内部执行短路清"0"，A 显示器显示变化的 ［Sh00~4］，B 显示器显示变化的频率 ［0.1000~100.00］，经过约 20s 后，A 显示器显示（0.0000Ω）表示短路清"0"完成。

5）对仪器执行开路清"0"，操作步骤如下：

①断开两测试连接的测试夹。

②按"设定"键一次，A 显示器显示当前的测定频率为 10kHz ［10.000］，B 显示器显示（FRE—），表示进入"设定一"状态。

③按 $\boxed{<}$ 键一次，A 显示器显示 ［OPEN］，B 显示器显示（CLr－－），准备开路清"0"，此时测试端必须开路。

④按"开始"键一次，仪器进行开路清"0"，A 显示器显示变动的 ［OPE1~OPE4］，B 显示器显示变动的频率从 0.1000 开始到 100.00，清"0"结束后，两显示器显示跳变的数字，即表示开路清"0"结束。

6）将被测电阻装入两测试夹，从 A 显示器中读出被测电阻阻值 R，从 B 显示器中读出被测电阻的品质因数 Q，并将所有被测电阻的读数记录于表 16－5 中。

表 16－5　数字电桥测量电子节能灯 6 只电阻的测量结果

电阻代号	原标称值	10kHz 频率测量				40kHz 频率测量			
		串联等效测量		并联等效测量		串联等效测量		并联等效测量	
		电阻值 R	品质因数 Q	电阻值 R	品质因数 Q	电阻值 R	品质因数 Q	电阻值 R	品质因数 Q

7）开始设定40kHz频率测量，按"设定"键一次，A显示器显示闪动的［10.000］，B显示器显示（FRE－－），再按⌃键一次，A显示器显示闪动的［40.000］，表示测量频率已改为40kHz。

8）进行40kHz工作频率的电阻测量，按"开始"键，装入各测试电阻进行读数，具体测量读数和结果记录于表16－5中。

9）设定40kHz工作频率的并联测量，按"设定"键一次，再按▷键两次，再按⌃键一次，A显示器显示闪动的［PAr］，表示已选择并联等效方式测量。

10）按"开始"键一次，并接入被测电阻进行各电阻在40kHz工作频率时的并联等效测量，测量读数结果记录于表16－5中。

11）进行10kHz的并联等效测量设定，按"设定"键一次，再按⌄键一次，此时A显示器显示闪动的［10.000］，B显示器显示（FRE－－），然后再按▷键两次，需要时再按⌃或⌄键一次，直到A显示器显示闪动的［PAr］，B显示器显示（Equ－－），表示该项目设定完成。

12）按"开始"键，接入被测电阻进行10kHz工作频率的并联等效测量。测量读数和结果记录于表16－5中。

例16－16 对电子节能灯所用的电容进行测试。

因为电子节能灯中的一个电解电容工作在100Hz的频率，其余4只电容工作在约20kHz的频率，所以选择100Hz的频率测试电解电容，其余4只电容选择10kHz和40kHz频率测量，测量操作方法和步骤如下：

1）CD111－400V－4.7μF电解电容的测量。

①100Hz测试频率的设定，仪器开机自检结束后，按"设定"键一次，再按⌄键两次，A显示器显示［0.1000］，表示所需要的频率已经设定好。

②电容测量，把被测电容按正负极装在测试夹上，再按"开始"键一次，即进行测试，读记A显示器中显示的电容为4.7062μF，B显示器中显示的电容损耗正切值$\tan\delta$为0.0452。

2）4只涤纶电容的测量。

①10kHz测试频率的设定，按"设定"键一次，重复按⌃或⌄键，直到A显示器显示［10.000］为止，表示10kHz的频率已经设定完成。

②10kHz频率时的电容测量，接好被测电容，再按"开始"键一次，分别读取记录A、B显示器中显示的电容量和损耗正切值$\tan\delta$，将测量结果记录于表16－6中。

③40kHz测试频率设定，在10kHz频率测试完成或在开机自检结束后，按"设定"键一次，再反复按⌃或⌄键，使A显示器显示闪动［40.000］，表示40kHz频率已经设定完成。

表16－6　电子节能灯涤纶电容测量结果

电容代号		C_2	C_3	C_4	C_5
电容标称值/nF		47	15	3.3	1.5
所测电容量	10kHz				
所测电容量	40kHz				
所测电容损耗正切值 $\tan\delta$	10kHz				
	40kHz				

④40kHz 频率时的电容测量，装接好被测电容，按一下"开始"键，即可分别在 A、B 显示器中读取记录被测电容量和损耗正切值 tanδ，将测量结果记录于表 16 – 6 中。

例 16 – 17 电子节能灯电感量和品质因数以及阻抗的测量。

因为电子节能灯电感元件工作频率约为 20kHz，所以选择 10kHz 和 40kHz 两种频率进行谐振电感 L_4 和振荡线圈 $L_1 \sim L_3$ 的测量，具体测试方法如下：

1）电感测试功能的设定。开机自检结束后或按一次"开始"键，重复按 $\wedge$ 键使参数中的 L/Q 灯亮，表示完成所需功能设定。

2）10kHz 测试频率的设定。开机自检结束后或按一次"开始"键，然后再按一次"设定"键，再重复按 $\wedge$ 或 $\vee$ 键，直到 A 显示器中显示闪动 [10.000]，即表示 10kHz 的频率已设定好。

3）10kHz 频率时的电感量和品质因数测量。将被测电感装接在测试夹两端，按"开始"键一次，即进行电感量测试，分别读取和记录 A、B 显示器中的电感量和品质因数，测量结果记录于表 16 – 7 中。

4）40kHz 测试频率的设定。在 10kHz 频率测试完成之后，按一次"设定"键后再重复按 $\wedge$ 或 $\vee$ 键，直到 A 显示器中显示闪动 [40.000]，表示所需的频率已设定好。

5）40kHz 频率时的电感量和品质因数测量。装接好被测电感，再按一次"开始"键，然后分别读取和记录测量结果于表 16 – 7 中。

6）电感阻抗测试功能的设定。仪器开机自检结束后或按一次"开始"键，再重复按 $\vee$ 或 $\wedge$ 键，使参数功能中的 Z/Q 灯点亮，表示已设定为阻抗测试功能。

7）10kHz 测试频率的设定。按一次"设定"键，再重复按 $\wedge$ 或 $\vee$ 键，使 A 显示器显示闪动 [10.000]，表示已设定所需的测试频率。

8）10kHz 频率时的阻抗测试。将被测电感装接到测试夹两端，按"开始"键一次，即进行阻抗测量，读取和记录 A 显示器的电感阻抗并记录于表 16 – 7 中。

9）40kHz 测试频率的设定。按"设定"键一次，再按 $\wedge$ 键一次，A 显示器显示闪动 [40.000]，表示已设定所需要的测试频率。

10）40kHz 频率时的阻抗测试。按"开始"键一次，即可进行测试，读取 A 显示器的数值即为测量结果，并记录于表 16 – 7 中。

表 16 – 7　电子节能灯电感元件测试记录表

电感代号	所测电感量 L		所测品质因数 Q		所测阻抗 Z	
	40kHz	10kHz	40kHz	10kHz	40kHz	10kHz
L_1						
L_2						
L_3						
L_4						

例 16 – 18　充电器电源变压器的测量。

因为充电器电源变压器平时工作在 50Hz 的电网电压，测试时选用 100Hz 的测试频率。测试操作方法如下：

1) 开机自检。按下仪器面板的⑪号电源开关，使仪器接通电源，经过 15s 后仪器完成自检。

2) 设定电感测试参数功能。按△键一次，使参数列的 L/Q 灯点亮，完成所需测试参数功能的设定。

3) 100Hz 测试频率设定。按"设定"键一次，再按▽键两次，使 A 显示器中显示闪动 [0.1000]，表示已完成所需的设定。

4) 电感量及品质因数测量。

①串联等效测量：把被测变压器的两测试端与本仪器的测试夹相连接后，再按"开始"键一次。A、B 显示器所显示的值即为电感量和品质因数，其他各绕组的电感量和品质因数分别接到测试夹测试即可得到，将测量结果记录在表 16 - 8 中。

表 16 - 8　充电器电源变压器的测量结果

变压器绕组名称		一次绕组 1—2 端	二次 6V 绕组 3—4 端	二次 9V 绕组 4—5 端	二次 15V 绕组 3—5 端
所测	串联				
电感量	并联				
所测品	串联				
质因数	并联				

需注意的问题：

● 测量变压器电感时，如果在自动量程档出现仪器内部断电、来回跳动的响声时，需要重复按▷键或者◁键，直到量程功能的指示灯点亮。再重复按▽键和△键，使量程灯的保持灯点亮，方可读取和记录测试结果。

● 测试时变压器当时不测的绕组全部开路。

● 变压器磁心是磁性材料，其磁感应强度会随着流过电流、测试频率和电平的改变而变化，其磁化曲线上不同点所测的值也有所不同。

②并联等效测量：按"设定"键一次，再按▷键两次，再按△键一次，A 显示器显示 [PAr]，表示已设定为并联等效测量。接好被测件，再按一次"开始"键，即进行并联等效电感测量，将测量结果记录在表 16 - 8 中。

③变压器一次侧 1—2 端漏感测量（串联等效测量漏感方法）：将测试频率设定在 100Hz，等效方式设定在串联方式，测试功能设定在 L/Q 参数，具体按键的"设定"操作方法同本例，然后将变压器一次侧的 1—2 端与仪器的两个测试夹相连接，将变压器的二次侧的 3—5 端全部短路连接，最后按"开始"键，从 A 显示器中读取的漏感量为 3.3875H、品质因数 $Q = 0.3598$。

④二次侧漏感测量。将变压器的一次侧短路，二次侧各绕组的漏感测量结果如下：

变压器的 3—4 端　　$L = 3.0087\text{mH}$　　　　$Q = 0.3055$

变压器的 4—5 端　　$L = 6.388\text{mH}$　　　　$Q = 0.0881$

变压器的 3—5 端　　$L = 17.5444\text{mH}$　　　$Q = 0.1848$

⑤变压器一次侧与二次侧电容量的测量：在上面测量的基础上，按▽键一次，C/D 灯点亮，测试频率仍设定在 100Hz，再将仪器的两测试夹分别装接到变压器的一次侧的任意一根和二次侧的任意一根引线，按仪器的"开始"键，即可读取和记录所测的电容量和损耗正切值。

16.4 交流毫伏表

16.4.1 SX2172 型交流毫伏表

1. 主要功能特点

1) 输入阻抗高，其输入阻抗为 1MΩ，仪表接入被测电路后，对电路的影响小。

2) 频率范围宽，使用频率范围约为几赫到几千赫。

3) 灵敏度高，最高灵敏度为 20nV/div。

4) 电压测量范围广，仪表的量程分档可以从 1mV ~ 300V。

5) 交流毫伏表根据其电路组成的结构不同可分为放大—检波式、检波—放大式。SX2172 型交流毫伏表属于放大—检波式。

2. 装置介绍

SX2172 型交流毫伏表前面板图如图 16 - 21 所示。

①为电源开关；②为机械调节螺钉；③为指示灯；④为量程选择旋钮；⑤为输入插座；⑥为接地端；⑦为输出端。当把交流毫伏表做放大器使用时，信号由输入插座输入，由输出端和接地端间输出。

3. 操作使用方法

1) 机械调零。在仪表接通电源之前，调节②，使指针位于零点。

2) 选择量程。输入信号，选择适当的量程，使指针偏转至满刻度的 1/3 以上的区域。

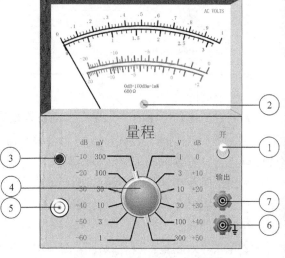

图 16 - 21　SX2172 型交流毫伏表前面板图

3) 正确读数。根据量程开关的位置，按对应的刻度读数，当量程开关选择逢"3"档位时，如 30mV、3V、30V 等都在第二条刻度线读数；当量程开关选择逢"1"档位时，如 10mV、1V、10V 等都在第一条刻度线读数。

注意：

当仪器输入端连线开路时，如果量程较小，由于外置感应信号的存在，会出现指针打表头的现象。此时应先将量程选择开关置于大量程的位置，待接上输入信号后，再将量程根据信号的大小，调节至适当的位置。

16.4.2 AS2294D 型双通道交流毫伏表

1. 主要功能及特点

AS2294D 型双通道交流毫伏表为双通道输入、双指针指示测量结果。具有测量电压的频率范围宽，测量电压灵敏度高，本机噪声低，测量误差小（整机工作误差≤5％典型值）的优点，尤其具有相当好的线性度，并具有接地和浮置选择。

该仪器具有外形美观，操作方便，开关手感好，内部电路先进，结构紧凑，测量精度高，可靠性好等优点，可广泛用于科研单位、学校实验室、设计部门，以及收音机、电视机、CD 机等生产厂的生产线和修理部门。

2. 主要技术指标及功能选择

1）测量电压范围：30μV～300V 分 13 档量程。

2）测量电压的频率范围：5Hz～2MHz。

3）测量电平范围：-90～50dBV 或 -90～52dBm。

4）输入/输出连接形式：接地和浮置两种选择。

5）控制电路方式：CPU。

6）同步和异步功能：可灵活选择。

7）工作误差：电压测量误差 ±5%（满度值）；频率影响误差，在 20Hz～20kHz 范围为 ±5%，在 5Hz～1MHz 范围为 ±7%，在 5Hz～2MHz 范围为 ±10%。

8）两通道之间的误差不超过满度值的 5%。

9）两通道之间的绝缘电阻 ≥100MΩ，两通道浮置时对地电阻 ≥100MΩ（在环境温度 20℃±2℃，相对湿度 ≤50% 时）。

10）输入阻抗（在 1kHz 时）约为 2MΩ。

11）噪声电压在输入端良好短路时 ≤10μV。

12）输出的阻抗约为 600Ω。

13）正常工作条件：环境温度 0～40℃；相对湿度 40%～80%；大气压力 86～106kPa；电源电压交流（220±22）V；频率（50±2）Hz；电源功率 7V·A。

3. 仪器前后面板各装置名称及功能介绍

AS2294D 型双通道交流毫伏表前面板图如图 16-22 所示。

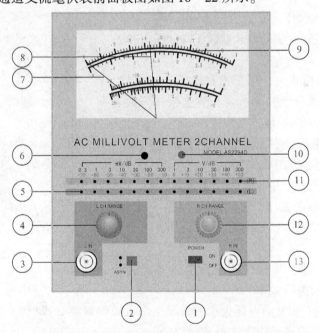

图 16-22　AS2294D 型双通道交流毫伏表前面板图

①为电源开关，按下时电源接通，同时量程指示灯和同步/异步指示灯亮，按出时为关机，各指示灯灭。

②为同步/异步工作按键，用于选择本表工作在异步还是同步状态，该键按入时，黄灯亮表示选择同步测量功能，该键未按入时，绿灯亮表示选择异步测量功能。

③为左通道输入插座，即左通道信号输入端。

④为左通道输入量程旋钮（灰色），异步工作时，选择左通道的测量量程，从300V到0.3mV，分13档可调。选择在同步工作时，能同时选择两个通道的测量量程，分档与异步工作时相同。

⑤为左通道量程指示灯（绿色，共13只），与④号旋钮、⑦号表针和⑨号刻度线配合，共同指示所选的左通道的测量量程（包括测量单位）。

⑥为左通道机械调零，用于表针机械零点偏移时调整，将小型一字旋具对准塑料圆盘之凹点，适当转动使指针（输入信号为零）对准零点即可。

⑦为左通道指示表针（黑色），用于指示左通道的测量值。

⑧为右通道指示表针（红色），用于指示右通道的测量值。

⑨为刻度线，和表针配合共同指示测量值。自上而下的第一条刻度线用于逢"1"量程的读数，第二条用于逢"3"量程的读数，第3条、第4条刻度线用于分贝数的测量读数。

⑩为右通道机械调零，用于右通道表针机械零点偏移调节。

⑪为右通道量程指示灯（黄色，共13只），与⑫号量程旋钮、⑧号表针和⑨号刻度线配合，共同指示所选的右通道的测量量程（包括数值和单位）。

⑫为右通道输入量程旋钮（橘红色），异步工作时，选择右通道的测量量程从300V到0.3mV分13档可调。选择在同步工作时，能同时选择两个通道的测量量程，分档与异步工作时相同。

⑬为右通道输入插座，右通道信号输入端。

AS2294D型双通道交流毫伏表后面板图如图16-23所示。

①接地/浮置选择开关，用于选择地线连接方式，该开关上拨（FLOAT位置）为选择浮置连接，开关下拨（GND位置）为选择接地连接方式。

②右通道输出插座，右通道信号输出端。

③电源输入插座（220V/50Hz）。

④左通道输出插座，左通道信号输出端。

4. 开机之前的准备工作和注意事项

1）本仪表的放置以水平放置为宜（即表面垂直于桌面放置）。

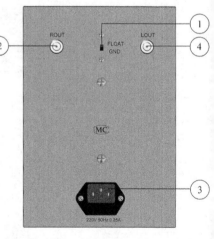

图16-23　AS2294D型双通道交流毫伏表后面板图

2）接通电源之前，先检查两表针机械零点是否为零，否则需要分别进行调零。

3）测量量程在不知被测电压大小的情况下尽量放到最高量程档，一般关机后接通仪器电源，测量初始量程都自动设定在最高量程。

4）测量30V以上的电压时，必须注意安全。

5）所测交流电压的直流分量不得大于100V。

6）接通电源及输入量程转换时，由于电容的放电过程，指针会有所晃动，故需待指针稳定后再读取读数。

5. 操作使用方法

该双通道交流毫伏表是由两个电压表组成的，因此在异步工作时是两个独立的电压表，即可作两台单独的电压表使用。一般所测量的两个电压值相差较大的情况下，如测量放大器增益等，都用异步工作状态。这时被测放大器的输入信号及输出信号分别加到交流毫伏表的两个通道输入端，从两个不同的量程开关及表针指示的电压或 dB 值，就可直接读出（或算出）放大器的增益（放大倍数）。

例 16 – 19　左通道输入（RCH），指示为 10mV（–40dB）。

测量时左通道选 10mV 量程，此时接地/浮置选择开关在接地状态。右通道输入 LCH（即放大器输出端），指示为 0.5V（–6dB），此时测量量程选为 1V，所以放大器的电压放大倍数为 0.5V/0.01V = 50。若直接读取 dB 值则为 –6dB –（–40dB）=34dB（增益 dB 的值）。

例 16 – 20　用 AS2294D 型交流毫伏表测量 HC – 1 型充电器的桥式整流滤波电路的输出纹波电压值。

1）将交流毫伏表左通道或右通道的输入线的黑夹子接到所测充电器电路 C_1 电容的负极，输入线的红夹子接到 C_1 电容的正极。

2）按下电源开关，接通仪表电源进行预热。

3）同步/异步开关选为异步工作状态（绿灯亮）。

4）接地/浮置选择开关拨到 GND 的位置。

5）左通道或右通道的量程旋钮转到 10mV 的位置。

6）在表头第一条刻度线上读出和记录该数为 X。

7）计算出测量结果，$Y = X$mV

● 当交流毫伏表选择在同步工作时，可由任何一个通道的量程控制旋钮同时控制两个通道的量程，它特别适用于立体声或者两路相同放大特性的放大器情况下作测量，其测量灵敏度高，可测量立体声录放磁头的灵敏度、录放前置均衡电路以及功率放大器等。由于两组电压表具有相同的性能及相同的测量量程，因此，当被测对象是双通道时可直接读出被测声道的不平衡度。

● 由于 AS2294D 型毫伏表具有放大输出功能，因此可作为两个独立的放大器使用。

当 300μV 量程输入时，该仪器具有 316 倍的放大（即 50dB）；

当 1mV 量程输入时，该仪器具有 100 倍的放大（即 40dB）；

当 3mV 量程输入时，该仪器具有 31.6 倍的放大（即 30dB）；

当 10mV 量程输入时，该仪器具有 10 倍的放大（即 20dB）；

当 30mV 量程输入时，该仪器具有 3.16 倍的放大（即 10dB）。

● 浮置功能的使用。在以下几个方面的测量时，应将接地/浮置选择开关拨到浮置位置上。

在音频信号传输中，有时需要平衡传输，此时测量电平不能接地，需浮置测量；

在测量 BTL 放大器时，输出两端任一端都不能接地，否则会烧坏功放，这时需浮置测量；

某些需要防止地线干扰的放大器或带有直流电压输出的端子及元器件两端电压的在线测试等均可采用浮置方式测量，以免由于公共接地带来的干扰或短路。

16.5　YB1638 型函数信号发生器

16.5.1　面板功能介绍

1. 工作原理框图

正、负电流源由电流开关控制，对时基电容 C 进行恒流充电和恒流放电。当电容恒流充电时，电容上电压随时间线性增长；当电容恒流放电时，其电压随时间线性下降，因此在电容两端得到三角波电压。三角波电压经方波形成电路得到方波，三角波经正弦波形成电路变为正弦波，最后经放大电路放大后输出，电路原理框图如图 16 – 24 所示。

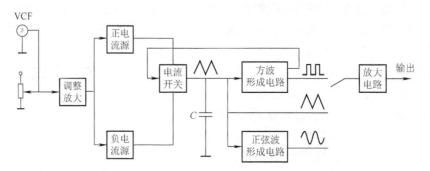

图 16 – 24　YB1638 型函数信号发生器电路原理框图

2. 面板功能介绍

YB1638 型函数信号发生器前面板图如图 16 – 25 所示。

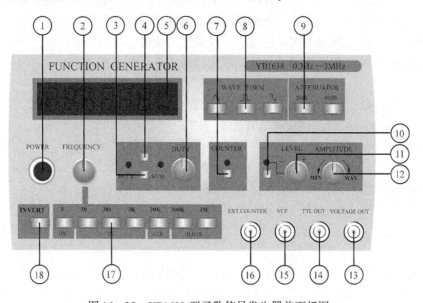

图 16 – 25　YB1638 型函数信号发生器前面板图

①为电源开关。此开关按下后，仪器电源接通。

②为频率调节旋钮，调节此旋钮可以改变输出信号的频率。

③为占空比/对称度选择开关。占空比控制开关按下后，此选择开关未按下，DUTY 指示灯亮，为占空比调节状态。此选择开关按下，SYM 指示灯亮，为对称度调节状态。

④为占空比控制开关。此开关按下后，占空比/对称度选择开关才起作用。

⑤为 LED 显示屏。显示输出信号频率或外测信号频率，以 kHz 为单位。

⑥为占空比/对称度调节旋钮，可以调节占空比和对称度。

⑦为频率测量内/外开关。此开关按下，指示灯亮，LED 屏幕上指示为外测信号的频率。此开关未按下（常态），指示灯暗时，LED 屏幕上显示本仪器输出。

⑧为波形选择键。根据需要的信号波形按下相应的键，若 3 个键都未按下，无信号输出。

⑨为电平输出衰减选择键（20～40dB）。单独按下 20dB 或 40dB 键，输出信号较前衰减 20dB（10 倍）或 40 dB（100 倍）。两键同时按下，输出信号衰减 60dB（1000 倍），所以需要输出小信号时将此键按下。

⑩为电平控制开关。此开关按下，指示灯亮，电平调节旋钮才起作用。

⑪为电平调节旋钮。电平控制开关按下，指示灯亮了以后，调节此旋钮，可改变输出信号的直流电平。

⑫为输出幅度调节旋钮。调节此旋钮，可以改变输出电压的大小。

⑬为电平输出插座，产生的信号电压由此插座输出。

⑭为方波输出插座。专门为 TTL 电路提供的具有逻辑高（3V）、低（0V）电平的方波输出插座。

⑮为外接调频电压输入插座，调频电压的幅度范围 0～10V。

⑯为外测信号输入插座。需要测量频率的外部信号，由此插座输入，可以测量的最高频率为 10MHz。

⑰为频率范围选择键（3Hz～3MHz）。根据需要产生的输出信号频率或外测信号频率按下其中某一键。

⑱为波段反向键。按下此键，输出信号波形反向。

16.5.2 操作使用方法

1）初步检查。电平输出衰减选择键置于常态（未按下），电平控制开关置于常态（未按下）。

2）正弦波的调节。按下⑧号键中的正弦波按键，再将⑰号按键中的 3kHz 按键按下。调节②号频率调节旋钮，使其输出频率为 2kHz。将⑨号输出衰减选择键的两个键都置于弹出位置，再调节⑫号幅度旋钮至 2V，即可输出 $f = 2\text{kHz}$，$V_{pp} = 2\text{V}$ 的正弦波。

3）方波和脉冲波的输出。按下⑧号键中的方波键，⑬号输出插座中即可输出方波。再按下④号开关，调节⑥号旋钮，即可在⑬号输出插座中输出脉冲波。其占空比为 $\tau = t/T$。

4）TTL 输出。接 TTL 输出端，调节灵敏度开关到合适位置，TTL 输出端输出的方波或脉冲波，其频率可以改变，但信号的高电平、低电平固定，分别是 3V 和 0V。

5）外测信号。将需测量的外部信号接至外测信号输入插座，按下频率测量内/外开关，此时 LED 屏幕上显示的数值即为被测信号的频率。

注意事项：

1）正确选用"幅度""衰减"键。两键均未按下时，最大输出峰峰值约为8V。故需输出峰峰值在0.8V以内时，应按下"20dB"衰减按键；在0.08V以内时，按下"40dB"衰减按键；8mV以内时，"20dB""40dB"衰减按键均需要按下。

2）输出端不可短路。红夹子为输出信号，黑夹子为地线，切不可短路。

16.6　DF1731 型直流稳压电源

16.6.1　主要技术指标

1. 仪器使用要点

1）仪器背面有一电源电压（220V/110V）变换开关，应置于220V的位置。

2）两路电源串联时，如果输出电流较大，则应用适当粗细的导线将主路电源输出负端与从路输出正端相连。在两路并联时，如果输出电流较大，则应用导线分别将主、从电源的输出正端与正端、负端与负端相接，以提高电源输出的最大电流。

3）该电源设有完善的保护功能（固定5V电源具有可靠的限流和短路保护，两路可调电源具有限流保护），因此当输出发生短路时，一般不会对电源造成损坏。但是短路时，电源仍有功率损耗。为了减少不必要的能量损耗和机器老化，所以应尽早发现短路并关掉电源，将故障排除。

DF1731 型直流稳压电源的组成框图如图 16 – 26 所示。

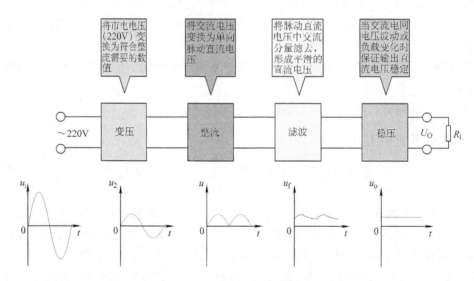

图 16 – 26　DF1731 型直流稳压电源的组成框图

2. 主要技术指标

1）输出电压 U_O：0 ~ 30V。

2）输出电流 I_O：稳压电源允许输出的最大电流以及输出电流的变化范围 0 ~ 3A。

3）纹波与噪声：$CV \leqslant 1mV_{rms}$，$CC \leqslant 5mA_{rms}$。

4）电源效应：$CV \leqslant 1 \times 10^{-4}V + 0.5mV$，$CC \leqslant 2 \times 10^{-3}A + 1mA$。

5）负载效应：$CV \leqslant 1 \times 10^{-4}V + 2mV$，$CC \leqslant 2 \times 10^{-3}A + 3mA$。

16.6.2 面板功能介绍

DF1731 型直流稳压电源前面板图如图 16 –27 所示。

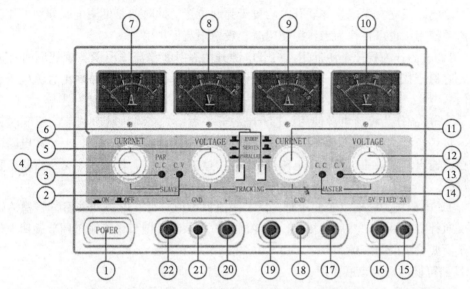

图 16 –27　DF1731 型直流稳压电源前面板图

①为电源开关。

SLAVE（从路部分）：

②为从路稳压指示灯，当从路电源处于稳压工作状态时，此指示灯亮。

③为从路稳流状态或两路电源并联状态指示灯。当从路电源处于稳流工作状态或两路电源处于并联状态时，此指示灯亮。

④为从路稳流输出调节旋钮，调节从路输出电流值（最大为3A）。

⑤为从路稳压输出调节旋钮，调节从路输出电压值（最大为30V）。

⑥为输出连接方式控制开关，两路电源独立、串联、并联控制开关。

表的指示部分：

⑦从路电流表；⑧从路电压表；⑨主路电流表；⑩主路电压表。

MASTER（主路部分）：

⑪为主路稳流输出调节旋钮。

⑫为主路稳压输出调节旋钮。

⑬为主路稳压指示灯，当主路电源处于稳压工作状态时，此指示灯亮。

⑭为主路稳流状态指示灯，当主路电源处于稳流工作状态时，此指示灯亮。

5V　FIXED 3A：

⑮为从路直流输出负接线柱；⑯为从路机壳接地端；

GND（输出地址）：

⑰为从路直流输出正接线柱；⑱为主路直流输出负接线柱；⑲为主路机壳接地端；⑳为主路直流输出正接线柱；㉑固定 5V 直流电源输出负接线柱；㉒固定 5V 直流电源输出正接线柱。

16.6.3 操作使用方法

1. 两路可调输出的独立使用

将两路电源独立、串联、并联开关均置于弹起位置，此时两路可调电源分别可作为稳压源、稳流源使用，也可在作为稳压源使用时，设定限流保护值。

1）可调电源作为稳压电源使用。打开电源开关后，将稳流输出调节旋钮顺时针调节到最大，此时稳压状态指示灯亮。调节稳压输出调节旋钮，使从路和主路输出直流电压至所需要的数值。

2）可调电源作为稳流电源使用。打开电源开关后，先将稳压输出调节旋钮顺时针调节至最大。再将稳流输出调节旋钮反时针旋到最小，此时稳流指示灯亮。接上负载电阻，顺时针调节稳流输出调节旋钮，使输出电流至所需要的数值。此时，稳压状态指示灯暗，稳流状态指示灯亮。

3）可调电源作为稳压电源使用时，设定限流保护值。打开电源开关后，将稳流输出调节旋钮反时针旋到最小。然后短接正、负输出端，并顺时针调节稳流输出调节旋钮，使输出电流等于所要设定的限流值。

2. 两路可调输出的串联使用

1）先检查主路和从路电源的输出负接线端与接地端间是否有连接片相连，如有则应将其断开，否则在两路电源串联时，将造成从路电源短路。

2）将从路稳流输出调节旋钮顺时针调节到最大，将左边的两路电源独立、串联、并联控制开关按下，右边则置于弹起位置，此时两路电源串联。

3）调节主路稳压输出调节旋钮，从路输出电压严格跟踪主路输出电压，在主路输出正端与从路输出负端间最高输出电压可达 60V。

3. 两路可调输出的并联使用

将两路电源独立、串联、并联控制开关均按下，此时两路电源并联。调节主路电压调节旋钮，并联指示灯亮。当接上负载时，两路输出电流相同，此时，输出电流最大可达 6A。

16.7 PF9810A 型电子镇流器节能灯输入特性分析仪

16.7.1 面板功能介绍

PF9810A 型电子镇流器节能灯输入特性分析仪的面板图如图 16-28 所示。

①为功能显示窗口，其中，Ⓐ显示电压 V；Ⓑ显示电流 A；Ⓒ显示功率因数 PF；Ⓓ显示功率 W。

②为打印键；③为分析键；④为锁存键；⑤为谐波分析键，"∨"代表上翻键，"∧"代表下翻键；⑥为频带宽度显示；⑦为电源开关键。

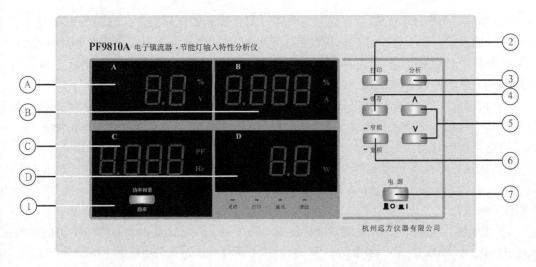

图 16 - 28　PF9810A 型电子镇流器节能灯输入特性分析仪面板图

16.7.2　操作使用方法

以组装 11W 电子节能灯为例介绍该分析仪的使用方法。一般电子节能灯需要检测的内容为启跳电压和标准工作电压（220V）时的电流、电压、功率因数、功率以及谐波。

1. 使用 PF9810A 型特性分析仪前需要做的工作

1）检查自己所焊接的节能灯各焊点是否牢固，是否有错焊、虚焊，尤其应注意电解电容的焊接是否正确。

2）检查时千万不要把灯管卡进灯座里，因为所焊接的灯如果不亮，则需要进行修理。若调试时把灯管和灯座卡在了一起将很难拆下，并且会损坏灯管和灯座，甚至会有玻璃把手割伤的事情发生。

3）检查调压器是否在 0V 位置。

4）检查台灯连线与调压器以及特性分析仪是否连接正确。

5）检查台灯开关是否处在 OFF 状态，将节能灯旋进台灯灯座。

2. 调试自己所组装的电子节能灯

1）前面的准备工作做好之后开始对节能灯进行调试，首先打开台灯开关到 ON 状态，按下节能灯输入特性分析仪电源开关，电源指示灯亮，仪器正常开机窗口显示状态 V = 0.0、A = 0.000、PF = 0.000、W = 0.0。

2）记录启跳电压。调节调压器旋钮从 0V 开始，观察功能显示窗口上的 V（电压）、A（电流）状态，随着调压器旋钮的顺时针方向的旋转，会有一定的电流产生（不同瓦数的节能灯电流和电压不同），如显示 V = 57.1、A = 0.067、PF = 0.769、W = 2.9。

3）在调试时可能会出现的现象：

①如果电流瞬间很大而电压很小，此现象说明整流电路部分存在故障，可能是二极管装错或整流二极管被击穿，应该立刻停止加大电压，旋动调压器使电压返回到 0V。

②如果在调节过程中，调压器旋钮在顺时针方向旋动加得很大，而始终没有电流。此现象说明高频振荡部分和负载谐振部分有故障，要检查高频振荡部分的电阻、晶体管、磁环、灯管等电路的电子元器件。

4）继续调节调压器旋钮，在点亮的瞬间，停止旋动调压器旋钮，此时的电压就是该电子节能灯的启跳电压，记录此时电压数值。这时灯管虽被点亮，但功率因数和功率都很低，说明此刻的工作状态并不是正常工作状态（标准工作电压应在 220V），此状态显示 V ＝ 143.8、A ＝ 0.074、PF ＝ 0.655、W ＝ 6.9（不同瓦数的电子节能灯启跳电压是不同的）。

5）记录好节能灯的启跳电压后，再继续按顺时针方向旋动调压器旋钮，电压加到 220V，即节能灯的正常工作电压，记录此时的电压、电流、功率因数、功率的指示值。标准工作电压状态时的仪器显示 V ＝ 220.2、A ＝ 0.073、PF ＝ 0.667、W ＝ 10.8。

6）记录好标准工作状态下（220V）所要的数据后，按 PF9810A 面板右方的"锁存"键，把此时的数据锁存住，仪器右边指示灯亮，显示为状态 V ＝ 220.3、A ＝ 0.072、PF ＝ 0.680、W ＝ 10.8。

7）锁存后，再按"分析"键，接着按下"∧"键，分析仪显示节能灯的 1 次谐波数据，V ＝ 100.0、A ＝ 100.0、PF ＝ DR.01、W ＝ 10.8，节能灯一次谐波的电压和电流均为 100%。

8）继续按"∧"键，观察 2 次和 4 次谐波含量，记录 3 次谐波和 5 次谐波。记录好谐波数据后，再按分析键（准备返回原状态），按锁存键（解开锁存状态恢复到原状态）。

9）调节电压器旋钮从 220V 返回到 0V 状态。

10）关闭台灯即从 ON 到 OFF 状态。

11）旋开所测的电子节能灯，电子节能灯调节完毕。

使用注意事项：

1）测量电流或电压都包含高频成分，接线时应特别要注意可能会相互产生干扰和噪声的问题。

2）测量结束后必须将调压器调回到零。

3）测量电流时尽可能使用粗导线。

16.8　DO30 - I 型三用表校验仪

DO30 - I 型三用表校验仪是具有 LED 5 位数字显示交直流电压、电流校验仪。中值电阻输出 22 个，设有 200mV 直流电压档，有独特的保护电路，输出功率大，负载能力强。

16.8.1　面板功能介绍

DO30 - I 型三用表校验仪的面板图如图 16 - 29 所示。

①为电源指示灯，开关按下时，校验仪接通电源；

②为输出指示灯，指示灯亮时，校验仪正常输出；

③为高压指示灯，指示灯亮时，校验仪输出超出安全电压；

④为数码显示窗，显示被测量值；

⑤为量程选择开关，用于转换被测量程的旋钮；

⑥为项目选择开关，转换直流、交流、电阻的旋钮；

⑦为电阻选择开关，用于测量中值电阻的转换旋钮；

⑧为输出端子，红色端子与其相邻的黑色端子共同组成电压、电流输出端，红色端子为输出正极、黑色端子为接地端；

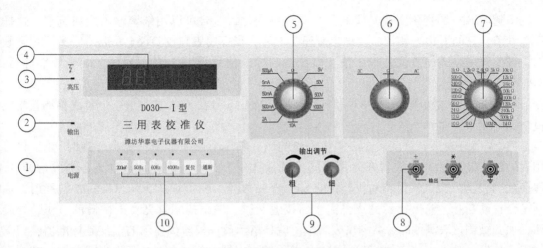

图 16 – 29   DO30 – I 型三用表校验仪的面板图

⑨为输出调节旋钮，粗调旋钮和细调旋钮都用于输出调节使用；

⑩为功能按键，仪器功能使用键。

16.8.2   操作使用方法

1. 使用前的准备

1）校验仪接地端与大地可靠连接。

2）将两个输出调节旋钮按逆时针方向旋到最小位置。

3）接通电源开关，校验仪显示"HELLO"字样，输出显示有效。

4）连接被检仪表，根据被检表的量程，将项目和量程选择开关置于需要检测的位置。

2. 调试前应做的工作

1）将所焊接的 MF50 型指针式万用表电阻档在正负表笔短接后准确的校到零位。

2）万用表焊接好后，不要把后盖用螺钉旋紧，因为还需要调节表头灵敏度电位器。

3）检查校验仪输出的粗调旋钮和细调旋钮到逆时针最小。

4）检查仪器旋钮中⑤号应在 500μA 的位置上。因为组装的万用表表头灵敏度为 84μA，扩展极限灵敏度为 100μA，因此应先校准好万用表为 100μA 的极限灵敏度。⑥号在 DC 的位置上，⑦号可以在任意位置。

5）接上正负表笔的线（红线接 +，黑线接 ∗）。

6）打开电源开关。仪器面板电源指示灯亮，若按一下通断按钮则输出指示灯亮。

7）检测被检仪表的中值电阻。校验仪可无须供电，将项目和量程选择开关置于"Ω"档位，即可对电阻进行检测。

3. 调试操作

（1）被检表表头灵敏度的检测   调节⑥号在 DC、⑤号在 500μA 位置上。打开电源开关后，电源指示灯亮，按通断键，输出指示灯亮，频率设置在 400Hz。此时，万用表的红表笔应在 100μA 的插孔中，转动输出调节粗调旋钮，从零开始按顺时针方向加大，使仪器显示屏④指示在 100.00μA，校准万用表表头灵敏度在 100μA。

在调节表头灵敏度电流时，随着粗调旋钮的转动，万用表电流也会随着增加但基本在 84μA 左右，达不到 100μA 满偏（极限灵敏度）。因此需要调节表头补偿电阻 RP_1，在调节

过程中随着 RP_1 的变化，校验仪显示会有一些变化，这时可以用细调输出旋钮调节。这样反复调节自己的万用表和校验仪输出旋钮几次后，当万用表与校验仪显示基本一致后记录数据，被测万用表满偏值就是指示值，而仪器的标准值就是 LED 的显示值，表头校准好后，RP_1 不需再调节。

（2）被检表直流电流的检测　调节⑥号在 DC、⑤号在 5mA 的位置上，首先检测直流电流 2.5mA 档。

1）调节好表头灵敏度后，必须将输出的粗、细调节旋钮都旋到最小（逆时针），将万用表的红表笔从 100μA 放置在万用表的 + 端插孔中，对万用表的直流电流各档进行调试。转换被测表至 2.5mA，再转动校验仪的⑤号到 5mA 处。在量程从 500μA ~ 5mA 转换时，通断键会自动断开，输出指示灯灭，需重新按通断键，输出指示灯亮，再慢慢调节粗、细旋钮，加到被测仪表满偏时，被测仪表满偏值就是指示值，校验仪显示的值就是标准值，记下标准值数据，计算出仪表的相对误差。（指示值 – 仪器的标准值）÷ 仪器的标准值 = 被测万用表的相对误差。

2）注意在调试各档之前，必须记住要把仪器的输出粗调旋钮调到最小，以免烧坏仪表的内部电路。

3）再次调节，应先转换被测表，再转换校验仪的量程旋钮，转换时仪器会自动断开，输出指示灯灭，调节时需重新按通断键，输出指示灯亮的情况下才可以工作。25mA 的相应量程为 50mA；250mA 的相应量程为 500mA；2.5A 的相应量程为 10A。

4）在加大电流或电压的过程中，如果万用表或检测仪的指示值都没有什么变化，则必须停止操作，认真仔细检查出问题后并排除故障，再进行调试。

5）对于 MF50 型指针式万用表，检测 100μA、2.5A 时红表笔都应在相应插孔中，检测好以后，红表笔应放置在 + 的插孔中。

（3）被检表直流电压的检测　调节⑥号在 DC、⑤号在 5V 的位置上，首先在直流 10V 档检测。

1）调节好直流电流后就可以调节直流电压。转换被测万用表到 2.5V，量程档位在 5V，慢慢转动粗、细调旋钮，使被测万用表的指示电压达到满偏位置，记录校仪上显示的标准值，计算出相对误差。10V 相应量程 50V；50V 相应量程 500V；250V 相应量程 500V；1000V 相应量程 1000V。

2）调节直流电压 1000V 时可不需加到 1000V，只需加到 500V 即可。

（4）被检表交流电压的检测　调节⑥号在 AC、⑤号在 50V 的位置上，首先在交流 10V 档检测。

1）调节好直流电流和直流电压后就可以调节交流电压。转换被测万用表在交流 10V 档，量程档位在 50V 处。慢慢转动粗、细调旋钮使被测万用表指针满偏，记下仪器的显示值。

2）交流电压各相应档位。50V 相应量程 500V、250V 相应量程 500V、1000V 相应量程 1000V。

3）交流电压的测量与直流电压一样，有几点必须注意：其一，调试各档前必须要把粗调旋钮旋到最小；其二，先转换被测表的量程再转换校验仪的量程；其三，转换校验仪量程或项目选择开关后，仪器会自动断开，需重新按通断键；其四，不允许在调试过程中在校验仪和自己组装的万用表没任何反应时还将粗调旋钮转到最大。

（5）被检表电阻的检测　调节⑥号在 Ω 档上，被检表电阻档在相应的 Ω 档位上。调节 Ω 档量程，按欧姆各档的倍率，读出被测万用表指示的值，计算出相对误差。

在万用表调试过程中，100μA 校准后，调节其他各档不需再调节 RP₁。把检测好的数据填入表 16 – 9 中。

使用注意事项：

测试电压时，高压指示灯亮，操作应注意安全。

测试电流时，请勿空载操作。

在检测好各档后，必须把粗调旋钮旋回到最小，以免烧毁校验仪。

表 16 – 9　MF50 型指针式万用表检测表

| | 检测量限 | 第1次测试 | | | 第2次测试 | | | |
		指示值	仪器标准值	相对误差	检测量限	指示值	仪器标准值	相对误差
直流电流	100μA							
	2.5mA							
	25mA							
	250mA							
	2.5A							
直流电压	2.5V							
	10V							
	50V							
	250V							
	1000V							
交流电压	10V							
	50V							
	250V							
	1000V							
电阻	$R \times 1$							
	$R \times 10$							
	$R \times 100$							
	$R \times 1k$							

附录　焊接技术

1. 焊接技术

焊接是电子产品生产过程中的一项重要技术，它的应用非常广泛。焊接质量的好坏，直接影响到产品的质量。焊接通常可分为：

1）加压焊（加热或不加热），如点焊、冷压焊。

2）熔焊（母材熔化），如电弧焊、气焊。

3）锡焊。将熔点比焊件（即母材，如铜引线、印制电路板的铜箔）低的焊料（锡合金）、焊剂（一般为松香）和焊件共同加热到一定的温度（约 240～360℃）在焊件不熔化的情况下，焊料熔化并浸润焊锡面，依靠扩散形成合金层，使得焊件相互连接。

2. 锡焊材料

1）焊料的作用。将焊件连接在一起，要求熔点低，具有较好的流动性和浸润性，凝固时间短，凝固后外观好，具有良好的导电性和抗腐蚀性。

2）成分及型号。锡焊采用的焊料为锡铅焊料（一般称为焊锡）。锡铅焊料的型号由焊料两字汉语拼音字母及锡铅元素再加上铅的百分比含量组成。

3）焊剂作用。净化焊料和母材表面，清除氧化膜，减小焊料表面张力，提高焊料的流动性，以使焊接牢固、美观。

3. 焊剂的要求

1）焊剂的熔点应比焊料低，密度比焊料小，以便在焊接过程中能充分发挥焊剂的活化作用。

2）要有较强的活性，能迅速去除母材表面的氧化层。

3）焊剂不能腐蚀母材。

4）高绝缘性。

5）焊接后焊剂的残留物质要少，并且密度要小于焊料，便于清洗。

6）焊接过程中不产生有毒气体和刺激性气味，不污染环境，对人体无危害作用。

4. 焊剂的分类

按其性质可分为无机系列、有机系列和松香系列。

1）无机系列（主要是氯化锌、氯化氨）去氧化作用最强，但有强腐蚀作用。

2）有机系列（主要由有机酸、有机卤素组成）也有一定的腐蚀作用，在电子成品的焊接中一般不采用。

3）松香被加热熔化时，呈现较弱的酸性，起到助焊的作用，而常温下无腐蚀作用，绝缘性强，所以电子线路的焊接通常都是采用松香或松香酒精焊剂。

5. 锡焊机理

锡焊过程实际上是焊料、焊剂、母材（焊件）在焊接加热的作用下，相互间所发生的物理化学过程。锡焊的机理如下：

（1）润湿　焊接时首先产生润湿现象如附图 1 所示。所谓润湿，又称浸润，就是指熔化的焊料在固体金属表面的扩散。焊接质量好坏的关键取决于浸润的程度。润湿角 $\theta < 90°$，则润湿良好，如附图 1a 所示。润湿角 $\theta > 90°$，则润湿不足或不润湿，如附图 1b 所示。

a) 润湿性好　　　　b) 润湿性差

（2）合金层的形成　在润湿的同时，还发生液态焊料和固态母材金属之间的原子扩散，结果在焊料和

附图 1　焊接时首先产生润湿现象

母材的交界处形成一层金属化合物层，即合金层。合金层使不同的金属材料牢固地连接在一起。因此，焊接的好坏，在很大程度上取决于这一层合金层的质量。

焊接结束后，焊接处截面结构如附图 2 所示。共分 4 层：母材层、合金层、焊料层和表面层。

理想的焊接在结构上必须具有比较严密的合金层，否则将会出现虚焊、假焊等现象。焊接过程的现象如附图 3 所示。

附图 2　焊接处截面结构　　　　附图 3　焊接过程的现象

6. 手工烙铁焊接技术

手工焊接的主要工具——电烙铁，分为外热式和内热式。外热式：其结构特点是发热部件烙铁心是装在烙铁夹的外面，常用的规格有 25W、45W、75W、100W 等。外热式电烙铁体积较大、升温较慢、价格便宜。内热式：发热部件烙铁心是装在烙铁夹的内部，常用的规格有 20W、50W 等。内热式电烙铁有体积小、重量轻、升温快、热效率高等优点。烙铁头外形及适用场合如附图 4 所示。

分类	适用范围	外形图
圆斜面	适用于焊接不太密集的焊点	
凿式	多用于电气维修	
半凿式	多用于电气维修	
尖锥式	适用于焊接高密度的焊点	
圆锥式	适用于焊接高密度的焊点	

附图 4　烙铁头外形及适用场合

1）焊前准备。根据焊点的大小选择功率合适的电烙铁，通常电子线路的焊接可选用 25～45W 的外热式或 20W 内热式电烙铁。

2）烙铁头上应保持清洁并且镀上一层焊锡。

3）焊件表面处理。对焊件表面要进行清洁处理，氧化物、锈斑、油污等必须清除干

净。为了提高焊接质量和速度，最好还对焊件表面进行镀锡处理，避免虚焊等缺陷。

4）焊接时烙铁的几种握法如附图5所示，掌握好焊接时电烙铁的握法是很重要的。在焊接的过程中可遵照附图6所演示的操作方法进行正确的焊接。

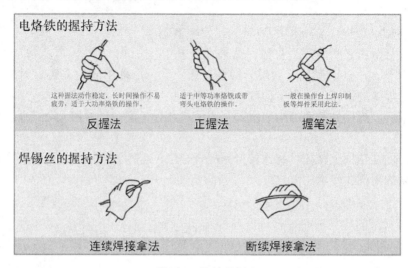

附图5　烙铁的握法

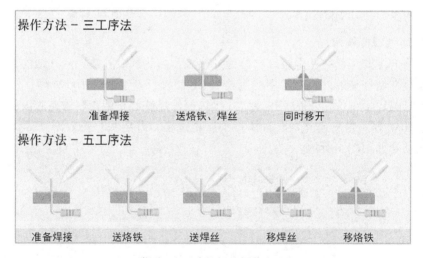

附图6　正确的焊接操作方法

焊接注意事项：

1）加热要靠焊锡桥。焊接时烙铁头表面不仅应始终保持清洁，而且要保留有少量焊锡（称作焊锡桥），作为加热时烙铁头与焊件间传热的桥梁。

2）选择合适的焊料和焊剂。对于印制电路板的焊接，一般可用带有松香的焊锡丝。

3）焊锡丝的正确施加方法。如附图6所示，不论是采用三工序法或五工序法操作，都不应将焊锡丝送到烙铁头上，正确的施加方法是将焊锡丝从烙铁头的对面送向焊件，以避免焊锡丝中焊剂在烙铁头的高温（约300℃）下分解失效，如附图7所示。

4）焊锡和焊剂的用量要合适。过量的焊锡不仅浪费，而且还增加焊接时间，降低工作速度，焊点也不美观。焊锡量过少，则不牢固。焊接过程中出现的不良现象如附图8所示。

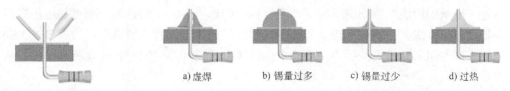

附图7　焊锡丝的正确施加方法　　　　　附图8　焊接过程中出现的不良现象

焊剂用量过少会影响焊接质量；若用量过多，多余的焊剂在焊接后必须擦除，这也影响工作效率。

5）采用合适的焊点连接形式，如附图9所示。

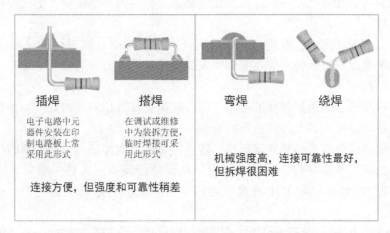

附图9　焊点连接形式

焊接的技术要求及焊接方法：

1）焊接的要求。

①掌握焊接的温度和时间。

②锡焊的焊接温度应比焊料的熔点高 60～80℃，通常焊接时间控制在 1～2s，如引线粗、焊点大（如地线），焊接时间要适当延长。

③在焊锡凝固前焊点不能动。

④焊点的质量要求是可靠的电气连接、足够的机械强度、光洁整齐的外观。

2）焊点的质量检查。

①外观检查。用眼睛检查焊点的焊锡量表面形状和光泽程度，检查焊点是否有裂纹、凹凸不平、拉尖、桥接及焊盘是否有剥离等现象，必要时还要用手指触动、镊子拨动、拉线等方法检查有无引线松动、断线等缺陷。

②通电检查。在外观检查确认无误后才可进行，以免通电时问题太多无法进行或损坏仪器设备。

3）焊点的拆除。

①电阻、电容等（两个引脚）元器件拆除方法。一边用电烙铁加热元器件的焊点，一边用镊子或尖嘴钳夹住元器件的引线，轻轻地拉出来。

②集成电路板（多个引脚）的拆焊方法有下面3种：

• 采用专用电烙铁拆焊，专用电烙铁可以同时加热元器件所有焊点实施拆焊。

· 用铜编织线。将铜编织线覆盖在要拆焊的焊点上，用烙铁在上面加热熔化焊锡，使焊锡依附在编制线上，去除掉焊点的焊锡。这样反复进行，直至所有焊点的焊锡被去除掉。

· 用专用吸锡电烙铁拆焊。吸锡电烙铁能在焊点加热的同时把焊锡吸入内腔，从而完成拆焊。

4）浸焊与波峰焊。

①浸焊。将插装好元器件的印制电路板装上夹具后，把铜箔面浸入锡槽内，一次完成全部焊接工作。

②再流焊。先将焊料加工成一定粒度的粉末，再加上适当的液态黏合剂，成为可流动的糊状焊膏，用糊状焊膏将元器件粘贴在印制电路板上，通过加热使焊膏中的焊料熔化而再次流动，实现焊接。

③波峰焊。高频加热焊，利用高频感应电流，将被焊的金属进行加热焊接。脉冲加热焊，利用脉冲电流在短时间内对焊点加热实现焊接。

5）手工焊接。

①准备。焊接前必须做好焊接的准备工作，包括焊接部位的清洁处理、预焊、元器件引线的成形及插装、焊接工具及焊接材料的准备。

②加热。就是用烙铁头加热焊接部位，使连接点的温度加热到焊接需要的温度。在加热中，热量供给的速度和最佳焊接温度的确定是保证焊接质量的关键。通常焊接温度控制在260℃左右。但考虑电烙铁在使用过程中的散热，可把温度适当提高一些，控制在300℃左右。

③加焊料。当电烙铁加热到一定的温度后，即可在与烙铁头对称的一侧，加上适量的焊料，焊料量的多少，应使导线的外形保持可见或保证能够覆盖连接点。常见的焊点缺陷图如附图10所示。

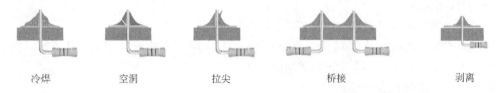

| 冷焊 | 空洞 | 拉尖 | 桥接 | 剥离 |

附图10 常见的焊点缺陷图

在施焊过程中，要求操作者针对不同的焊接对象，掌握正确的焊接时间。通常焊接时间控制在2～3s之内。

④冷却。焊接结束之后，将焊料和烙铁头撤离，让焊点自然冷却。

⑤检查。焊接完成之后，必须进行检查，除去残留在焊点周围的焊剂，并使焊点清洁美观。

参 考 文 献

［1］ 梅更华. 实用功放 DIY［M］. 福州：福建科学技术出版社，2003.

［2］ 胡斌，蔡月红. 放大器电路识图与故障分析轻松入门［M］. 北京：人民邮电出版社，2003.

［3］ 赵宝义. 万用电表［M］. 上海：上海科学技术出版社，1979.

［4］ 陈余田，陈爱军，陈爱全. 电子高效节能荧光灯制作与维修 100 例［M］. 北京：人民邮电出版社，1999.

［5］ 毛兴武，祝大卫. 电子镇流器原理与制作［M］. 北京：人民邮电出版社，1979.

［6］ 杨帮文. 实用电池充电器与保护器电路集锦［M］. 北京：电子工业出版社，2000.

［7］ 黄勇编. EM78447B 单片机应用研究与制作［M］. 北京：北京航空航天大学出版社，2002.

［8］ 张洪润，唐昌建，马平安. 电子线路及应用［M］. 北京：科学出版社，2003.

［9］ 曾建唐. 电工电子实践教程（上册）实验·EDA［M］. 北京：机械工业出版社，2003.

［10］ 李广弟. 单片机基础［M］.3 版. 北京：北京航空航天大学出版社，2007.

［11］ 马忠梅，籍顺心，等. 单片机的 C 语言应用程序设计［M］.3 版. 北京：北京航空航天大学出版社，2013.

［12］ SHANE K, et al. The fundamentals of barriers to reverse engineering and their implementation into mechanical components［J］. Res Eng Design，2011(22)：245-261.